新・標準
プログラマーズ
ライブラリ

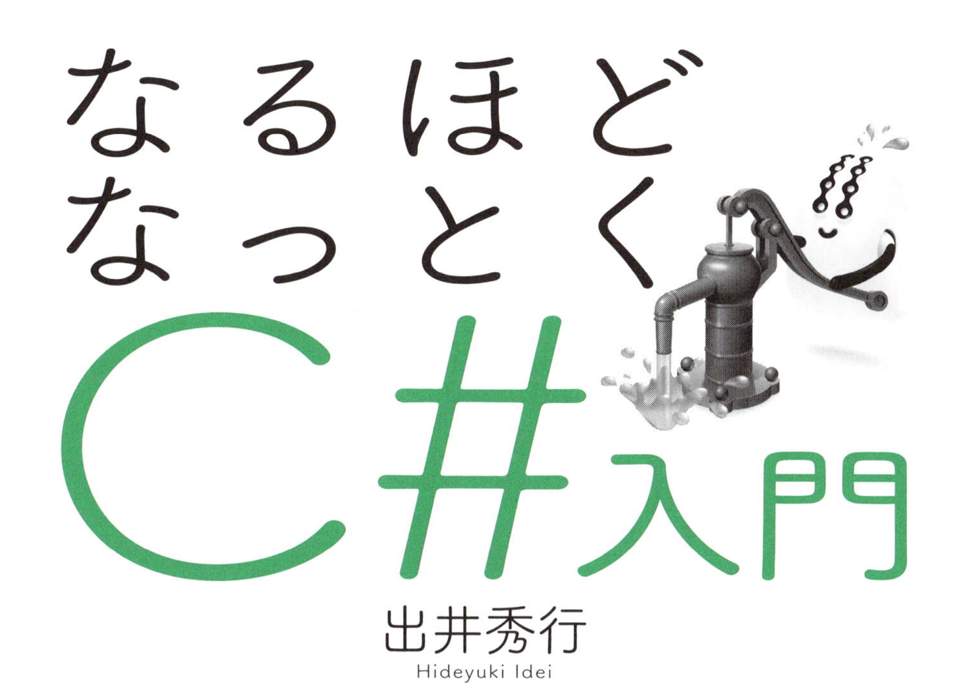

なるほど なっとく C#入門

出井秀行
Hideyuki Idei

技術評論社

はじめに

C#は、マイクロソフト社が開発した、今とても人気があるプログラミング言語です。

Windows用のビジネスアプリケーションはもちろん、ゲーム、Webアプリケーションもこの言語で開発されることが多くなっています。また、iPhoneやAndroidのスマートフォン向けアプリ、さらにはmacOSあるいはLinux上で動作するプログラムなどもC#で開発することが可能です。このようなC#は今後ますます普及するものと思われます。

また、プログラマーが「こんなふうにプログラミングできれば使いやすいのに」と思う点を次々と改良し、進化を続けている、まさにスマートでプログラマーフレンドリーと言うにふさわしい言語です。

皆さんも、このような評判を聞いたことがあるかもしれませんね。

本書は、このようなC#を初めて学んでみようという方に向けた入門書です。もちろん、C#に挑戦したけれどよくわからなかったという方も大歓迎です。

プログラミングをやってみたいけれど、何をどう学べば良いのかわからない――これは、初めての方が必ず悩むところです。プログラミングの文法書を読んでみたけれど、無味乾燥な文法の説明に興味が持続せず、当初のやる気をなくしてしまうこともあります。また、文法を説明するためだけのサンプルコードでは何の役に立つのか理解できず、なかなか実際のプログラミングに活用できないということもあるようです。

そこで本書は、以下の方針を採用することとしました。

- **C#のプログラミングに初めて取り組む方が理解し身に付けてほしい機能を厳選し、ポイントを絞った解説にする**
- **C#の文法の説明だけでなく、なぜその機能があるのか、どういったときに使うのかという点も納得できるようにする**

この2つの方針に沿って、筆者が初心者プログラマーだった頃を思い出しながら、丁寧でわかりやすい説明を心がけるようにしました。

2002年に登場したC#は、機能強化を繰り返し、使いやすく便利な言語へと発展している分、文法は大きくふくらんでいます。しかし、今C#を学ぼうとする皆さんは、すべての文法を覚える必要はありません。まずは利用頻度の高い文法をしっかりと自分のものにすることが重要だと筆者は考えています。その観点から、掲載する機能は厳選してあります。

文法の解説では、できるだけ正確な表現になるように努めましたが、正確で詳細な文法解説は、退屈であると同時に無用な混乱を招いてしまう恐れもあります。そのため、わかりやすさと正確さのバランスを取りながら説明するようにしました。同時に、図解も多くし、理解しやすいように工夫もしています。

また、C#プログラミングで重要な「オブジェクト指向プログラミング」の解説では、基礎からやさしく段階的に説明をし、クラスの初歩から最難関の「継承」「ポリモーフィズム」までをスムーズに学習できるような構成にしています。

C#のもうひとつの重要な機能である「LINQ」(データ処理の革新と言われています)については、文法面よりも使い方からアプローチし、すぐに活用できるようになることを目指しました。

サンプルコードについては、なるべく無意味なものを避け、実際の状況に合った、しかも簡明で読んで納得できるものを用意したつもりです。

サンプルコードの解説では、基本的にサンプルコードが先で、コードに関連する説明は後になっています。これは、ぜひとも皆様ご自身にコードを読んでもらいたいからです。書籍に掲載されたコードを入力して実行してみることは大切ですが、単に説明をさらっと読んでサンプルコードを入力するだけでは、なかなか身になりません。考えながらコードを読み、それを試してみる……さらには、自分なりのコードも入力して試してみる、これが重要なのです。

「確認・応用問題」も第0章以外の各章末に用意してあります。これらの問題を自分の力で解くことで、知識は確実になり、また応用の範囲も広がります。それに、自分なりのコードを入力して試すことが良いといっても、初めのうちはどうすれば良いのかわからないことも多いでしょう。これらの問題はその手助けにもなります。

プログラミングというものは、本を読んだだけで習得することはできません。ぜひとも、実際にコンピューターを使い、自分の手でプログラミングをしてみてください。こうすることによって、プログラミングは確実に上達していきます。

本書でC#プログラミングの基礎を「なるほど」と「なっとく」しながら身に付けることができ、そして、本書が楽しいC#プログラミングライフの第一歩を踏み出すきっかけとなる――そうなれば、筆者としてこれほど嬉しいことはありません。

2019年1月
著者　出井 秀行

本書を利用される方へ

Visual Studioについて

本書では、統合開発環境のVisual Studio上でプログラムを作成することを前提に説明しています。

Visual Studioには、個人で利用する場合などは無償で利用できるCommunityエディションが用意されていますので、自宅のPCにインストールして、学習用として利用することが可能です。本書の説明で使うVisual StudioもこのCommunityエディションに統一しています。

Visual Studioをインストールされていない方は、学習のために以下のサイトからのリンクを参照してインストールしてください。そのサイトで、Visual Studioのダウンロード方法やインストール方法などを説明しています。

https://gihyo.jp/book/2019/978-4-297-10458-0

Visual Studioについては、第0章で全般的なことを、各章の要所要所で必要な補足情報を説明しています（スクリーンショットはVisual Studio 2017で撮ったものです）。

本書に掲載したサンプルコードについて

本書の主に第2章～第6章では、プログラムコード全体ではなくコードの一部を示しています。本書で示すコードを実際に試す場合は、Visual Studioが自動生成したコードのMainメソッドの中にコードを入力してください。その他の場合は、後半の章を除き、Visual Studioのコードのどの部分に入力すれば良いか、記してあります。

サンプルコードには、掲載したコードが良いコードなのか、それとも悪いコードなのかが視覚的に把握できるよう、✕印、△印などの記号を付加しています。それぞれ、以下のような意味があります。

- ✕印：書いてはいけないコード、悪いコード
- △印：できるだけ書かないでほしいコード、さらに良い書き方が存在するコード
- 無印：筆者が推奨するコード

サンプルコード（リスト番号が付いているもの）は、以下のサイトからダウンロードすることができます。しかし、自力でコードを入力することをおすすめします（コードが全部書かれていないような場合、不足の情報を補うことも勉強になります）。そうした方が「経験値」が上がり、実力が付きます。どうしてもうまく動かないときにお役立ていただければと思います。

https://gihyo.jp/book/2019/978-4-297-10458-0

本書のコード/実行結果中の太字、記号について

本書の説明で注目してほしい用語、説明などは色付きのゴシック体、あるいは黒色のゴシック体で示しています。同様にサンプルのコード中でも注目してほしい個所は太字で示すようにしています。

また、サンプルのコード中で「⤷」で示した個所は、本来は1行で記すべきところを、紙幅の都合で2行に分けた（本来は1行で続いている）ことを示しています。

実行結果/実行例などでの⏎記号は改行を意味しており、この個所では Enter キーを押します。以下にそうした例を挙げます。

⏎記号の例

```
10⏎  ◀ 10を入力して Enter
10が入力されました
```

以下のように、書式において斜体にした個所は、その個所の言葉が意味するコードが入るということを示しています。

書式の斜体の例

```
class クラス名
{
    クラスの本体
}
```

「確認・応用問題」の解答について

問題を自分の力で解いてほしいという思いから、本書には解答を掲載していません。実力を上げるには、問題文のとおりに動作するまでトライアル＆エラーを繰り返すことが大切です。しかし、答え合わせも必要でしょうから、これらの問題の解答（プログラムコード）も上記のサイトからダウンロードすることができるようになっています。

CONTENTS

第0章 C#プログラミングを始める前に

第1章 初めてのC#プログラミング

第2章 変数と変数の型

第3章 演算と演算子

第4章 条件に応じた処理

第5章 繰り返し処理

第6章 配列

第7章 クラス/オブジェクト指向プログラミングの基礎

第8章 静的メソッド/静的プロパティ/静的クラス

第9章 クラスを使いこなそう

第10章 クラスについて掘り下げる

第11章 値型と参照型

第12章 リストクラスとLINQ

第13章 継承

第14章 ポリモーフィズム

第15章 エラーへの対応

第 0 章

C# プログラミングを始める前に

具体的にC#によるプログラミングの学習を始める前に、ここで、その前提となる知識を得ておきましょう。
この章では、「プログラミングとは何なのか？」「実際にはどんな作業をするのか？」――その概要を説明します。
また、プログラミングする際に必要となる開発環境や、C#プログラミングに不可欠な.NETとは何かについても簡単に説明をしています。

0-1 プログラミングとは？

プログラミングとは実際どんなことをするのでしょうか？

プログラミングを経験したことのない人にとっては、PCやスマートフォン上で動作するアプリを作る作業だということはなんとなくわかっていても、具体的に何をすることなのかイメージしにくいものです。

本書を読み進めることで、プログラミングとはどんな作業なのかを実感を持って理解できるようになりますが、その前に、プログラミングとは何かというイメージがあった方が、第1章からの学習がスムーズに進むことと思います。

最初に、「プログラムとは何か？」ということから確認していきましょう。

コンピューターは人間と違い、指示されたとおりのことしかできません。そのため、**コンピューターに「何をするのか」事細かく書いた指示書を作成する必要があります**。この**指示書がプログラム**です。

しかし、困ったことに、**コンピューターが直接理解できるのは、0と1のビットで構成された機械専用の言葉**（**機械語**と言います）だけです。通常の人間は理解することが困難な言語です。

そのため、**人間が読み書きできるように考え出されたのが、人工的な言語であるプログラミング言語**です。プログラミング言語は、通常、特定の英単語と記号から構成されています。

私たちが使う自然言語と大きく異なる点は、プログラミング言語では曖昧（あいまい）さが排除されている点です。指示されたとおりのことしかできないコンピューターに「何をやってほしいか」を正確に伝える必要があるためです。

本書で扱うC#もそのようなプログラミング言語のひとつです。

そして、この人工的な言語を使って、**コンピューターにやらせたい一連の処理を書くことをプログラミング**と言います。

ちょっと、C#のプログラムを見てみましょう。このプログラムは、13×25を計算し、その結果を画面に表示しているプログラムです。

```
using System;

class Program
{
    static void Main(string[] args)
    {
        var area = 13 * 25;
        Console.WriteLine(area);
    }
}
```

プログラミング言語で書かれた上記のような単語や記号の羅列をプログラムのソースコード（source code）**と言います**。プログラムのもととなる符号、記号という意味です。ソースコードのことを単に**コード**という場合もあります。これらの用語は頻出しますので、頭に入れておいてください。

C#のソースコードは、テキスト形式のファイル（拡張子.cs*）としてコンピューターに保存されます。**ファイルとして保存されたソースコードをソースファイルと言います**。普通、プログラムは複数のソースファイルから構成されます。

*一般的なテキスト形式のファイルの拡張子.txtとは異なり、C#のソースコードは、拡張子が.csになります。

このソースコードの中の一語一語は、すべて無駄のない意味/役割を持っています。そして、**その一語一語の意味/役割そのものはシンプルで、その単語の組み合わせも単純**なものです。

とはいえ、初めてプログラミングする人にとっては、このソースコードはまるで呪文のように感じられるでしょう。

しかし、ここでは、このプログラムが何をしているのかを理解しなくても大丈夫です。今は雰囲気だけ感じ取れればそれでOKです。

0-2 機械語に翻訳するコンパイラー

先ほど、コンピューターが直接理解できるのは、0と1のビットで構成された機械語だけであり、人が読み書きするための言語がプログラミング言語だと説明しました。つまり、**実際にC#のプログラムをコンピューター上で動かすには、ソースコードをコンピューターが理解できる機械語に変換する必要があります**（⇒図0-1）。

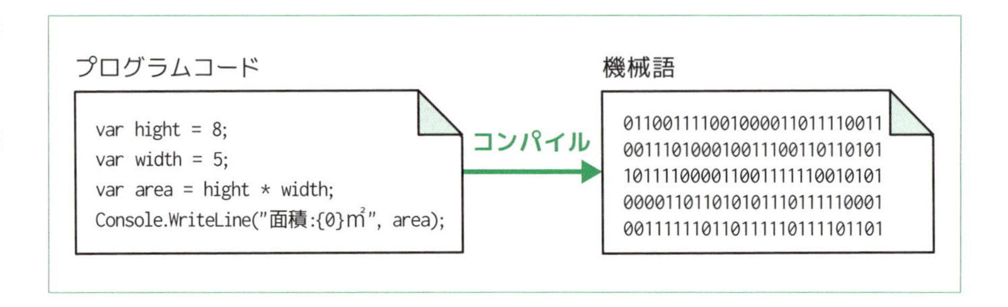

図0-1 コンパイラーを使い、ソースコードを機械語に翻訳

この変換作業を**コンパイル**と言います。このコンパイルを行うのが**コンパイラー**と呼ばれるプログラムです。C#のコンパイラーは、C#の文法で書かれたソースファイルを読み込み、**コンピューターが直接実行できる形式に翻訳してくれます。そして、翻訳した結果は、「実行ファイル」（拡張子 .exe）として保存されます***。

＊実際には、C#コンパイラーはC#のソースコードをILという中間言語の形式に変換して実行ファイルを作成します。変換されたILは、実行時にJITという機能で機械語に翻訳されて実行されます。

0-3 統合開発環境で楽々開発

ここまで読んだあなたは、プログラムを作成するということは、まずソースコードを書き、次にそれをコンパイルする作業であるということはわかっていただけたかと思います。

しかし、具体的にパソコン上でどのような作業をするのか、となると、まだイメージできないと思います。

実際にプログラムを作成するには、**プログラミングに必要な一連の作業を助けてくれる統合開発環境を使うのが一般的**です。このソフトウェアは、**IDE**（Integrated Development Environment）**とも呼ばれます**。

C#の場合は、マイクロソフト社から提供されているVisual StudioというIDEを使うのが一般的です（⇒図0-2）。

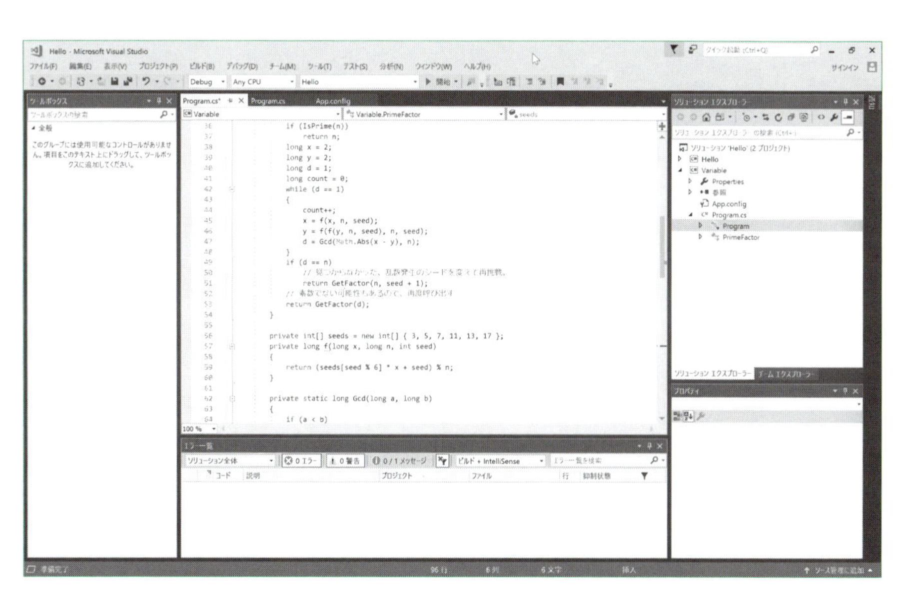

図0-2 Visual Studioの画面

Visual Studioを使えば、ソースファイルの作成から実行ファイルの作成までの一連の作業をこのIDEの中で行えます。Visual Studioには、ソースコードの一部を自動的に補完してくれたり、ソースコードの間違った個所を指摘してくれたり、作成したプログラムの動作を確認する作業を助けてくれたり、と、さまざまな便利な支援機能があります。

本書は、C#の機能に焦点を当てたC#プログラミングの説明をするのが目的ですので、Visual Studioの使い方の詳しい説明はしていません。しかし、安心して読み進めていけるよう、必要な操作方法はその都度その都度説明していきます。

Visual Studioをまだ準備されていない方は、p.5をご参照のうえ、インストールをお願いします。

0-4 .NETという強力な助っ人

C#プログラミングで欠くことのできないものが、Visual Studioのほかにもうひとつあります。それが、.NETです。この.NET**は、多くのアプリケーションが必要とする機能がまとめられた部品群と言えるもの**です。

.NETには、ウィンドウを表示したり、文字や画像を表示したり、インターネットに接続したり、ファイルを読み書きしたりといったさまざまな機能が用意されています。これらの機能を使うことで、効率良くプログラムを作成することが可能になります。

実際の開発では、C#の文法の知識のほかに、この.NETの知識も必要になります。.NETが用意している各種機能の使い方については本書でも必要に応じ解説していますが、皆さんも、その都度その都度、必要になった時点でネットや書籍等で調べていくようにしましょう。

この.NETには、Windowsで動作する.NET Framework、macOS、Linux、Windowsの3つのOSで動作する.NET Core*、Android、iOSで動作するXamarinがあります。.NETはこれらの総称です。本書では、現在最も利用されている.NET Frameworkを利用しています。

＊.NET Coreは、積極的にバージョンアップされており、今後、Windows上でも広く使われていくものと思われます。本書に掲載しているサンプルコードは、.NET Coreでもそのまま動作することを確認しています。

0-5 本書で扱うプログラムの種類

C#で作成できるアプリケーションには、

- Windows用のデスクトップアプリケーション
- Webアプリケーション
- iOS、Android用モバイルアプリケーション
- Windows、Mac、スマートフォン等で動作するゲームアプリケーション
- コンソールアプリケーション

などがありますが、**本書は、シンプルで動作の仕組みのわかりやすいコンソールアプリケーション**（⇒図0-3）**を例に解説をしています**。コンソールアプリケーションは、キーボードからの入力と文字の表示からなるアプリケーションソフトウェアです。グラフィカルな表示がないため、見た目の派手さはありませんが、プログラミング言語の文法や機能を学ぶのに適しています。

図0-3 コンソールアプリケーションの例

さて、それでは、次章からC#の学習に入っていきましょう。

初めはわからないことばかりかもしれませんが、C#の初歩の初歩からやさしく丁寧に説明をしていきますので、焦らず一歩一歩前に進んでください。

Q & A MacでもC#の開発ができるの？

Q MacでもC#の開発ができるのですか？

A はい、可能です。

マイクロソフト社は、Visual StudioのMac版（Visual Studio for Mac）も開発、提供しています。

コンソールアプリケーションはもちろん、以下のようなアプリケーション開発もサポートしています。

- モバイルアプリケーション（Android、iOS、tvOS、watchOS）
- Macデスクトップ アプリ
- ASP.NET Core Webアプリケーション
- クロスプラットフォーム ゲームアプリケーション

本書に掲載したサンプルコードはすべて、Visual Studio for Macでも動作を確認しています。

UIはWindows版のVisual Studioと若干異なっていますが、Windows版Visual Studioを利用したことがあれば、それほど迷わずに利用することが可能です。詳しくは以下のURLを参照してください。

https://docs.microsoft.com/ja-jp/visualstudio/mac/

第1章

初めてのC# プログラミング

さあ、いよいよC#プログラミングの始まりです。
この章では、C#のプログラミングがどんなものかをイメージしてもらうために、簡単なC#のプログラミングを体験してみましょう。
メッセージを表示するプログラムや簡単な計算をするプログラムを作成してみます。それを通じてプログラムを入力するときの基本的な注意点も学びます。応用すれば、自分の初めてのプログラムも作れます。
わくわく、どきどきのC#プログラミングの第一歩を踏み出してみましょう。

1-1 ようこそ、C#の世界へ

プログラミングがどんなものかを知るには、**実際にプログラミングを経験してみること**です。これが最も確実です。これはスポーツと同じですね。何にしても、やってみるのが一番早道です。

特に言葉だけで「プログラミングとは、……」と説明されてもなかなかイメージすることができないのは、プログラミングは今までの経験から推測できないところがあるからです（この点は、スポーツとは違いますね）。

ですから、百聞は一見にしかず、まずは**一番簡単なC#のプログラム**をVisual Studioを使って入力し、実際に動かしてみましょう。最初ですから、順を追って説明しますので、ゆっくりとそのとおりにプログラムを作成してみてください。

1-1-1 プロジェクトを作成する

Visual StudioでC#のプログラムを作成するには、まず、**プロジェクト**というものを作成する必要があります。以下の手順に従って、プロジェクトを作成してください*。

＊Visual Studio 2019をお使いの場合は、p.5に記したサイトからのリンクをご参照ください。Visual Studio 2019でのプロジェクトの作成方法について説明しています。

1. スタートメニューからVisual Studioを起動します（⇒図1-1）。

2. ［ファイル］メニューから、［新規作成］－［プロジェクト］と選んでいきます（⇒図1-2）。

3. 「新しいプロジェクト」ダイアログが開きますので、左側のペインで、［インストール済み］－［Visual C#］の順に展開し、真ん中のペインで［コンソール アプリ（.NET Framework）］を選択します。

図1-1
Visual Studioを起動する

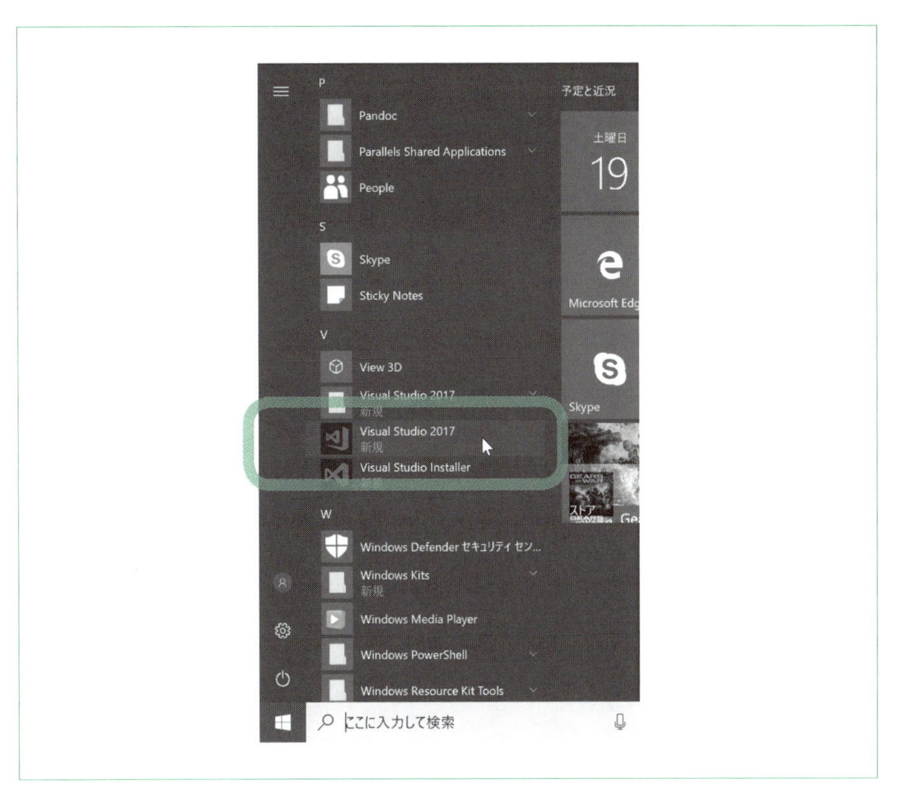

図1-2
[プロジェクト]の選択画面

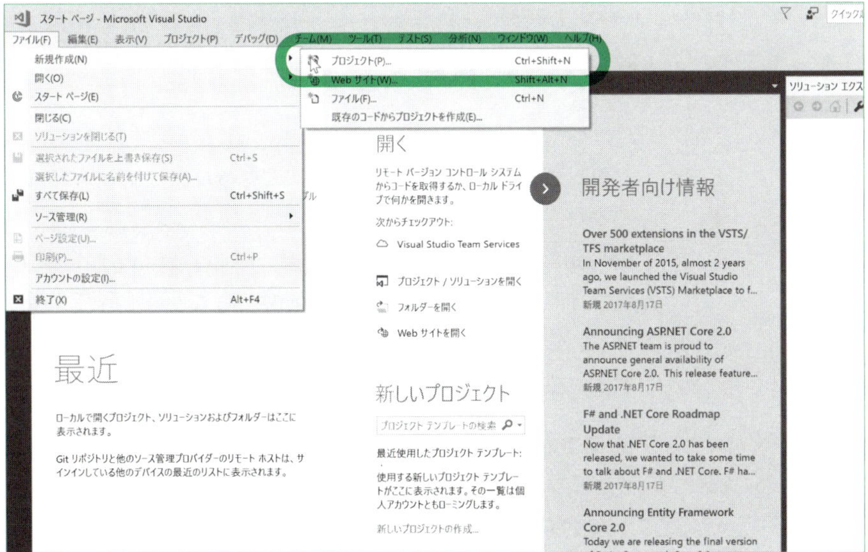

4.続いて、ダイアログの下の「名前」欄に「Hello」と入力し（デフォルトの名前は削除）、[OK] ボタンをクリックします（⇒図1-3）。「場所」欄には、プロジェクトを作成するフォルダーが表示されています。このフォルダーは変更することもできますが、今回は、初期値のままとしてください。

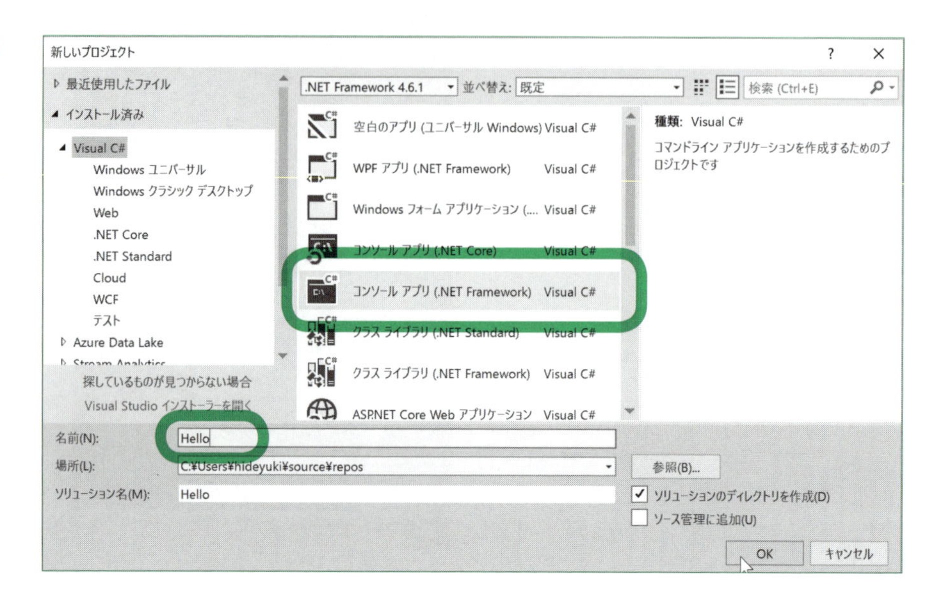

図1-3 [コンソール アプリ (.NET Framework)] を選び、「名前」欄に入力

1-1-2 ソースコードを入力する

プロジェクトが作成されたら、次にやることは**ソースコードの入力**です。ここからがプログラミングの核心部分です。

Visual Studioのエディター部には、Visual Studioが自動生成したソースコードが表示されていますが、今回は勉強のために Ctrl ＋ A ですべてを選択後、 Del キーを押し、この内容はすべて削除してください。

次に、リスト1-1に示す8行を、以下の点に注意して入力してください。

[リスト入力上の注意点]

- **アルファベットと記号はすべて半角文字で入力する**
- **大文字、小文字もリストどおりに入力する**
- **空白もそのとおりに入力する**
- **⏎は、改行を示している。 Enter キーで改行する**

リスト1-1
初めてのC#*

*これ以降は、見づらいでしょうから、特別な理由のない限り、リスト内では⏎記号は省略しています。

```
// Helloクラスの定義⏎
class Hello⏎
{⏎
    // Mainメソッド⏎
    static void Main()⏎
    {⏎
        System.Console.WriteLine("ようこそ、C#の世界へ");⏎
    }⏎
}⏎
```

行の先頭にある空白は、スムーズに入力をしていけばVisual Studioが自動的に挿入してくれます。入力と修正を繰り返して、空白が狂ってしまった場合は、Tabキーを押してコードを整えてください。スペースキーを使ってもかまいませんが、Tabキーを押せば、Visual Studioが半角4つ分のスペースに変換してくれますので、素早い入力が可能です。

なお、**先頭に空白を入れ、文字の開始位置をずらすことを字下げと言います**。この**字下げはとても重要**です。これについては、「1-7：C#のコードを入力するうえでの注意点」で説明します。

入力は、スムーズに終わりましたか？ 実際に、Visual Studioでソースコードを入力してみると、**Visual Studioは強力なコード補完機能を搭載している**ことに気付くと思います。

たとえば、「Sy」まで入力すると、候補に「System」が表示されますね。ここで、Enterキーを押せば、残りの「stem」がエディターに挿入されます（⇒次ページ図1-4）。続いて「.Cons」と入力すると、「Console」が候補に表示されますので、Enterキーを押せば、残りの「ole」が自動で挿入されます。開き括弧（{や(）を入力すると、対応する閉じ括弧が自動で挿入されます。また、上で述べた自動的な字下げの機能もそうですね。このようなコード補完機能をうまく利用すると、効率良くコードを入力していくことができます。この補完機能を**インテリセンス**（IntelliSense）と言います。

ソースコードの入力が終わったら、ソースコードの文字の下に赤い波線が表示されていないかどうか確認してください。もし、赤い波線が表示されていたら、そこに何か誤りがあることを示しています。リスト1-1のとおりに入力できているか再度見直し、正しく修正してください。

赤い波線が消えていれば、ソースコードの入力は終わりです。

ここで、いったん入力した内容を保存してください。［ファイル］メニューから［すべて保存］を選びます。

図1-4
Visual Studioの補完機能

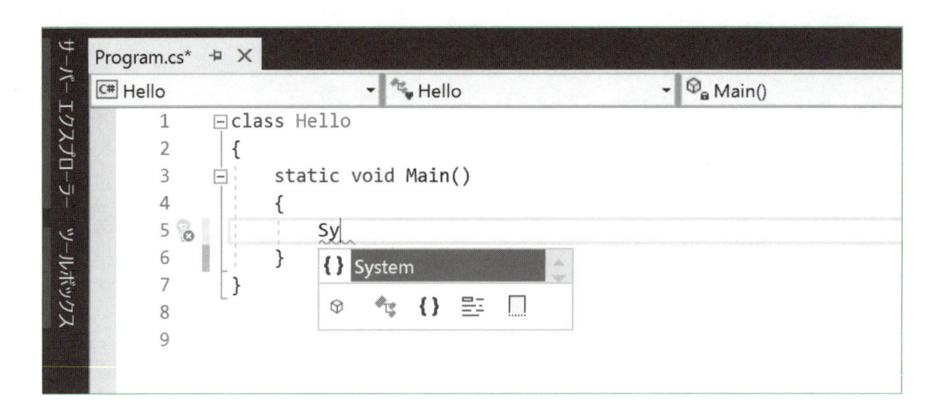

1-1-3 ビルド処理をする

第0章で説明したとおり、C#のソースコードは人が読み書きするためのものです。そのため、そのままではコンピューターは理解できず、実行することができません。プログラムをコンパイル(⇒p.14)し、**コンピューターが理解できる形式に変換する**必要があります。この作業をVisual Studioでは**ビルド**と呼んでいます。コンパイルとビルドの関係を図1-5に示しました。図のように厳密には違うものですが、プログラミングをするうえでは同じものと思っても差し支えありません。

図1-5
コンパイルとビルドの関係

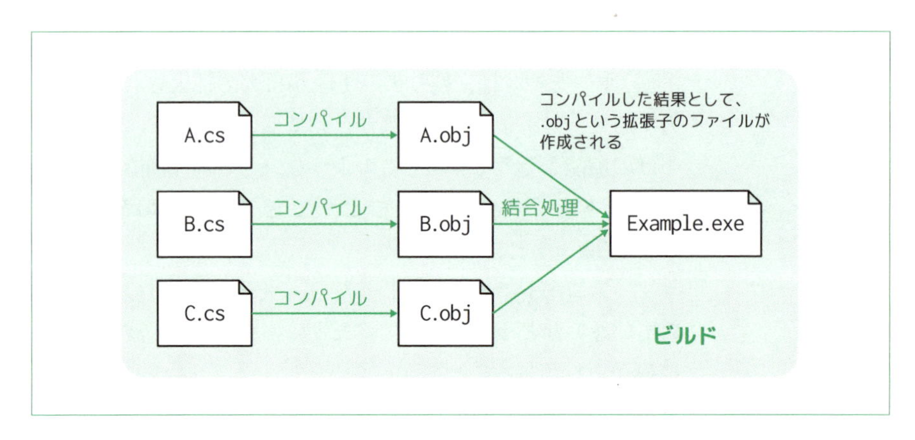

Visual Studioの[ビルド]メニューから[ソリューションのビルド]を選ぶと、ビルド処理が起動します。Ctrl+Shift+Bキーを押すことでもビルドすることができます(⇒図1-6)。

図1-6
[ソリューションの
ビルド]
メニュー

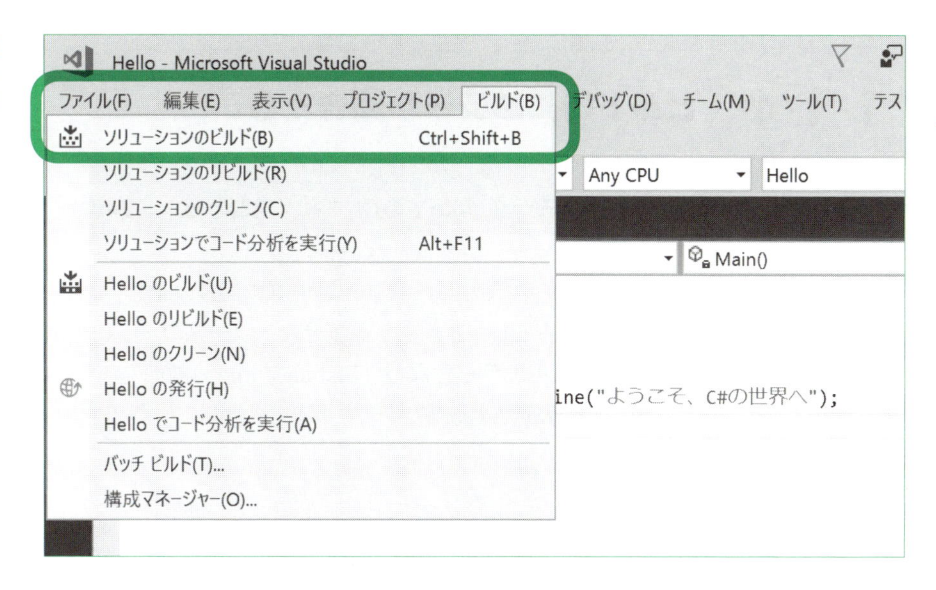

ソースコードに誤りがなければ、Visual Studioのステータスバーに「ビルド正常終了」と表示されます（⇒図1-7左下）。

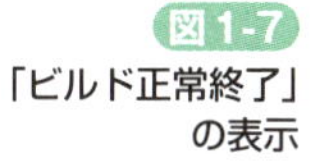
図1-7
「ビルド正常終了」
の表示

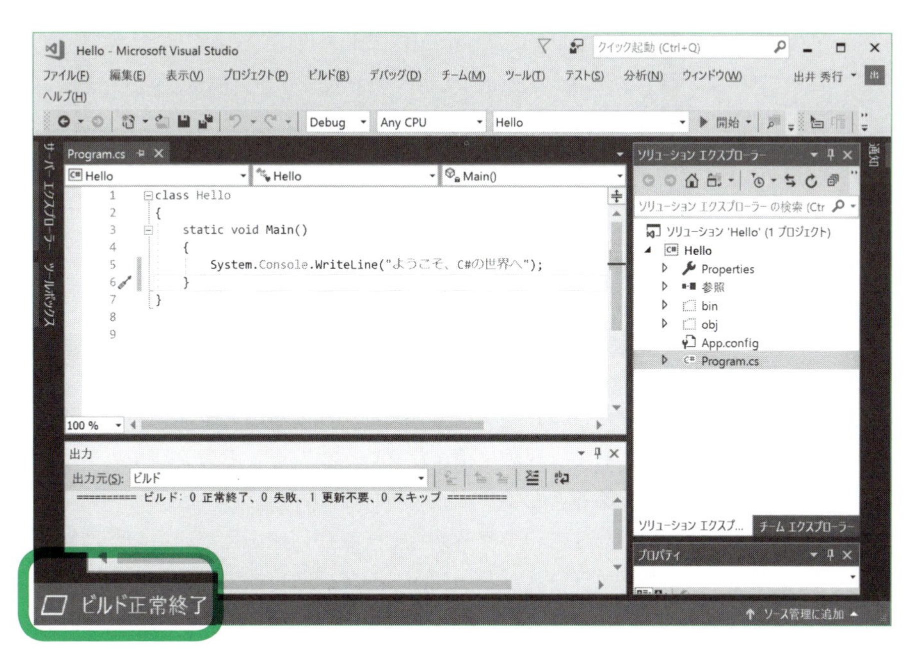

1-1-4 ビルド時にエラーが起きたら

どうでしょうか？ 初めてのC#プログラムのビルド処理はうまくいったでしょうか？

もしかしたら、入力したソースコードに誤りがあり、ビルドが正常に終わらなかった方もいらっしゃるかもしれません。**ソースコードに文法上の誤りがある場合は、コンパイルエラーとなり**、Visual Studioの画面左下に図1-8のような**エラーメッセージが表示されます**。

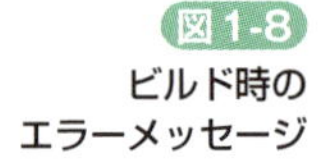

図1-8 ビルド時のエラーメッセージ

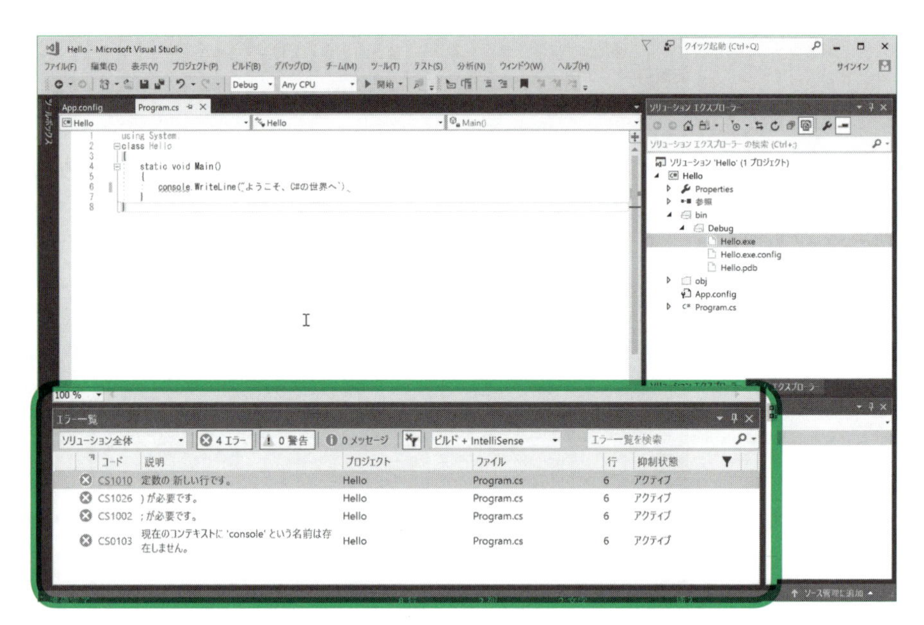

しかし、コンパイルエラーが出たからといって、あわてる必要も落胆する必要もありません。経験を積んだプログラマーでもコンパイルエラーを出してしまうことはよくあることです。

はじめはこのエラーメッセージが何を訴えているのか理解できないかもしれませんが、エラーメッセージが示している行か、その前の行に何らかの誤りがあるはずです。リスト1-1と見比べてエラー個所を訂正してください。

たとえば、`Console.WriteLine`の行の最後のセミコロンを忘れてしまった場合は、

```
; が必要です。
```

というエラーメッセージが表示されます。

このとき、エラーメッセージの行をダブルクリックすれば、エラーになったソースコードの該当個所付近へ移動することができます。エラーを修正する際は、ぜひこの機能を利用してください。

また、**エラーメッセージは必ず読む**ようにしてください。

エラーメッセージを読まずに当てずっぽうで直そうとする人もいますが、それは良い方法とは言えません。コンパイラーが出すエラーメッセージはわかりやすいとは言えませんが、エラーメッセージをよく読めば、エラーを修正する何らかのヒントが得られます。これを繰り返していけば、「このエラーメッセージのときは、あれが間違っているんだな」ということがわかってきます。

たくさんのエラーメッセージが表示された場合は、一度にすべてを直そうとするのではなく、すぐにわかるエラーだけを取り除き、再度ビルドしてみると良いでしょう。1カ所直すだけで、複数のエラーメッセージが消えることもあります。

こうしてエラーを取り除いたら、再度ビルドに挑戦してみてください。

1-1-5 Visual Studioから実行してみよう

Visual Studioには、作成中のプログラムを実行する機能がありますので、Visual Studioから、今入力したプログラムを動かしてみましょう。自分で入力したプログラムがようやく初めて動く瞬間です。

［デバッグ］メニューから［デバッグなしで開始］を選んでください。Helloプログラムが実行され、「ようこそ、C#の世界へ」と表示されるはずです（⇒図1-9）。これで成功です。Ctrl＋F5キーを押してもプログラムを起動することができます。

図1-9 ［デバッグなしで開始］で動作させた画面

ちなみに、［デバッグなしで開始］を選ぶと、まず、ビルド処理が動いてから、プログラムが実行されます。そのため、通常は［ソリューションのビルド］、［デバッグなしで開始］の2つの手順を踏む必要はありません。Visual Studioから開発中のプログラムを起動する場合は、［デバッグなしで開始］を選べば、それでOKです。

プログラミング上達のコツ

プログラミングが上達するために大切なことを個条書きでまとめてみました。参考にしてください。

1.コードの丸暗記は意味がない

書籍に掲載しているコードを丸暗記する必要はありません。まず何をやっているコードなのかを理解することが大切です。同様に、文法や用語を正確に覚える必要もありません。多少知識が曖昧なままでも、まずはプログラムを書いてみることが大切です。

2.恐れずコードを書いてみる

間違えることを恐れて、なかなかコードを書くことができない人がいます。しかし、間違えてもコンピューターが壊れることはありませんし、あなたの価値が下がることもありません。ベテランプログラマーでも日常的に間違えています。恐れずに、まずはコードを書いて実行してみましょう。

3.エラーメッセージを読む

コンパイルエラーや例外メッセージ（⇒p.417）が出たら、きちんと読む習慣をつけましょう。そこには必ず、エラーとなった原因を見つけるための情報が書かれています。

4.反復練習をする

一度学習した内容でも、繰り返し学習することが大切です。そして実際にコードを書いてみることです。たとえば本書の「確認・応用問題」も、1回目は本を参照しながら、2回目は何も見ずに解いてみるということをやれば、確実に実力が付くはずです。

1-2 プロジェクトとソリューション

ここまで、Visual Studioを使い、C#のプログラムコードを入力し実行するまでを体験してきました。ここで、Visual Studioを使ってプログラムを作成するうえで押さえておきたいことがあります。それは**プロジェクト**と**ソリューション**です。

Visual Studioでプログラムを作成するときは、必ずプロジェクトというものを作成します。先ほどのプログラムでもメニューから［ファイル］－［新規作成］－［プロジェクト］を選びましたね。

プロジェクトとは、プログラムを作成するための各種ファイル（主にC#のソースファイル）をまとめたものです。このプロジェクトの入れ物がソリューションです。小規模なプログラムの場合、1つのソリューションには1つのプロジェクトが入っています。プログラムの規模が大きくなると、ソリューションの中に複数のプロジェクトが入る場合もあります。

ちょっと確認してみましょう。Visual Studioのウィンドウの右側にあるソリューションエクスプローラー ウィンドウを見てください（⇒次ページ図1-10）。

ソリューション'Hello'の中に、Helloプロジェクトがあることが確認できます。

そして、Helloプロジェクトの中に、Program.csというC#のソースファイルがあります。C#のソースファイルの拡張子は.csです（⇒p.13）。大きなプログラムの場合は、プロジェクトは、たくさんのC#のソースファイルから構成されます。

また、App.configというファイルも作成されています。これは「アプリケーション設定ファイル*」と呼ばれているものですが、本書では利用しません。

*アプリケーション設定ファイルは、アプリケーションが動作するための各種設定情報を記述するためのものです。

それでは、ソリューションエクスプローラーに表示されているファイル/フォルダーと、実際ディスク上に作成されたファイル/フォルダーの関係を見てみましょう。

ソリューションエクスプローラーのソリューション名「ソリューション 'Hello'」を右クリックし、メニューの下の方にある［エクスプローラーでフォルダーを開く］を選択してください。Windowsのエクスプローラー（以降、エクスプローラーと記述）が起動し、ソリューションのあるフォルダーが表示されます（⇒次ページ図1-11）。

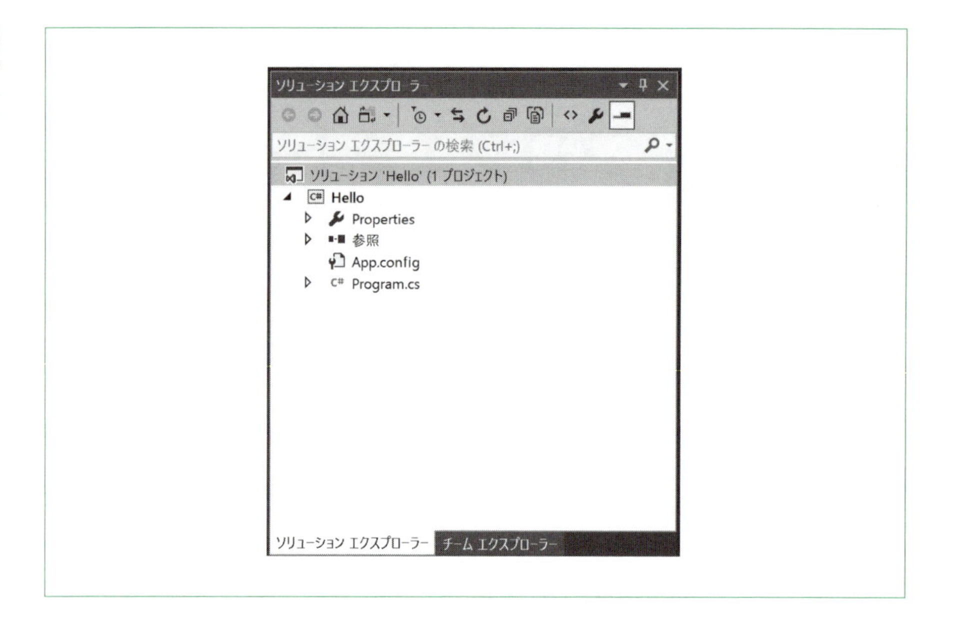

図1-10 ソリューションエクスプローラーウィンドウ

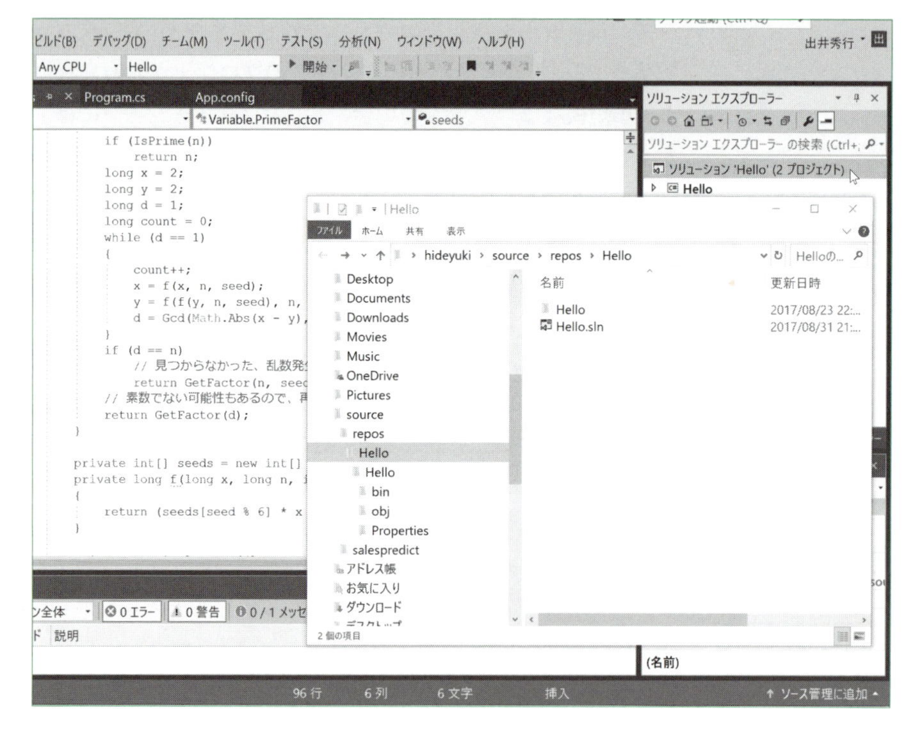

図1-11 ソリューションのあるフォルダーの表示

Hello.slnというファイルがありますね。これがソリューションファイルです。このファイルの中に、このソリューションがどういったプロジェクトから構成されているのかという情報が記述されています。

続いて、エクスプローラー上でHelloフォルダーをダブルクリックして、Helloフォルダーを開いてみてください。このフォルダーの中に、Hello.csproj、Program.csなどのファイルがあります。Hello.csprojがプロジェクトファイル、Program.csがC#のソースファイルです。

確認したら、エクスプローラーで開いたフォルダーを閉じてください。

ここで、Visual Studioをいったん終了し（ウィンドウの右上の［×］印をクリック）、再度起動してください。

Visual Studioを起動した際に開かれるスタートページの「最近」の欄に、先ほど作成したHello.slnが表示されています（⇒図1-12）。このHello.slnをクリックすると、Helloソリューションが開きます。

［ファイル］－［開く］－［プロジェクト/ソリューション］でHelloフォルダーを開き、Hello.slnファイルを選択しても、ソリューションを開くことができます。

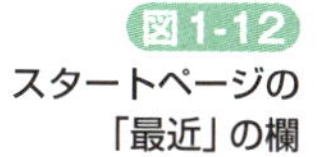

図1-12
スタートページの「最近」の欄

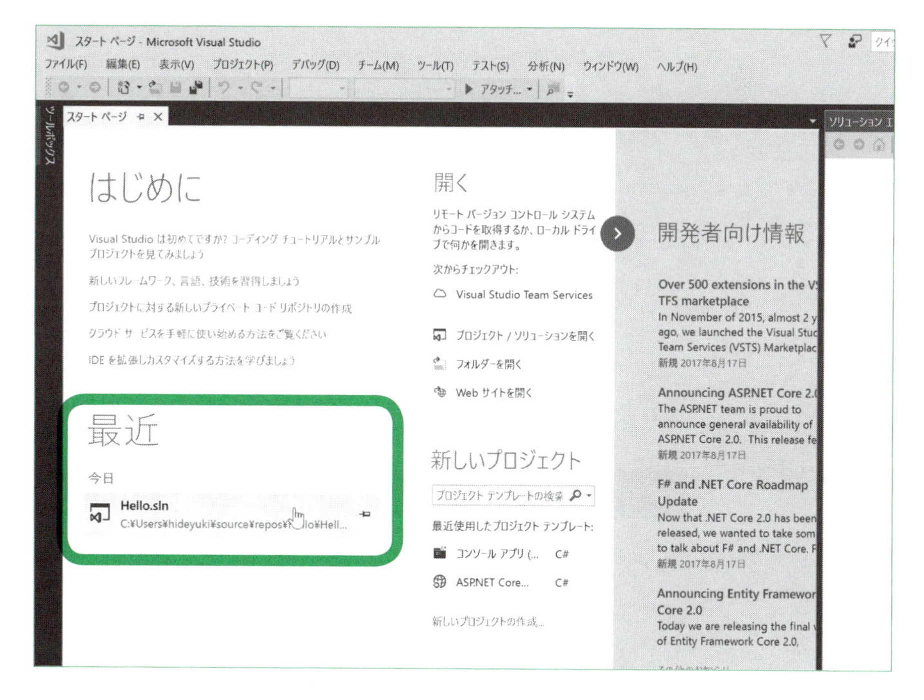

1-3 入力したプログラムを理解しよう

それでは、先ほど入力して動かすことができたC#のコードを順を追って理解していきましょう。

リスト1-2 初めてのC#（リスト1-1再掲）

```
1  // Helloクラスの定義
2  class Hello
3  {
4      // Mainメソッド
5      static void Main()
6      {
7          System.Console.WriteLine("ようこそ、C#の世界へ");
8      }
9  }
```

各行の先頭にある「数字」は、説明のために振った行の番号（行番号）です。プログラムの一部ではありません。行番号を除いた部分が実際のソースコードです。

このプログラムは、先ほど実行したように、画面に"ようこそ、C#の世界へ"を表示するだけの単純なプログラムです。

実行結果

```
ようこそ、C#の世界へ
```

プログラミングの学習を始めようとしているあなたは、もしかしたら「ゲームプログラムのソースコードを見たい」とか「もっと実用的なプログラムのソースコードを見たい」と思ったかも知れません。しかし、それほどプログラミングはやさしいものではありません（かといって、特別な才能を持った人だけができる技術というわけでもありませんが）。

どんな分野でもそうですが、まずは初歩的なところから始めることが、結局は上達の近道です。いきなりスター選手にはなれません。徐々に高度な内容に挑戦できるようにしていきましょう。

さて、この短いプログラムの中にも、C#のいろいろな特徴が見てとれます。1行

1行、どんな意味があるのか見ていきましょう。

なお、ここで説明する細かい内容を、まだ完璧に理解する必要はありません。なんとなく全体的な仕組みをつかんでもらえれば問題ありません。本書を読み進むに従って、徐々に理解が深まっていくはずです。

1-3-1 コメント

リスト1-2の1行目と4行目は、**コメント**と呼ばれているものです。コメントは、**プログラムの動作には影響がありません。プログラムをわかりやすくするための備忘録のようなもの**です。

//で始まり、その行の行末までがコメントとして扱われます。

```
// Helloクラスの定義
```

リスト1-2のコメントの場合、先頭に//があるので1行すべてがコメントになっていますが、次のようにソースコードの後に続けてコメントを書くこともできます。

```
static void Main()    // Mainメソッド
```

また、**/*と*/で囲む形式のコメント**もあります。この形式では**複数行にわたるコメントを書くことができます。**

```
/*
    複数行をコメントにできます。
    この行もコメントです。
*/
```

1-3-2 class

2行目の**class**は**クラス**というものを定義するためのC#の**キーワード***です。**キーワードとは、C#のプログラムで特別な意味を持つ単語**のことです。

classキーワードの右側には、**クラスの名前を書きます。この名前は、プログラマーが自由に付けてかまいません。**クラスの名前は、アルファベット大文字で始め

＊C#にはclassをはじめ約100個のキーワードがあります。第2章p.79のコラムにキーワードの一覧を示しています。

ることになっています。ここではHelloという名前を付けています。

3行目の先頭にある{と対応する9行目の}までが、このHelloクラスの内容になります。**{}で囲まれた部分をブロックと呼びます。**

書式1-1 クラスの定義

```
class クラス名
{
    クラスの本体
}
```

クラスは、**ソースコードを役割ごとにまとめるC#の基本的な単位**です。詳しくは第7章以降で説明しますが、今のところは、C#のプログラムにはそういったものが必要なんだ程度の理解でかまいません。しかし、このキーワードclassはC#の根幹をなすもので、非常に大事だということは頭の隅に入れておいてください。

1-3-3 Mainメソッド

5行目から8行目が**Mainメソッド**と呼ばれているものです。5行目にMainという名前が見えますね。Mainという名前のメソッドということです。

メソッドとは、**コンピューターにやらせたい一連の処理**のことです。ただし、「一連の」と書きましたが1つの処理だけの場合もあります。

Mainメソッドは特別なメソッドで、**プログラムはMainメソッドから開始される**と決められています。まさにメインのメソッドなわけです。プログラムが開始されると、6行目の**{と、8行目の}の間に書かれたコードが実行されます。**

このプログラムでは、7行目の

```
System.Console.WriteLine("ようこそ、C#の世界へ");
```

を実行します。リスト1-2では実行する部分はこれだけなので、ここを実行して終わりです。

Main()の前に書かれているstatic voidは、今のところはMain()にくっつく決まり文句だと思ってください。この2つの単語はC#のキーワードなのですが、役割は英語の意味からはちょっと類推しにくいキーワードかもしれません（staticは「静的な」、voidは「空虚な」といった意味ですね）。これらの意味は、第8章と第7

章で説明します。

通常のプログラムでは、やらせたいことがいく種類かあるのが普通のため、複数のメソッドが存在しますが、このプログラムは最も小さなプログラムですので、Mainメソッドだけを定義しています。

メソッドについては、第7章、第8章、第10章で詳しく説明します。今は、プログラムはMainメソッドから開始され、Mainメソッドの{}ブロックの中に書いた行がまず実行されていくということだけ押さえておいてください。

1-3-4 System.Console.WriteLine()

＊Windowsの[スタート]－[Windowsシステムツール]－[コマンドプロンプト]から起動する画面です（⇒図1-9）。いろいろな命令を入力し、実行させることができます。このほかに、Visual Studioには「開発者コマンドプロンプト」という画面も用意されています。

7行目が**コマンドプロンプトの画面**＊**に文字を出力するよう命令している**部分です。このSystem.Console.WriteLineの次の丸括弧（かっこ）（()）の中に記述した言葉（この場合、「ようこそ、C#の世界へ」）がコマンドプロンプトの画面に出力され、最後に改行されます。

コマンドプロンプトに出力したい文言は、**必ず二重引用符（ダブルクォーテーション）（"）で囲む**必要があります。この**二重引用符（"）で囲んだ一連の文字を文字列と呼んでいます**。両端の二重引用符自体は文字列の一部ではありませんので、実行しても画面に"は表示されません。

もし、7行目を次のように書いてしまうと、コンパイルエラー（⇒p.28）になってしまいます。

```
✖ System.Console.WriteLine(ようこそ、C#の世界へ);
```

最後に、**セミコロン（;）**がある点にも注目してください。C#では、**プログラムにやらせる一連のことを1つ1つセミコロンで区切ります**。「～である。」、「～をせよ。」と文を句点（。）で区切るようなものですね。C#では、セミコロンで終わる1行を**文**と呼んでいます。

でも、セミコロンを付けるのを忘れそうですね？　大丈夫。セミコロンを忘れてしまっても、Visual Studioがセミコロンが抜けていることを教えてくれます（⇒p.25）。どこでセミコロンが必要なのかそれほど神経質にならなくてもかまいません。

文字列の出力の方法がわかったら、()の中に好きな文字列を入れてやり直してみてください。あなたの入力した文字列がそのまま画面に表示されるはずです。

1-4 usingディレクティブを使って簡略化

Mainメソッドの中で書いたSystem.Console.WriteLine(……)の行は、**usingキーワードを利用すると**、Console.WriteLine(……)というように、これまでの命令を**短くすることができます**。

以下にそのコードを示します。

リスト1-3 初めてのC#(usingディレクティブ使用)

```
using System;   ← usingディレクティブ
class Hello
{
    static void Main()
    {
        Console.WriteLine("ようこそ、C#の世界へ");
    }
}
```

最初の行を、**usingディレクティブ**と言います。**usingディレクティブにも、最後にセミコロンを付ける**ルールになっています。

usingディレクティブを用い、using System;と書くことで、「このソースファイルでは、Systemを利用します」という意味になり、それ以降、System.を省略することができるわけです。これにより、System.Console.WriteLine(……)はConsole.WriteLine(……)と書くだけで済むようになるのです。System.を書く必要があった個所はすべて省略できますから、コードを入力する手間も省けますし、コードの見た目もすっきりします。

usingディレクティブについては、第9章の「9-1-2:usingディレクティブ」(⇒p.247)で詳しく説明しています。Systemという単語が何を意味するのかも第9章で明らかにしたいと思います。

Visual Studioが自動生成するコードには、必ず、using System;が書かれていますので、これ以降、このusing System;がソースコードの先頭に書かれていることを前提に説明をしていきます。

1-5 デバッグ機能を使って実行順序を確かめてみよう

Visual Studioには、［デバッグなしで開始］のほかにもうひとつプログラムを動かす方法があります。それが［デバッグの開始］です。

デバッグとは、**プログラムの誤り**（**バグ**と言います）**を見つけて取り除く作業**のことです*。Visual Studioのデバッグ機能を使うと、このデバッグ作業を効率良く行えます。

*もともとデバッグ（debug）は、虫（bug）を駆除するという意味です。プログラムの誤りをバグと言うことから、プログラムの中にある虫を駆除するという意味でデバッグという言葉が使われるようになりました。

ここでは、デバッグ機能のひとつであるステップ実行について説明しましょう。このステップ実行を使うと、プログラムの実行順序を確かめることができます。

デバッグ機能を使う前に、ソースコードを少し書き換えてみます。

まず、Visual Studioを起動し、先ほど作成した`Hello.sln`を開いてください（⇒p.33）。エディター部にソースコードが表示されていない場合は、ソリューションエクスプローラーの中の`Program.cs`をクリックして、ソースファイルを開いてください。

次に、リスト1-4に示すように、1行目に`using`ディレクティブを追加し、`Main`メソッドの中を書き換えてください。

リスト1-4
初めてのC#（第2版）

```
using System;
class Hello
{
    static void Main()
    {
        Console.WriteLine("おはよう");
        Console.WriteLine("こんにちは");
        Console.WriteLine("さようなら");
    }
}
```

コードの入力が終わったら、`Console.WriteLine("おはよう");`の行にカーソルを移動し、F9キーを押してください。行の左側に赤い●印が表示されます。これをブレークポイント（一時停止するポイント）と言います。

続いて、F5キーを押してください。［デバッグ］－［デバッグの開始］* を選んでも同じです。［デバッグなしで開始］同様、ビルド処理が実行されてからデバッグが開始されます。しばらくすると、●印のあるConsole.WriteLine("おはよう");の行の背景色が黄色に変化します（●の中に黄色い矢印も表示されます）。これは、色の変わった行でプログラムの実行を一時停止している状態です（⇒図1-13）。該当する行はまだ実行されていません。

*ツールバーの［▶開始］ボタンを押してもデバッグを開始できます。

図1-13
ステップ実行で一時停止したところ

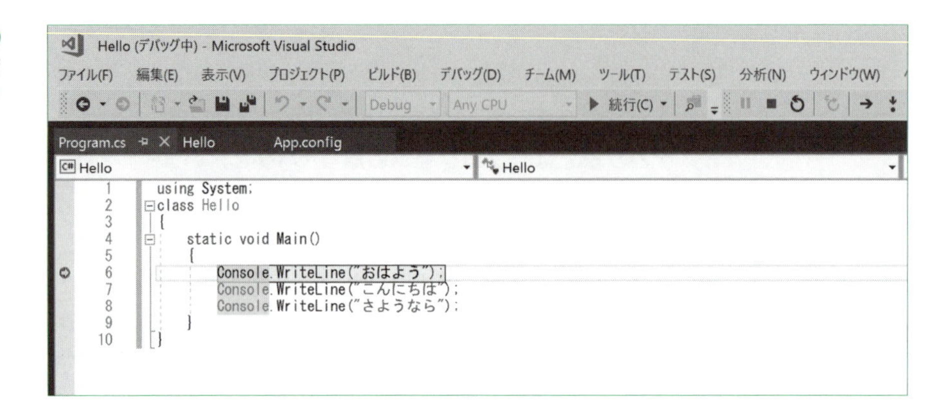

この行を実行し、次の行で処理を止めるには、F10キーを押します。F10キーを押すと、Console.WriteLine("おはよう");の行が実行されコマンドプロンプトの画面に"おはよう"と表示されます。そして、1つ下のConsole.WriteLine("こんにちは");の行で処理が止まります。

このように、F10キーを押すたびに1行処理が進むのが確認できます。これを**ステップ実行**と言います。

このステップ実行でわかるのは、Mainメソッドの中では、処理は上から順番に処理されるということです。一度にすべてが同時に実行されるのではなく、1行ずつ処理が行われます。

ステップ実行を途中でやめて、それ以降は通常の実行に戻したいときには、F5キーを押してください。一気に処理が進みます。

ブレークポイントを解除したい場合は、ブレークポイントを設定した行にカーソルを移動し、再度F9キーを押してください。●印が消えてブレークポイントが解除されます。

なお、［デバッグの開始］でコンソールアプリケーションを動かした場合は、プログラムが終わると同時に、プログラムウィンドウが閉じてしまいます。そのため実行結果を確認することができません*。コンソールアプリケーション開発で、実

*［デバッグの開始］を選んだ場合でも、Mainメソッドの閉じ波括弧（}）で処理を停止させれば、結果を確認することができます。

行結果を確認したい場合は、[デバッグなしで開始] でプログラムを起動してください*。

デバッグ時によく利用するショートカットキーを表1-1にまとめました。活用してください。

表1-1 デバッグ時によく利用するショートカットキー

キー	内容
F5	デバッグを実行、再開
Ctrl + F5	デバッグなしで実行
F9	ブレークポイントの設定、解除
F10	ステップ実行
Ctrl + F10	カーソル行の前まで実行（カーソル行で止まる）
F11	ステップイン（呼び出すメソッド（⇒p.201）の中も含めて1行ずつ実行）
Shift + F11	ステップアウト（現在のメソッドから抜け出す）
Shift + F5	デバッグの停止

*コンソールアプリケーション以外のプログラム開発（たとえば、Webアプリケーションやデスクトップアプリケーション）では、[デバッグの開始] でも結果を確認することができます。

1-6 数値を扱ってみる

今度は、文字列ではなく数値を扱うプログラムを見てみましょう。簡単な計算をさせてみます。以下のコードを見てください。

リスト1-5
数値を扱う

```
using System;
class Program
{
    static void Main()
    {
        Console.WriteLine(100 + 5);
        Console.WriteLine(100 - 5);
        Console.WriteLine(100 * 5);
        Console.WriteLine(100 / 5);
    }
}
```

計算結果が出力される

classやMainメソッドの構成が今までのプログラムと同じであることにも注目してください。

すでに1行目のusingディレクティブでSystemが指定されていますから、System.Console.WriteLineの記述は、Console.WriteLineと簡略化できます。

このプログラムの結果は以下のようになります（この後、実際にこのプログラムも入力し動かしてみます）。

実行結果

```
105
95
500
20
```

結果から見てのとおり、リスト1-5ではリスト1-1などと違い、Console.Write

Lineの()の中は二重引用符(")で囲まれていないため、文字列としては表示されていません。

その代わり、+、-、*、/の記号を用いた**四則演算が行われ、その結果が表示されています**。掛け算、割り算の記号は、「×」「÷」がキーボードにないため、「×」「÷」ではなく、それぞれ「*」「/」になっています。

これらの演算を表す記号を**算術演算子**と言います。

リスト1-5では、整数同士の計算例を示しましたが、次のように小数付きの数値の計算も行えます。

```
Console.WriteLine(1260 * 1.08);
```

結果を以下に示します。

```
1360.8
```

もちろん、次のような計算もできます。

```
Console.WriteLine(6 * 6 * 3.14);
```

結果は以下のとおりです。

```
113.04
```

数値演算については、第3章で詳しく解説しますので、今は、+、-、*、/の記号を使って四則演算が行えるということだけ覚えておいてください。

1-6-1 数値を扱うプログラムも入力/実行させてみよう

それでは、「リスト1-5:数値を扱う」のプログラムもVisual Studioで入力してみましょう。

まず、新たなプロジェクトを作成します。MySampleという名前でプロジェクトを作成してください。プロジェクトを作成する手順は、「1-1-1:プロジェクトを作成する」のときと同じです。

以下のようなソースコードが自動生成されるはずです。

リスト 1-6
自動生成されたソースコード

```
using System;
using System.Collections.Generic;
using System.Linq;
using System.Text;
using System.Threading.Tasks;

namespace MySample
{
    class Program
    {
        static void Main(string[] args)
        {
        }
    }
}
```

今度は、Visual Studioが自動生成するコードをそのまま利用することにしましょう。プロジェクトを作成するたびに毎回ゼロから入力するのは大変ですからね。

Visual Studioが自動生成するコードには、using System;以外にも、たくさんのusingディレクティブ（⇒p.247）が書かれています。C#が用意している多くの機能を簡単に書くためのものですので、これはこのままにします。

また、usingディレクティブに続いて、namespaceというまだ説明していない単語（キーワード（⇒p.79））が出てきます。namespaceに続く名前には、Visual Studioでプロジェクトを作成したときに付けた名前が自動的に反映されます。namespaceについては第9章で詳しく説明します。

Mainメソッドの行もこれまでとは若干異なっていますが、これもこのまま利用することとします。

そのため、実際に入力するのは、Mainメソッドの中のコードだけです。「リスト1-5：数値を扱う」のMainメソッドの中のコードを入力してみましょう。

リスト 1-7
完成したソースコード

```
using System;
using System.Collections.Generic;
using System.Linq;
using System.Text;
using System.Threading.Tasks;

namespace MySample
```

```
{
    class Program
    {
        static void Main(string[] args)
        {
            Console.WriteLine(100 + 5);
            Console.WriteLine(100 - 5);
            Console.WriteLine(100 * 5);
            Console.WriteLine(100 / 5);
        }
    }
}
```

この4行を追加

追加する行はわずか4行だけですが、落ち着いてゆっくりと入力してください。先を急ぎすぎてあわてて入力すると、コンパイルエラーが大量に出てしまい、モチベーションが低下してしまいますよ。

入力が終了したら、p.26に述べたようにして実行してみましょう。各々の計算の結果は、リスト1-5の実行結果として挙げたとおりですね。

リスト1-7のプログラムもうまく動いたら、あなたは、コンピューターにメッセージを表示する基本中の基本、あるいは計算結果を表示する基本中の基本を習得したことになります。

ここまで来たら、ぜひ、自分で考えた計算式を書くなどいろいろと試してみてください。計算結果だけではなく、計算結果の前後にメッセージを表示することもできますね。

なお、計算式に与える値によっては、求めているとおりの答えが出ないこともあります（その理由は、第2章「2-4：変数の型」および第3章「3-2：算術演算」で説明します）。

自分でいろいろ試せば、新しい発見もありますし、理解も深まります。また、いろいろな疑問もわいてきてプログラミングがどんどん面白くなっていくことと思います。「自分で考え、自分で書いたものが動く」感動は何ものにも代えがたいものです。今回はおしきせのソースコードでしたが、学習を続けていくことで、すぐにそういった感動を味わう日がやって来ます。

1-7 C#のコードを入力するうえでの注意点

C#のコードを入力するうえでの注意点をまとめてみました。

■C#への指示は半角文字で入力する

C#で利用するキーワードや()や"といった記号は、すべて半角文字です。プログラミング言語は、全世界共通で利用される言語ですから当然ですね。

慣れないうちは、入力する文字につられ、文字列を囲む二重引用符を全角でタイプしてコンパイルエラーになることもありますから、注意してください。

■大文字と小文字を区別する

C#では、**大文字と小文字は明確に区別されます**。Mainとmainは別のものですし、Systemとsystemも別のものとして扱われます。ですから、次のように書くと、コンパイルエラーになってしまいます。

```
✕ system.console.writeline("ようこそ、C#の世界へ");
```

C#でプログラミングを始めたばかりの頃は、この大文字小文字の区別が面倒だと感じるかもしれませんが、次第に自然に思えるようになります。

■インデントでコードを整える

C#では、単語の途中でなければどこで改行しても、いくつの空白（タブも含みます）を使おうとも文法的には正しいものと解釈されます。たとえば、以下のようなコードも、エラーなくビルドされ、実行することができます。

リスト1-8 不恰好なソースコード

```
✕ using System; class  Hello {
    static  void  Main (   ) {
  Console.WriteLine
```

```
("ようこそ、C#の世界へ" );}
}
```


しかし、リスト1-3に示したコード（以下に再掲）と比べてみてください。

「リスト1-8:不恰好なソースコード」は、「リスト1-9:整えられているソースコード」に比べて、{}の対応関係がわからず、とても不恰好な感じがしますよね。

実際には、Visual Studioの自動補正機能が働いていますから、「不恰好なソースコード」ほどソースコードが崩れることはありませんが、ソースコードを美しく保つという意識を日頃から持っていないと、知らず知らずのうちに、コードが崩れていってしまいます。

リスト1-9
整えられているソースコード（リスト1-3再掲）

```
using System;

class Hello
{
    static void Main()
    {
        Console.WriteLine("ようこそ、C#の世界へ");
    }
}
```

プログラミング言語は、プログラマーである人が読み書きするために作られた言語です。そのため、何をしているプログラムなのかが理解しやすくなるように、適切な場所で改行し、適切な数の空白を入れるようにします。

特に重要なのが、行の先頭に空白を入れ、字下げをすることです。

リスト1-9のように書けば、Helloクラスがどこからどこまでなのか、Mainメソッドがどこからどこまでなのかがわかりやすくなります。要するに、この字下げは、階層/入れ子を示しているわけです。Helloクラスの中にMainメソッドがあり、Mainメソッドの中にConsole.WriteLineがあるということが、視覚的によくわかります。

この字下げのことを**インデント**と呼んでいます。C#では、**1インデントにつき半角スペース4文字分の字下げをするのが一般的**です。これは、Visual Studioのデフォルトにもなっています。

実際にプログラムを入力してみると気付くと思いますが、Visual Studioでは、{を入力すると}が自動的に挿入され、続けて改行すると自動的に字下げされるようになっています。この機能のおかげで字下げで迷うことはそれほどないと思います。もし、プログラムの修正を繰り返して、字下げが狂ってしまった場合は、Tab

キーを使って空白を挿入してください。4文字単位で字下げすることが可能です*。

なお、先ほどは「適切な場所で改行し」と述べましたが、**二重引用符で囲った文字列は途中で改行することはできない**ので、注意してください。以下のコードはエラーになります*。

* Visual Studioには、C#のコードの字下げを自動で整えてくれる機能があります。Ctrlキーを押しながらKキーを押し、続けてDを押すとコード全体を整えることができます。

* 文字列を途中で改行する方法については、p.98「3-6-1：+演算子による文字列の連結」およびp.360のコラム「逐語的文字列は途中で改行できる」をご覧ください。

✕
```
var str = "これは正しくない文字列です。⏎
           2行に分割することはできません。"
```

Q & A ソースコードに空白行を入れても問題ない？

Q ソースコードに空白行を入れても問題ありませんか？

A はい、文字や記号が含まれない**空白行を入れても問題ありません。**
文章を書くときに、段落ごとに空白行を挿入して読みやすくすることがありますが、プログラムもこれと同じです。特に行数が多いプログラムでは、ソースコードを読みやすくするために、積極的に空白行が利用されます。

Q & A 専門用語がたくさん。これからの内容を理解できる？

Q この第1章だけでもたくさんの専門用語が出てきて、覚えるのが大変です。第2章以降の内容を理解できるか不安ですが大丈夫でしょうか？

A そのような心配は無用です。日本語を使うのに、連用形、副詞、連体修飾語などの用語を知らなくても日本語を話すことができるように、専門用語や詳細な文法を理解していなくても十分にプログラミングすることは可能です。
もちろん、上級者になるには、文法に対する正確な知識や専門用語の理解は必要ですが、初めのうちは、C#という言語に慣れることが大切です。専門用語や文法の枝葉の部分を覚えることに一生懸命になってしまっては、プログラミングの学習がつまらないものになってしまいます。
また、本書に掲載したソースコードを暗記する必要もありません。丸暗記による勉強法でプログラミングを習得しようと考えていると、必ず途中でつまずいてしまいます。それよりは、本書に掲載したソースコードを実際に動かして、ソースコードの意味を理解することに時間を使ってください。

1-8 作成したプログラムをコマンドプロンプトから実行する

これまで、Visual Studioを使い、C#のプログラムを作成する手順を学んできましたが、作成したプログラム（**実行ファイル**）は、どこに作成されたのでしょうか？　本章の最後に、作成したプログラムの場所と、その実行方法について説明しましょう。

1-8-1 作成した実行ファイルの場所

最初に作成したリスト1-1を例に説明します。Visual StudioでHello.slnを開いてください。

すでに、ビルドについては説明をしたので、ビルドは終わっているはずですが、念のため、再度、Ctrl＋Shift＋Bを同時に押し、ビルドを実行しましょう。ビルドが正常に終了すると、実行ファイル（Hello.exe）が、Hello.csprojファイルがあるフォルダーの下のbin¥debugフォルダーに作成されます*。

＊メニューバーの下のツールバーに［Debug］と表示されている個所をクリックし、［Release］を選択した状態だと、bin¥releaseフォルダーになります。

Visual Studioから以下の操作をすることで、実行ファイル（exeファイル）が作成されたことを確認できます。

1. ソリューションエクスプローラーのHelloプロジェクトをマウスでクリックし選択します。

2. ソリューションエクスプローラーの［すべてのファイルを表示］アイコンをクリックします（⇒次ページ図1-14）。

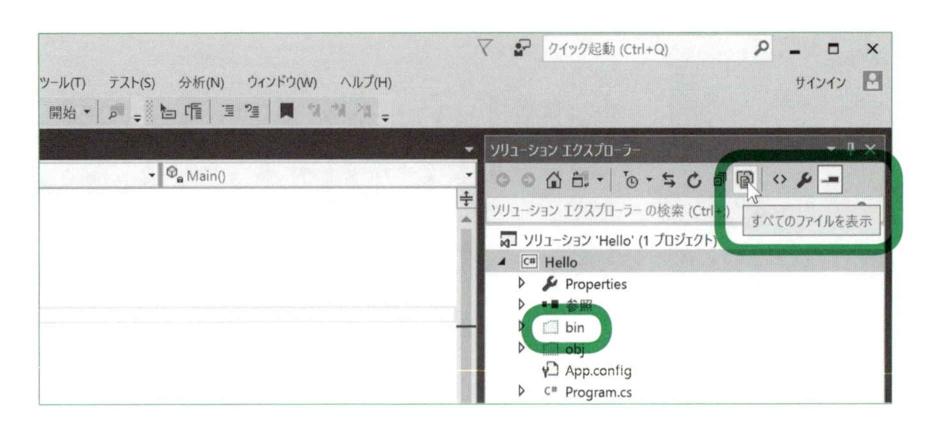

図1-14 ソリューションエクスプローラーの［すべてのファイルを表示］アイコンをクリック

3. binフォルダーが見えるようになるので、binフォルダーの下のDebugフォルダーをクリックして展開します。

4. Debugフォルダーの中に、実行ファイルHello.exeがあることを確認します（⇒図1-15）。

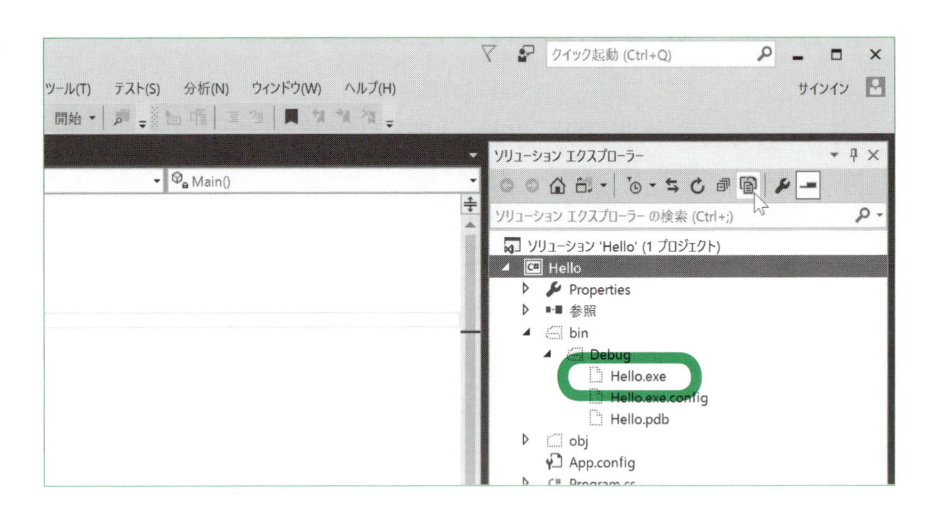

図1-15 ソリューションエクスプローラーでHello.exeを確認

1-8-2 プログラムを実行してみよう

それでは、bin¥debugフォルダーに作成されたプログラムを動かしてみましょう。以下に手順を示します。

1. Windowsの画面左下のWindowsマークを右クリックし、メニューから「コマンドプロンプト*」を選択します（⇒図1-16）。

図1-16
「コマンドプロンプト」を選択

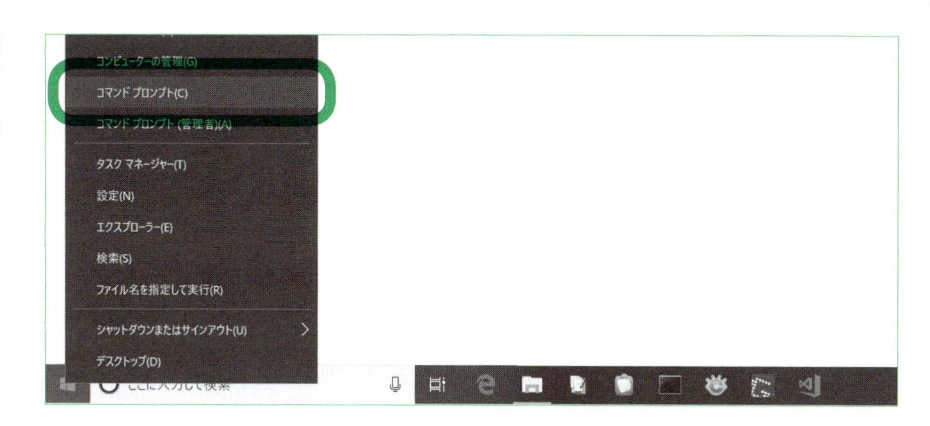

＊コマンドプロンプトとは、キーボードからの入力で、コンピューターを操作することができるウィンドウのことです。ここでプログラム名を入力すると、そのプログラムが起動します。

2. 先ほど説明したソリューションエクスプローラーのDebugフォルダーを右クリックし、［エクスプローラーでフォルダーを開く］を選択します。

3. エクスプローラーに表示されているhello.exeファイルを、コマンドプロンプトのウインドウにドラッグ&ドロップします*。

＊通常は、キーボードから直接コマンドを入力しますが、本書では、実行ファイルのある場所が読者の環境により異なる可能性があることから、ドラッグ＆ドロップの方法を採りました。

4. hello.exeファイルのフルパスがコマンドプロンプトにコピーされますので、ここで、Enter キーを押します*。

＊コマンドプロンプトでは、マウスやトラックパッドではなくキーボードからコマンドと呼ばれる命令を入力してコンピューターを操作します。本書で扱うコンソールアプリケーションもコマンドの一種と言えます。

5. プログラムが起動し、結果が表示されるはずです。

6. 「exit⏎」と入力し、コマンドプロンプトを閉じます。

図1-17に実行結果を示します。リスト1-4の変更を加えていない場合の実行結果です。

図1-17
作成したプログラムの実行結果

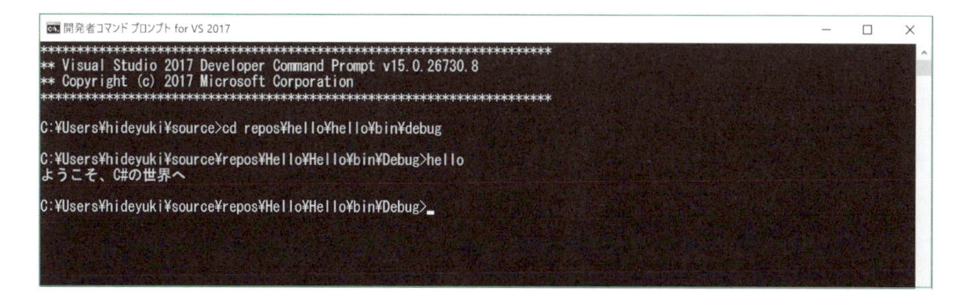

Q & A 作成したプロジェクトのフォルダーの在り処はどこ？

Q 作成したプロジェクトがどこに保存されているかわからなくなってしまいました。作成したプロジェクトのフォルダーがどこにあるか、どうやったらわかりますか？

A プロジェクトのあるフォルダーがわからなくなってしまった場合は、ソリューションエクスプローラーのプロジェクトソリューション名をクリックしてください。ソリューションエクスプローラーの下にあるプロパティウィンドウのパスの欄にソリューションファイルのパスが表示されます（⇒図1-18）。このパスのファイル名を除いた部分がソリューションのフォルダーになります。プロジェクトはこのソリューションフォルダーの中にあります。

図 1-18
プロジェクトのあるフォルダーの表示

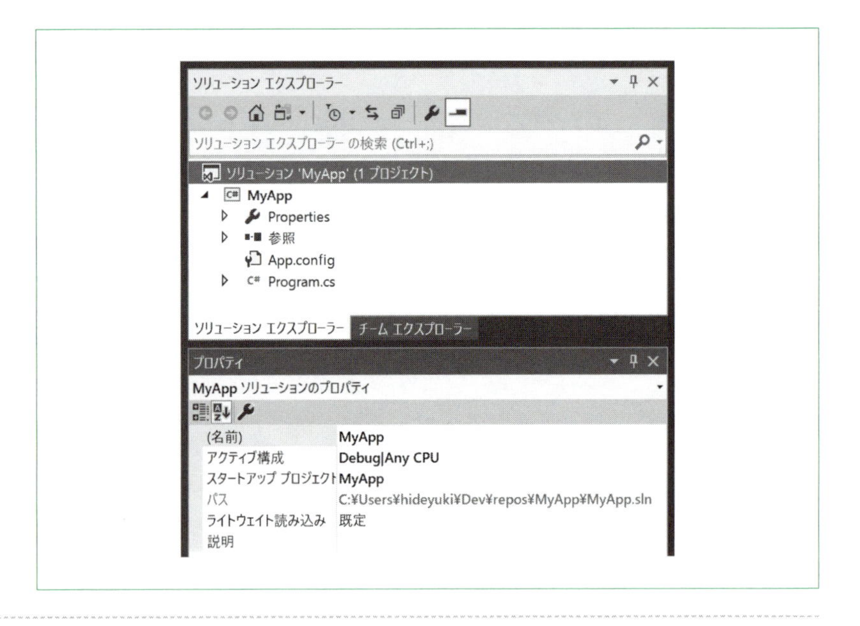

確認・応用問題

Q1 リスト1-1の"**ようこそ、C#の世界へ**"の部分を別の文字列に書き換えて、実行してみてください。

Q2 リスト1-1から、)や、;などを取って、ビルドしてみてください。このときにどんなエラーメッセージが画面に表示されるのかを確認してください。

Q3 `Console.WriteLine`命令を使い、以下のように表示するプログラムを書いてください。`Console.WriteLine`については、p.37を参照してください。

```
はじめまして。⏎
私はプログラミングが大好きです。⏎
```

第 2 章

変数と変数の型

コンピューターに仕事をさせる対象は、数値であったり文字列であったりと、つまりは何らかのデータです。このデータをプログラムでうまく扱えるようにしたのが**変数**という仕組みです。
ここでは、どんなプログラムを作成するうえでも必ず利用する**変数**とその**変数の型**について学習します。
C#にはさまざまな文法規則がありますが、まずは、プログラミングの基本中の基本である変数についてしっかりとおさえておきましょう。

2-1 変数とは？

一般的なプログラムでは、その利用者が入力した値を使って何らかの処理をします。その処理をするには、**入力した値を一時的に記憶（保管）しておく必要があります**。そのための仕組みが**変数**です。

変数は、**プログラムで数値や文字列などを一時的に入れておく、一種の「箱」あるいは「容器」のような物**だと考えてください。この箱はコンピューターのメインメモリ上に作成（確保）されます（⇒図2-1）。

図2-1 変数は箱のようなもの

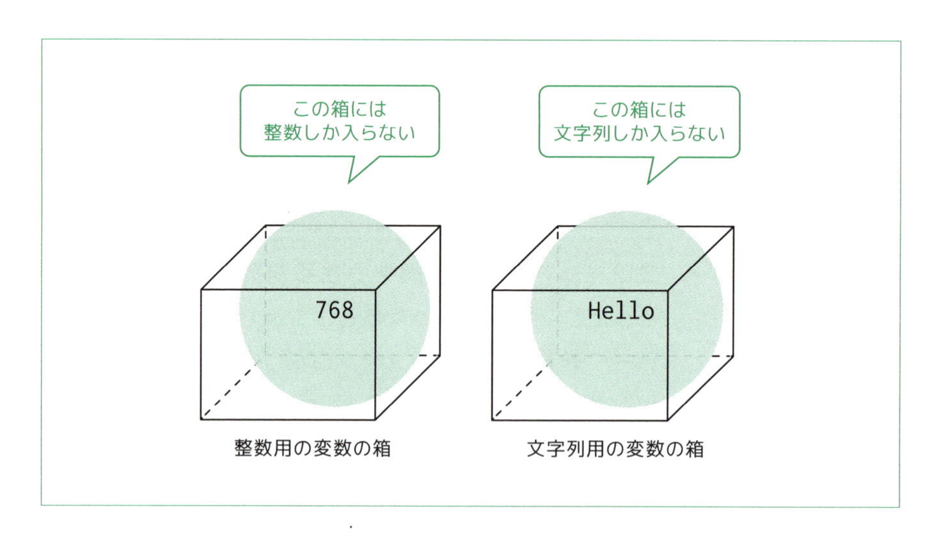

電卓にはメモリー機能がありますが、変数はそれよりも高機能な記憶のための仕組みと言えばよいでしょうか。

電卓と異なるのは、**プログラムの中で何個でも変数（箱）を作ることができる**点です。何個も作れるということは、その個々の箱を特定できなければならないということです。プログラムの世界では、「あの箱取ってきて」とか「僕のほしいのはアレね」といった曖昧（あいまい）さは許されません。そのため、**どの変数を使うのかを名前を付**

けて区別することになります。

この名前を**変数名**と呼びます。

変数という箱には1つの値しか入りません。そしてC#では、**どのような種類の値が入るのかを、この箱を作る際に決めておく必要があります**。いったん、文字列用の変数を作成したら、その変数には文字列以外の値は入れることができませんし、整数用の変数には、整数しか入れることができません。これはプログラムのバグの発生を防ぐうえでとても重要な機能です。数値が入っていると思っていたら、いつの間にか文字列が入っていて正しい計算ができなかったといった問題を防いでくれます。

2-2 変数の基本的な使い方

それでは、変数の基本的な使い方をしているC#のコードをお見せしましょう。変数に入れた値を表示するだけの簡単なプログラムです。

注目するのは、Mainメソッドの中の3行です。

リスト2-1
変数の基本的な操作

```
1  using System;
2
3  namespace MySample
4  {
5      class Program
6      {
7          static void Main(string[] args)
8          {
9              int age;                       ageという名前で整数型の変数を用意する
10             age = 23;                      age変数に23を入れる
11             Console.WriteLine(age);        age変数の内容を表示する
12         }
13     }
14 }
```

実行結果

```
23
```

この短いプログラムの中に、以下に示す変数の基本的な3つの操作が示されています。

[変数の基本的な操作]

1. 変数を用意する
2. 変数に値を入れる
3. 変数の値を取り出す

この3つについて、具体的に見ていくことにしましょう。

2-2-1 変数を用意する（整数型）

リスト2-1の9行目の

```
int age;
```

が、変数を用意しているところです。

int * **は変数の型を示すC#のキーワードです。変数の型とは、どのような種類のデータかを示すもの**で、intは、-2,147,483,648から2,147,483,647までの整数を扱うことができます。キーワードのintを使って用意した変数を「int型の変数」と言います。

＊intというキーワードは、integer（整数）の先頭3文字を取ったものです。

変数の型については、この後あらためて「2-4：変数の型」で説明します。

この例では、「これからint型の値を扱うageという名前の変数を扱うよ」と宣言しているわけですね。これを**変数の宣言**と言います（⇒図2-2）。

変数の名前（変数名）は、プログラマーが自由に決めることができます。

図2-2
変数を宣言した状態

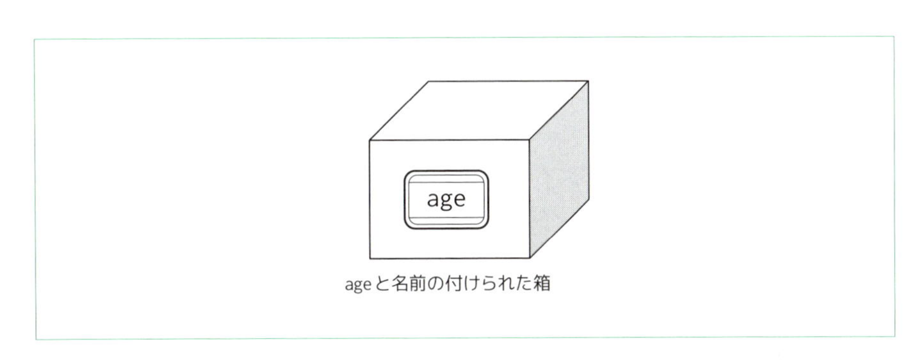

一般的な変数の宣言は、以下のような書式で行います。

書式2-1
変数の宣言

```
型名 変数名;
```

2-2-2 変数に値を入れる（代入文）

10行目の

```
age = 23;
```

は、「変数ageに、23という値を入れなさい」という意味です。=（イコール）記号は、等しいという意味ではなく、**「値を変数に入れろ」という命令**です。**変数に値を入れることを**プログラミングの世界では、**代入**と呼んでいます（⇒図2-3）。そしてこの1行を**代入文**と言います。文の終わりはセミコロン（;）で終わるということは、第1章で説明しましたね（⇒p.37）。

図2-3 変数に値を代入した状態

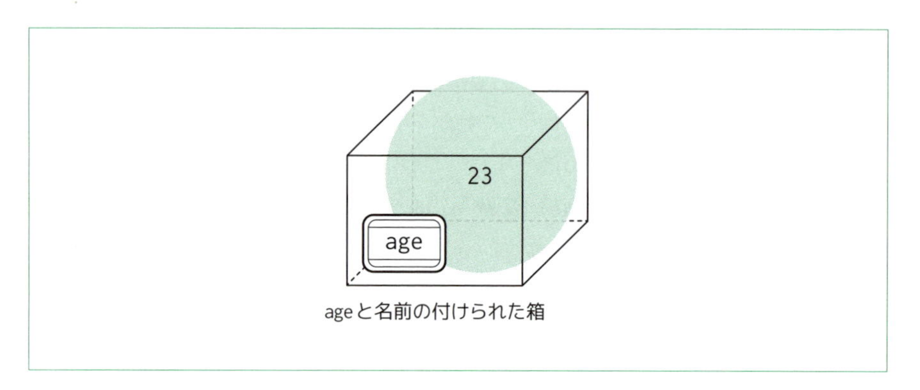

=記号による代入は、はじめは奇異な感じがするかもしれませんが、頻繁に出てきますので、すぐに慣れると思います。

代入文の一般的な書式は以下のとおりです。

書式2-2 代入文

```
変数名 = 値;
```

右辺の値には、数値や文字列、変数、式（⇒p.65）などを書くことができます。

変数を宣言してから最初に値を代入することを変数の初期化と呼んでいます。この変数宣言と初期化を次のように1行で書くことも可能です。

```
int age = 23;  ◀変数の宣言と初期化を同時に行っている
```

C#では、**変数に値を設定しないまま（初期値を与えないまま）利用することはできません**。そのため、変数の宣言と初期化を別々に書くのではなく、このように**1行で書いて同時に行うことが推奨**されています。

2-2-3 変数の値を取り出す

何のために変数を使うのでしょうか？

これはこの章の冒頭で少し触れたように、**変数に代入（記憶）した値を後から使うため**です。**値を取り出すときは、単に変数名を書くだけ**です。

次のコードは、1つ上の行で代入したage変数の値を取り出し、その値をConsole.WriteLineに渡しています。その結果、23が表示されることになります。

```
Console.WriteLine(age);
```

ただ、出力するのが23という数値だけでは味気ないですね。変数の話題からは少し脱線しますが、「年齢: 23」と表示するようにプログラムを変更してみましょう。Console.WriteLineの行を以下のように書き換えます。

```
Console.WriteLine("年齢: {0}", age);
```

このように書くと、文字列の中の{0}が、変数ageの値に置き換えられて表示されます。つまり、ageには「23」が入っていますから、"年齢: 23"に置き換えられ、以下のように画面に表示されます。

```
年齢: 23
```

変数は、このように文字列とさまざまに組み合わされて表示されることがよくあります。

それでは次に、「年齢は23歳です」と表示してみましょう。今説明した知識があれば、大丈夫ですね。

```
Console.WriteLine("年齢は{0}歳です", age);
```

このように、文字列の途中で{0}を指定することもできます。

なお、置き換える変数が複数ある場合にも対応可能です。その例を以下に示します。

リスト2-2 変数の基本的な使い方の例

```
int age = 23;      ← 変数の宣言と初期化
int number = 8;    ← 変数の宣言と初期化
Console.WriteLine("{0}歳の人は{1}人います", age, number);
```

実行結果

```
23歳の人は8人います
```

{}内の数値は、置き換え対象の番号を示します。0は0番目、1は1番目を意味します。つまり、{0}がageの値に、{1}がnumberの値に置き換えられます。0番目というのはちょっとおかしな感じがしますが、C#に限らず多くのプログラミング言語では、**順番は1ではなく0から始まります**。

2-2-4 文字列型（string型）の変数の場合

文字列型の変数の例も載せておきましょう。Mainメソッドの中だけを示していますので、実際に動かしてみる場合は、Visual Studioが自動生成したコードのMainメソッドの中に、以下の4行を入力してください。

リスト2-3 文字列型（string型）の変数

```
string name;   ← 文字列型のname変数を用意
name = "山田";  ← name変数に文字列を代入
Console.WriteLine("{0}さん、こんにちは", name);
Console.WriteLine("{0}さん、お久しぶりです", name);
```

実行結果

```
山田さん、こんにちは
山田さん、お久しぶりです
```

stringが文字列型を表すキーワードです。以下のように書くと、nameという名前の文字列型変数が用意されます。

```
string name;
```

string型の変数でも変数の宣言と初期化を、次のように1行で書くことができます。

```
string name = "山田";
```


2-2-5 変数の値を変更する（再代入）

「変数」と言うくらいですから、変数は、一度設定した値を後から変更することもできます。

以下のコードは一度初期値を与えた後に、別の値を代入しているコードです。

リスト2-4
変数の値を変更する（再代入）

```
string name = "山田"; ◀変数nameを"山田"で初期化
Console.WriteLine("{0}さん、こんにちは", name);
name = "佐藤"; ◀name変数に別の値を再代入
Console.WriteLine("{0}さん、お久しぶりです", name);
```

リスト2-4を実行すると以下のように表示されます。

実行結果

```
山田さん、こんにちは
佐藤さん、お久しぶりです
```

変数には1つの値しか記憶できません。そのため、nameに"佐藤"を代入した時点で、最初の"山田"はnameから消えることになります。

2-2-6 演算した結果を変数に代入する

演算した結果を変数に代入することもできます。以下のコードを見てください。

リスト2-5
演算結果を変数に代入する

```
int height = 8;
int width = 5;
int area;
```

```
area = height * width;   ←「*」は掛け算の記号
Console.WriteLine("面積:{0}㎡", area);
```

実行結果

```
面積:40㎡
```

リスト2-5の4行目では、height * widthの計算結果を変数areaに代入しています。3行目と4行目は次のように1行で書くこともできます。

```
int area = height * width;
```

このように、計算結果を変数の初期値として与えることも可能です。

2-2-7 varを使ったスマートな変数の初期化

さて、これまでは変数を宣言するときは、次のようにintやstringなどの型名を指定していましたが、

```
int age = 19;   ←変数の宣言と初期化を同時に行っている
string name = "近藤";
```

変数の宣言と初期化を1行で書く場合は、**var**という便利なキーワードを使って以下のように書くこともできます。

リスト2-6 varを使った変数の初期化

```
var age = 19;       } ←varを使えば、型名を明示しなくてもOK
var name = "近藤";  }
```

上記のコードは、

- **age**変数は**int**型である（整数が代入されるので、**int**型に間違いない）
- **name**変数は**string**型である（二重引用符で囲まれた文字列が代入されるので、**string**型に間違いない）

という判断ができます。そのためC#では、いちいち「これはstring型、これはint型」と**区別して書く必要がないように、varキーワードが用意されている**のです*。

＊専門用語では、varで宣言された変数を「暗黙的に型指定されたローカル変数」と言います（ローカル変数については、第7章p.221で説明します）。

この機能は、「はじめに」に書いた、プログラマーが「こんなふうにプログラミングできれば使いやすいのに」と思う点を改良した個所のひとつです*。

最初に示した型を明示した書き方でもかまいませんが、最近では、varキーワードを使った書き方が一般的になっています。

varを使った変数の初期化の一般的な書式を以下に示します。

書式2-3 varを使った変数の初期化

```
var 変数名 = 初期値;
```

右辺の初期値には、数値や文字列、変数、式などを書くことができます。

式は文*の一部を成す構成要素で、必ず何らかの値を持ちます。8 / 3やheight * widthなどの計算式も式の一種であり、計算した結果として値を持っています。**変数に代入できるものはすべて式であると考えてかまいません**。文法的には、8、numも式という位置付けになります。

なお、varキーワードを使った場合、以下のような**宣言と初期化を別の行に書く書き方はできません**ので注意してください。

```
var age;    ← この時点ではage変数の型がわからないのでエラーになる
age = 19;
```

＊初期のバージョンのC#では、varキーワードによる変数の初期化はできませんでしたが、C# 3.0で、varキーワードが追加されました。プログラミング言語も進化しているのです。

＊文は、代入文のようにセミコロンで終わるもの以外に、第3章以降説明する、if文、switch文、for文、while文などがあります。

これ以降、変数の型を明示する必要があるといった特別な理由がない限り、変数の初期化は、varを使った書き方に統一します。本書では、このvarを使った変数の宣言と初期化も、便宜上、単に「変数の初期化」と呼ぶことにします。

varを使った変数の初期化の例をもうひとつ示します。次の例は、キーボードから入力した文字列を変数に代入し、その変数を使う例です。

リスト2-7 varを使った変数の初期化（キーボードからの入力を変数に代入）

```
Console.WriteLine("名前を入力してください。");
var name = Console.ReadLine();
Console.WriteLine("{0}さん、おはようございます。", name);
```

2行目のConsole.ReadLineは、コマンドプロンプトの画面（⇒p.37）でキーボードからの入力を1行分読み取る命令で、読み取った1行分のデータが文字列として返ってきます。

この例では、文字（列）を入力後Enterキーを押すと、入力した文字列が変数nameに代入されます。つまり、変数nameは**string型になります**。キーボードから入力した値が256という数字であっても、"256"という文字列がnameには代入されます。

実行例

```
名前を入力してください。
明日香⏎
明日香さん、おはようございます。
```

この章の冒頭で、「一般的なプログラムでは、その利用者が入力した値を使って何らかの処理をします」と書きましたが、やっとそれらしいプログラムが登場しましたね。

C#のバージョンとVisual Studio

2002年にマイクロソフト社から発表されたC#は進化をし続け、バージョンが上がるごとにさまざまな機能を取り入れて、今に至っています。Visual Studioのバージョンによって、C#の使えるバージョンも違っていますので、C#のバージョンとVisual Studioのバージョンの対応を以下の表2-1にまとめました。

表2-1 C#のバージョンとVisual Studioのバージョン

C#のバージョン	Visual Studioのバージョン
C# 1.0	Visual Studio 2002
C# 2.0	Visual Studio 2005
C# 3.0	Visual Studio 2008
C# 4.0	Visual Studio 2010
C# 5.0	Visual Studio 2012/2013
C# 6.0	Visual Studio 2015
C# 7.0	Visual Studio 2017
C# 8.0	Visual Studio 2019

それぞれのバージョンごとの特徴は、以下のURLを参照してください。

https://docs.microsoft.com/ja-jp/dotnet/csharp/whats-new/csharp-version-history

2-3 変数名の付け方

変数名はプログラマーが自由に決めることができますが、変数に名前を付けるときには、いくつか守らなければいけない規則があります。この規則に従わない場合は、コンパイルエラーになります。

[変数名の付け方の規則]

- アンダースコア(_)以外の記号類を用いることはできない
- 変数名は数字で始めることはできない(先頭以外なら数字を使うことができる)
- C#が定めた予約語(⇒p.79)を変数名にすることはできない。たとえば、`string`や`class`といった変数名を付けることはできない

ですから、以下のような変数名を付けることはできません。

✕ 無効な変数名の例

- `next-node`
- `2nd`
- `string`

有効な変数名の例を以下に示します。

○ 有効な変数名の例

- `address`
- `pageNumber`
- `_name`
- `best10`

また、文法で定められているわけではありませんが、名前を付ける際には、以下の指針に従うことが推奨されています。

[変数名の付け方の推奨事項（慣習）]

- **変数名の先頭は、小文字で始める**
- **2つの英単語をつなげる場合には、pageNumberのように2番目以降の単語の先頭を大文字にする。page_numberとアンダースコアでつなげることもできるが、ほとんど使われていない**
- **日本語の変数名の使用は避ける。「住所」といった漢字の変数名を付けることもできるが、プログラミング言語が全世界共通の言語であることから、日本語の変数名の使用は避けた方が良いという考えが一般的**

なお、pageNumberのように先頭が小文字で、2番目以降の単語が大文字の書き方をキャメルケース（Camel Case）と言います。先頭も大文字にしたPageNumberのような書き方をパスカルケース（Pascal Case）、page_numberのようにアンダースコアで繋げた書き方をスネークケース（Snake Case）と言います。

2-4 変数の型

　これまで、データにはint型、string型という2つの型があることを説明しましたが、C#にはそのほか、表2-2に示すように**たくさんの型が用意されています**。これを**組み込み型**と言います。

表2-2
C#の組み込み型

組み込み型の種類	型の例（キーワード）
整数型	sbyte、byte、short、ushort、int、uint、long、ulong
浮動小数点型	float、double
decimal型	decimal
文字型	char
文字列型	string
論理型	bool

　「2-2-7：varを使ったスマートな変数の初期化」では、varキーワードを使うと、変数宣言時には型を明示する必要がないと説明しました。しかし、今使っている変数の型が何か、また、利用している型がどんな特徴を持っているのかを知ることは、プログラミングするうえでとても大切なことです。また、利用する型をどうしても明示しなくてはいけない場面*もあります。そのため、次項以降で、それぞれの型の特徴を見ていきましょう。

＊配列の宣言（第6章）、プロパティの定義（第7章）、メソッドの引数（第7章）、メソッドの戻り値（第7章）などでは、型を明示する必要があります。

2-4-1 整数型

　整数型は、次ページ表2-3に示すように、符合なし整数型と符合付きの整数型が4種類ずつあり、全部で8種類の整数型があります。符号なし整数型とは、0以上の値を表現できる型のことです。符号付き整数型とは、0と正の数以外に負の数も表現できる整数型のことです。

表2-3
C#の整数型

型	表せる範囲	種類	サイズ
sbyte	-128 ～ 127	符号付き整数	8ビット（1バイト）
byte	0 ～ 255	符号なし整数	8ビット（1バイト）
short	-32,768 ～ 32,767	符号付き整数	16ビット（2バイト）
ushort	0 ～ 65,535	符号なし整数	16ビット（2バイト）
int	-2,147,483,648 ～ 2,147,483,647	符号付き整数	32ビット（4バイト）
uint	0 ～ 4,294,967,295	符号なし整数	32ビット（4バイト）
long	-9,223,372,036,854,775,808 ～ 9,223,372,036,854,775,807	符号付き整数	64ビット（8バイト）
ulong	0 ～ 18,446,744,073,709,551,615	符号なし整数	64ビット（8バイト）

この表からわかるように、**データの型によって表せる値の範囲とデータのサイズは異なっています**。

たとえば、byte型は、1バイトで表すことができる0から255までの整数を範囲にとります。マイナス値も扱うことのできるsbyte型では、先頭ビットを符号として扱うため、範囲は-128から+127までになります。

Q & A たくさんの整数型のうち、どれを使えば良い？

Q 整数型にはたくさんの種類がありますが、どんなときにどの型を使えば良いのですか？

A どういった用途でそのデータを扱うのかによって、変数の型を使い分ける必要がありますが、たいていの場合は、**計算速度とサイズのバランスのとれたint型を使っておけば問題ないでしょう**。それ以外の整数型は特別な理由がある場合だけ利用すると覚えておいてください。
「大は小をかねる」で全部longを使えば良いのではないかと考える人もいるかもしれませんが、long型は、容量がint型の倍になり無駄にメモリを使ってしまいますし、int型の方が計算速度も速くなります。ほとんどのケースでは、-2,147,483,648～2,147,483,647の範囲内で処理ができますので、long型は、int型の範囲を超える可能性のあるときだけ使うのでよいでしょう。

2-4-2 浮動小数点型

＊IEEEという組織により形式が定められており、浮動小数点方式という形式で数値を表します。

浮動小数点型＊**は、小数を含んだ数値を表すことができる型**です。
表2-4に示すように、floatとdoubleの2種類の型が用意されています。

表2-4 浮動小数点型の範囲と有効桁数

型	おおよその範囲	有効桁数	種類	サイズ
float	$\pm 1.5 \times 10^{-45}$ ～ $\pm 3.4 \times 10^{38}$	7桁	単精度浮動小数点数	32ビット
double	$\pm 5.0 \times 10^{-324}$ ～ $\pm 1.7 \times 10^{308}$	15～16桁	倍精度浮動小数点数	64ビット

表2-4を見ていただければわかるように、浮動小数点型は、小さな値から大きな値まで扱うことができます。そのため、浮動小数点型は科学技術計算や統計処理に向いています。

しかし、コンピューターでは2進数で小数点以下の数字を保持している関係で、たとえば、0.1という値を正確に表すことができません。そのため、小数点以下の値の計算では誤差が生じてしまうことがあります。

なお、特別な理由がない限り、float型ではなく、**double型を使うのが一般的**です。float型は、有効桁数も7桁と小さく、計算誤差も大きいため、使うことはほとんどありません。

double型を使ったコードは以下のようになります。これは、1辺が10メートルの正方形の対角線の長さを求めるコードです。2の平方根をsquareRoot変数に代入し、1辺の長さをsideLength変数に代入して、それらを掛け、その結果をdiagonal変数に代入してから、それを表示させています。

リスト2-8 浮動小数点型（double）の変数

```
var squareRoot = 1.41421356;
var sideLength = 10.0;
var diagonal = sideLength * squareRoot;
Console.WriteLine("対角線の長さ:{0}メートル", diagonal);
```

小数点の付く数値はdouble型になる

実行結果

```
対角線の長さ:14.1421356メートル
```

squareRoot変数とsideLength変数は、ともにdouble型になります。2つの変数とも型を明示していませんが、右辺が小数点付きの数であることから、自動的に型がdoubleになります。

double型同士の計算もdouble型になりますので、diagonal変数もdouble型になります。

ちなみに、floatは、floating-point-number（浮動小数点数）の略で、doubleは、double-precision-floating-point-number（倍精度浮動小数点数）の略です。float（16ビット）の倍のサイズ（32ビット）を持つことから、倍精度と言われています。

2-4-3 decimal型

decimal型も、float型、double型などと同じように、小数点付きの数値を扱うことができます。**浮動小数点型との違いは、小数点以下の値を28桁まで正しく持つことができる点**です。そのため、decimal型は、小数点が出てくる財務や金融の計算に適しています。

以下は、3.28をdecimal型の変数averageに代入し、それを出力している例です。

```
var average = 3.28m;   ◀数値の後ろにmが付くとdecimal型になる
Console.WriteLine(average);
```

実行結果

```
3.28
```

数値の後に**m**を付けていることに注意してください。これはdecimal型を表すマークです。このマークを**サフィックス**（接尾語）と言います。

次のコードは、decimal型を使った計算の例です。1280をdecimal型の変数priceに代入し、それに1.08（decimal型）を掛け、その結果をpriceIncludingTax変数に代入して、それを出力しています。

リスト2-9 decimal型の計算

```
var price = 1280m;
var priceIncludingTax = price * 1.08m;
Console.WriteLine(priceIncludingTax);
```

実行結果

```
1382.40
```

decimal型同士の計算結果もdecimal型になりますので、priceIncludingTax変数もdecimal型です。

以下のようにサフィックスを付けない場合、average変数はdouble型、price変数はint型として扱われます。

```
var average = 3.28;
var price = 1280;
```

そのため、decimal型として扱いたい場合は、必ずサフィックスmを付ける必要があります。ですから、次のようにも書くことができません。

```
decimal average = 3.28;
```

上のようにサフィックスmを付けない3.28はdouble型を表していることになり、double型の値はdecimal型の変数には直接代入することができないというルールがあるため、コンパイルエラーになります。そのため、decimal型では明示的*に型指定をしても、サフィックスmを付ける必要があるのです。

＊「明示的」という言葉は耳慣れなく、違和感を持つ方もいらっしゃるかもしれませんが、コンピューター関係ではよく使われる言葉です。「明らかに示す」の「明示」に接尾辞「的」が付いただけです。この言葉が出てきたら「明らかに示す」のだな、と理解してください。対義語は「暗黙的」です。

C# More Information

数値リテラルとサフィックス

ソースコード内に値を直接書いたものをリテラルと言います。123や3.14など**値を直接書いたものは数値リテラル**です。これまで見てきたように、数値リテラルには型があり、123はint、3.14はdoubleの型を持っています。

そのため以下のように書くと、numberはint型の変数になります。

```
var number = 12;
```

int型の範囲を超える値（たとえば、50000000000）を書いた場合はlong型と見なされますので、以下の変数numberはlong型になります。

```
var number = 50000000000;  // int型の範囲を超える整数はlong型になる
```

ちなみに、C# 7.0からは、以下のように書くこともできます。

```
var number = 50_000_000_000;
```

桁数が多いときのミスを防げるので便利ですね。4桁区切りでアンダースコア（_）を付けることもできます。

それでは、デフォルトとは異なる型を指定したい場合はどうすれば良いでしょうか？

そのときに使うのが、decimal型のところで説明した「サフィックス」（⇒p.72）です。いくつか例を示しましょう。

```
var pi = 3.14f;  ◀fはfloat型を表す
var distance = 0L;  ◀Lはlong型を表す
var priceIncludingTax = price * 1.08m;
```

それぞれの数値リテラルの後ろにmやLなどのアルファベットが付くと、デフォルトの型とは異なった型になります。上記の最後の例のように、計算式の中でもサフィックスを利用できる点に注目してください。

表2-5にサフィックスの一覧を示します。ただ、decimal型以外のサフィックスはそれほど使用頻度は高くありません。

表2-5 サフィックスの種類

サフィックス	例	例
U、u	uint	123U、123u
L、l	long	256L、256l
UL、ul	ulong	256UL、256ul
F、f	float	123.4F、123.4f
D、d	double	123.4D、123.4d
M、m	decimal	123.4M、123.4m

2-4-4 文字列型（string型）

すでに、stringが文字列型を示すこと、連続した文字を二重引用符で囲んだものが文字列になることを説明しました（⇒p.37）が、文字列についていくつか補足する点があります。ここでその説明をしましょう。

文字列リテラル

前掲のコラム「数値リテラルとサフィックス」で、リテラルとはソースコード内に値を直接書いたものであると説明しましたが、ソースコード中に"こんにちは"のように**直接書かれた文字列のことを文字列リテラル**と言います。

単に文字列と言うときは、変数に格納された文字列データのことも含みますが、文字列リテラルと言う場合は、

```
var str = "Hello World!";
```

のように、ソースコードに書かれた二重引用符で囲んだ文字列のことを指します。

エスケープシーケンス

第1章では、「ようこそ、C#の世界へ」と表示させましたが、今度は、以下のようにして、「文字列は二重引用符(")で囲みます」と表示させてみましょう。

```
✕ Console.WriteLine("文字列は二重引用符(")で囲みます");
```

あれっ、コンパイルエラーになってしまいましたね。なぜでしょう？ それは、"文字列は二重引用符("までが文字列と見なされ、それ以降が正しいC#のコードではなくなってしまったからです。これを解決するには、**エスケープシーケンス**と呼ばれるものを使う必要があります。

```
Console.WriteLine("文字列は二重引用符(¥")で囲みます");
```

¥"がその部分です。このように書くことで、文字列の中に二重引用符を含めることが可能になります。

なお、Visual Studioで利用しているフォントによっては、円記号 (¥) ではなくバックスラッシュ (\) 記号が表示されます*。

*本書では、一貫して¥記号を使用しています。

¥記号とそれに続く1文字の合計2文字をエスケープシーケンスと言い、特殊な1文字を表すことができます。¥"以外にも次ページ表2-6のようなエスケープシーケンスが存在します。

表2-6 代表的なエスケープシーケンス

エスケープシーケンス	意味
¥"	二重引用符
¥'	引用符
¥¥	¥記号そのもの
¥n	改行
¥t	タブ

たとえば、¥nというエスケープシーケンスを使えば、

```
おはよう
こんにちは
こんばんは
```

と3行表示させるのに、以下のように、1つのConsole.WriteLineで済ませてしまうこともできます。

```
Console.WriteLine("おはよう¥nこんにちは¥nこんばんは"); ← ¥nで改行が入る
```

ぜひ、ご自身で試してみてください。

文字列の長さ

プログラミングをしていると、文字列の文字数（文字列の中に何文字あるか）を調べたいことがあります。そのようなときは、**文字列変数に続けて.Lengthと書くことで、文字列の文字数を知ることができます。**

次のコードは、変数messageに代入されている文字列の長さを表示しています。

リスト2-10 文字列の長さを求める

```
var message = "おはようございます";
var length = message.Length; ← Lengthで、文字列の文字数がわかる
Console.WriteLine("{0}文字", length);
```

実行結果

```
9文字
```

空文字列

""と書けば、中身がない文字列になります。これを**空文字列**（からもじれつ）と呼んでいます。

空文字列の長さは、中身がないわけですから0です。
以下のコードは、空文字列を出力する例です。

リスト2-11
空文字列

```
var emptyString = ""; ◀長さゼロの空文字列
Console.WriteLine("1行目");
Console.WriteLine(emptyString); ◀変数emptyStringは空だが、WriteLine命令は改行を出力する
Console.WriteLine("3行目");
```

実行結果

```
1行目

3行目
```


2-4-5 文字型（char型）

文字列ではなく、**1文字を扱う文字型**（**char型**）も用意されています。charは、文字を意味する単語characterの先頭4文字を取ったものです。

文字を表す場合は、引用符（シングルクォーテーション）（'）で文字をくくります。

```
char alphabet = 'A';
char symbol = '*';
char kanji = '愛';
char kana = 'あ';
```

見ておわかりのように、半角の文字、記号はもちろん、漢字やひらがななどの全角文字も**1文字であればchar型の変数に代入できます**。しかし、全角、半角にかかわらず2文字以上は設定できません。

右辺（=の右側）を見れば文字であることが明白ですから、他の型と同様、varを使うことができます。

リスト2-12
文字型（char型）の変数

```
var alphabet = 'A';
var symbol = '*';
var kanji = '愛';
var kana = 'あ';
```

ここで、**char型とstring型は別の型**である点に注意してください。

1文字であっても、二重引用符（ダブルクォーテーション）でくくると、文字列となります。

```
var a1 = 'A';   ◀シングルクォーテーションはchar型
var a2 = "A";   ◀ダブルクォーテーションはstring型
```

変数a1はchar型、a2はstring型になります。以下の「[Q&A] varで宣言した変数の型を知る方法はある？」の方法で確かめてみてください。

2-4-6 論理型（bool型）

bool型は、**真偽値を表す型で、true、falseのどちらかの値を持ちます**。**trueは真、falseは偽を表します**（true、falseはキーワードです（⇒p.79））。プログラミングでは正しいか正しくないか、存在するか存在しないか、終わっているか終わっていないか、といった**2つのうちどちらかであるかを示したいとき**がよくあります。bool型は、そのようなときに利用する型です。

リスト2-13
bool型の変数

```
bool exists = true;
var married = false;   ◀falseはbool型なので、marriedもbool型
```

bool型は、主に**条件判断**（⇒p.106）**の際に利用**します。詳しい使い方は第4章以降で説明します。

Q&A varで宣言した変数の型を知る方法はある？

Q varで宣言した変数の型を知る方法はありますか？

A Visual Studioのエディター画面で、変数の上にマウスカーソルを移動すると、実際の型を知ることができます（⇒図2-4）。

図2-4
型名を表示させたところ

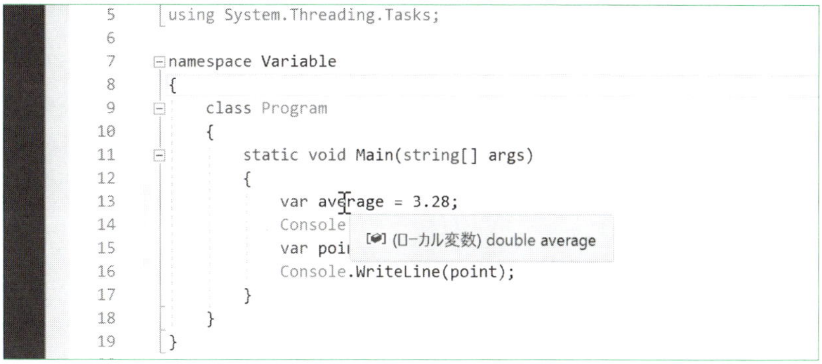

```
5   using System.Threading.Tasks;
6
7   namespace Variable
8   {
9       class Program
10      {
11          static void Main(string[] args)
12          {
13              var average = 3.28;
14              Console
15              var poi     [●] (ローカル変数) double average
16              Console.WriteLine(point);
17          }
18      }
19  }
```

More Information

C#の２種類のキーワード

第2章までに、たくさんのキーワードが出てきました。ここでC#のキーワードについて整理しておきましょう。

キーワードは、**文法上特殊な意味を持つ単語のこと**で、C#の文法は、この英小文字からなるキーワードと記号（括弧や演算子）が組み合わさって構成されています。

C#のキーワードは大きく2つに分類されます。1つが**予約語**と言われるもので、変数名などに使うことのできない単語です。

表2-7
キーワード（予約語）*

＊色文字は、本書で使用しているキーワードです。

abstract	as	base	bool	break
byte	case	catch	char	checked
class	const	continue	decimal	default
delegate	do	double	else	enum
event	explicit	extern	false	finally
fixed	float	for	foreach	goto
if	implicit	in	int	interface
internal	is	lock	long	namespace
new	null	object	operator	out
override	params	private	protected	public
readonly	ref	return	sbyte	sealed
short	sizeof	stackalloc	static	string
struct	switch	this	throw	true
try	typeof	uint	ulong	unchecked
unsafe	ushort	using	virtual	void
volatile	while			

もう1つが、**コンテキストキーワード***です。このコンテキストキーワードは、コードの特別な個所（文脈（＝コンテキスト））でのみキーワードとして認識されます。C#のバージョンが上がるに従って、このコンテキストキーワードの数が増えてきています。varはその代表例です。

＊コンテキスト（context）は「文脈」という意味です。

表2-8 コンテキストキーワード*

＊色文字は、本書で使用しているキーワードです。

add	alias	ascending	async	await
descending	dynamic	from	**get**	global
group	into	join	let	nameof
orderby	partial	remove	select	**set**
value	**var**	when	where	yield

余談ですが、varは予約語ではないので、変数名として利用することができます。絶対におすすめはしませんが、以下のようなコードを書くことも可能です。

```
var var = 123;
Console.WriteLine(var);
```

ただし、実際のプログラミングにおいて、この2種類のキーワード（通常のキーワードとコンテキストキーワード）の違いを意識する必要はほとんどありません。

本書では説明しないキーワードも多くあります。それらのキーワードは初めのうちは利用しないキーワードだと思ってください。C#を本格的に使いこなすようになったときに覚えればよいでしょう。

キーワードは、Visual Studioのエディター上では青色で表示されますので、他の単語と明確に区別が付くようになっています（⇒図2-5）。

図2-5 型名等の色分け表示*

＊本書はフルカラー印刷ではないため、色分けは正確に表現できていません。

```
 3  class Program
 4  {
 5      static void Main(string[] args)
 6      {
 7          double average = 3.28;
 8          Console.WriteLine(average);
 9          var point = 5.0;
10          Console.WriteLine(point);
11      }
12
```

Q & A ConsoleやWriteLineはキーワードではない？

Q コマンドプロンプトの画面に文字列などを表示させるのに、`Console.WriteLine`を使いますが、`Console`や`WriteLine`はキーワードではないのですか？

A キーワードではありません。

コンピューターに意味のある動作させるには、文字列や画像を画面に表示したり、ファイルを読み書きしたり、音を鳴らしたり、ネットワークを通じてデータを取得したりと、さまざまな処理をする必要があります。

C#には、**あらかじめこういったコンピューターを操作するためのソフトウェア部品がたくさんが用意されています。**実際のプログラミングでは、これらのソフトウェア部品を使ってプログラミングしていくことになります。その部品のひとつが、`Console.WriteLine`です。

このソフトウェア部品群が第0章でも少し触れた.NETと呼ばれているものです。.NETは、C#の文法の一部ではありませんが、C#とは切っても切れない関係にあります。.NETについては、第9章でまた取り上げます。

確認・応用問題

Q1 **1.次のコードを入力し動かしてみてください。**

```
string name;
name = "山田";
Console.WriteLine("{0}さん、こんにちは", name);
```

2.2行目を削除してビルドすると、どうなるかを確認してください。

Q2 次のコードを var を使って書き換えてください。

```
string name;
int age;
name = "近藤";
age = 19;
Console.WriteLine("{0}さんは、{1}歳です", name, age);
```

Q3 次のコードで利用している変数名は、「2-3：変数名の付け方」で示した推奨事項から外れています。これを推奨事項に合うように変更してください。

```
var kilometers_per_hour = 54;
var HOUR = 3;
var Kilometer = kilometers_per_hour * HOUR;
Console.WriteLine(Kilometer);
```

Q4 以下の「期待する結果」のとおりになるよう、コードを変更してください。

```
var str = "改行を示すエスケープシーケンスは、¥nです。";
Console.WriteLine(str);
```

［期待する結果］

```
改行を示すエスケープシーケンスは、¥nです。
```

第 3 章

演算と演算子

第1章で、+、-、*、/の演算子を使った四則演算の例を見ましたが、この章では、これらの演算子と算術演算について、詳しく見ていきましょう。
この章をマスターすれば、ユーザーが入力したデータに応じた簡単な計算プログラムが作成できるようになります。
また、代入演算子と+演算子を使った文字列の連結についても学びます。

3-1 演算とは？ 演算子とは？

演算とは**コンピューターが行うさまざまな処理のこと**です。演算という言葉はふだんあまり使いませんが、四則演算という言葉は聞いたことがあると思います。その演算です。

そして、**どのような演算を行うのかを表す記号が演算子**です。すでに第1章でも、**+、-、*、/の4つの演算子を使った四則演算**（算術演算）には少し触れました。そのコードをもう一度掲載しましょう。

リスト3-1 数値を扱う（リスト1-5再掲）

```
using System;
class Program
{
    static void Main()
    {
        Console.WriteLine(100 + 5);
        Console.WriteLine(100 - 5);
        Console.WriteLine(100 * 5);
        Console.WriteLine(100 / 5);
    }
}
```

Console.WriteLineに続く括弧内の計算式が算術演算を行っている個所です。この計算に使われている+や-などの記号が演算子です。

演算子には、さらに代入を行う代入演算子や文字列を連結させる演算子、関係演算子、論理演算子などがあります。

この章では、算術演算子、代入演算子、文字列の連結演算子について説明します。関係演算子と論理演算子については、第4章以降で扱います。

3-2 算術演算

C#で利用できる**算術演算子**を表3-1に示します。

表3-1 算術演算子

演算子	用語	表記例	説明
+	加算演算子	2 + 3	加算を行う
-	減算演算子	2 - 3	減算を行う
*	乗算演算子	2 * 3	乗算を行う
/	除算演算子	8 / 3	除算を行う
%	剰余演算子	8 % 3	剰余を求める

演算子+、-、*、/は、加減乗除を行う演算子であることはすでに説明しました。

表の最後の**%演算子**は、**剰余（割り算の余り）を求める演算子**です。たとえば、8 % 3は、8を3で割った余りを意味しますから、結果は2になります。

以降、これらの算術演算子の詳しい動作について見ていきましょう。

3-2-1 同じ型による算術演算

C#で**算術演算をする際に注意しておきたいことは、演算対象となる数値の型が同じかどうかという点**です。型が同じ場合と型が異なる場合とでは、演算の動作が違ってきます。

まずは、同じ型同士の演算について見てみましょう。Mainメソッドの中のコードを示します。

リスト3-2 同じ型による算術演算

```
var price1 = 1100;
var price2 = 800;
var price3 = 1250;
```

```
var total = price1 + price2 + price3;  ◀ int型同士の加算の結果はint型
Console.WriteLine("合計: {0}円", total);

var member = 4;
var perPerson = total / member;  ◀ int型同士の割り算の結果はint型
Console.WriteLine("1人当たり: {0}円", perPerson);

var remainder = total % member;  ◀ int型同士の割り算の余りもint型
Console.WriteLine("余り: {0}", remainder);
```

実行結果

```
合計: 3150円
1人当たり: 787円
余り: 2
```

C#では、**同じ型同士の演算は、結果も同じ型になる**という決まりがあります。上のコードのprice1 + price2 + price3という式は、3つの変数がすべてint型です。そのため、この演算結果はint型となり、変数totalもint型になります。

2つ目の算術演算であるtotal / memberも、変数totalと変数memberは、ともにint型ですので、結果はint型になります。そのため、3150 / 4の小数点以下の計算は行われず、787.5ではなく、787がperPersonに代入されます。

最後の算術演算であるtotal % memberは、割り算の余りを求めています。つまり、3150 / 4の余りである2が、変数remainderに代入されます。この演算もint型同士の演算ですので、結果はint型になります。

3-2-2 異なる型での算術演算

先ほど示したコードではint型同士の演算でしたが、型が異なる場合はどうなるでしょうか? 次に示すコードは今までのコードとはそれほど違わないので、結果がどうなるかを予想しながら読んでみてください。

リスト3-3 異なる型での算術演算

```
var total = 998;
var discount = total * 0.1;          } ◀ int型とdouble型の演算の結果はdouble型
var payment = total - discount;      }

Console.WriteLine("割引額: {0}円", discount);
Console.WriteLine("支払額: {0}円", payment);
```

実行結果

```
割引額: 99.8円
支払額: 898.2円
```

上のコードでtotal変数はint型、0.1はdouble型ですから、discountを求める式total * 0.1は型の異なる演算になります。**型の異なる演算の場合は、表せる値の範囲**（⇒p.70表2-3、p.71表2-4）**がより大きい型での演算になります**。つまり、この場合、double型の演算になります。int型の変数totalの値がdouble型に変換されて計算が行われます。これにより、変数discountには、99.8が代入されます。

次のpaymentを求めている式total - discountも、int型とdouble型の演算になります。そのため、total変数の値がdouble型に変換され、998.0 - 99.8が計算されます。その結果、898.2が変数paymentに代入されます。

ちなみに、実際のプログラムにおいては、割引額を示すdiscount変数は整数（int型）にしたいところです。discount変数をint型にする方法については、「3-5-1：キャストを使った明示的な型変換」のところで説明します。

型の異なる場合の演算結果の型について、いくつか例を表3-2にまとめておきました。

表3-2 型の異なる演算の結果

演算の種類	結果の型
intとshortの演算	int
intとuintの演算	uint
intとlongの演算	long
intとdoubleの演算	double
intとdecimalの演算	decimal
doubleとdecimalの演算	不可（コンパイルエラー）

表3-2に「不可」と示したように、decimal型とdouble型の演算はそのままでは計算できません。この場合は、**明示的な型変換をしてから計算する**必要があります。明示的な型変換については、「3-5：数値の型変換」で説明します。

3-2-3 ()を使って演算の順序を変更する

()を使えば、演算の優先順位を変更することができます。簡単な例を以下に示します。

```
var average = (a + b) / 2;
```

()内を先に計算するというのは、一般の数式と変わりはないですから、それほどとまどうことはないですよね。以下のように()がない場合は、+演算子よりも/演算子の方が優先順位が高いので、b / 2が先に計算されます。これも一般の数式と変わりません(⇒表3-3)。

```
var average = a + b / 2;
```

もし、**演算子の優先順位に自信がない場合は、()を使って演算の順番を明示的に指定してください**。そうすれば間違いを起こすことはありません。

表3-3 算術演算子の優先順位

演算子	優先順位	補足
* / %	高い	*、/、%の優先順位は同じ
+ -	低い	+、-の優先順位は同じ

優先順位が同じ演算子の場合は、左から右に順に演算が行われます。これも一般の数式と同じです。たとえば、*演算子と/演算子は優先順位が同じです。この場合、次の2つは同じ意味になります。

```
var r = x * y / z;
```

```
var r = (x * y) / z;
```

3-3 単項演算子

算術演算で使った+と-は、リスト3-4で示すように**数字や変数、式の前に付けて符号を表すことができます**。これらの演算子は、**作用する対象が1つであることから単項演算子**と言います。

+単項演算子は、+1を掛けた値になります。つまり、+単項演算子を付けても値が変化することはありませんので、通常、この演算子を使うことはありません。

-単項演算子は、符号が反転します。つまり、-1を掛けた値になります。

以下に簡単な例を示します。

リスト3-4
+単項演算子と
-単項演算子

```
var x = +100;
var y = -5;
var a = +(x + y);
var b = -(x + y);
Console.WriteLine("a = {0}, b = {1}", a ,b);
```

実行結果

```
a = 95, b = -95
```

3-4 代入演算子

すでに前章で見た、代入を表す=も演算子の一種で、**代入演算子**と言います。

ここでもう一回、代入演算子=について復習しておきましょう。代入の動きを確認する以下のコードを見てください。

リスト3-5
代入の動作の確認

```
var num = 6;
var dup = num;
Console.WriteLine(num);
Console.WriteLine(dup);
```

実行結果

```
6
6
```

この実行結果から何がわかるでしょうか？

それは、変数numの値を変数dupへ代入しても、numの値は変わらないということです。変数は箱のようなものという説明をしましたが、**代入しても箱から別の箱へ中身が移動するわけではありません**。その証拠に、Console.WriteLine(num);の実行結果が6のままになっています。上の例では、変数numの値の6が複製され、複製された6がdup変数に代入されているのです（⇒図3-1）。

また、**代入では以下のように左辺と右辺で同じ変数を使うことができます**。

```
var num = 10;
num = num + 20;    // num + 20の結果がnumに代入される
```

2行目の代入文では、右辺にも変数numがあります。プログラミングに慣れていない人がこのコードを見ると、「numとnum + 20が等しい」と読めてしまい、強い違和感を覚えるかもしれません。

図3-1
変数の代入

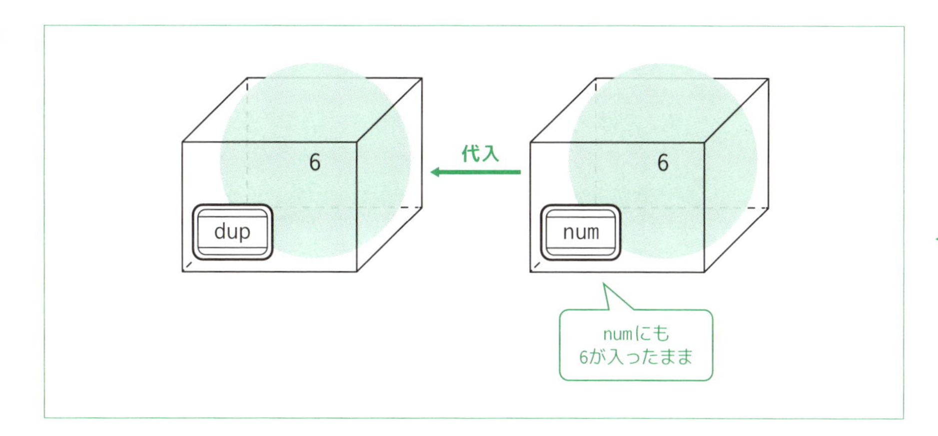

しかし、C#を含め多くプログラミング言語では、**=は数学的なイコールという意味ではありません**。num = num + 20は、numに入っている値（10）と20を足して、その結果である30を変数numに**再度入れ直す**という意味になります。当然ですが、numの値は上書きされるので、最初の10は消えてなくなってしまいます（⇒図3-2）。

図3-2
「=」の意味

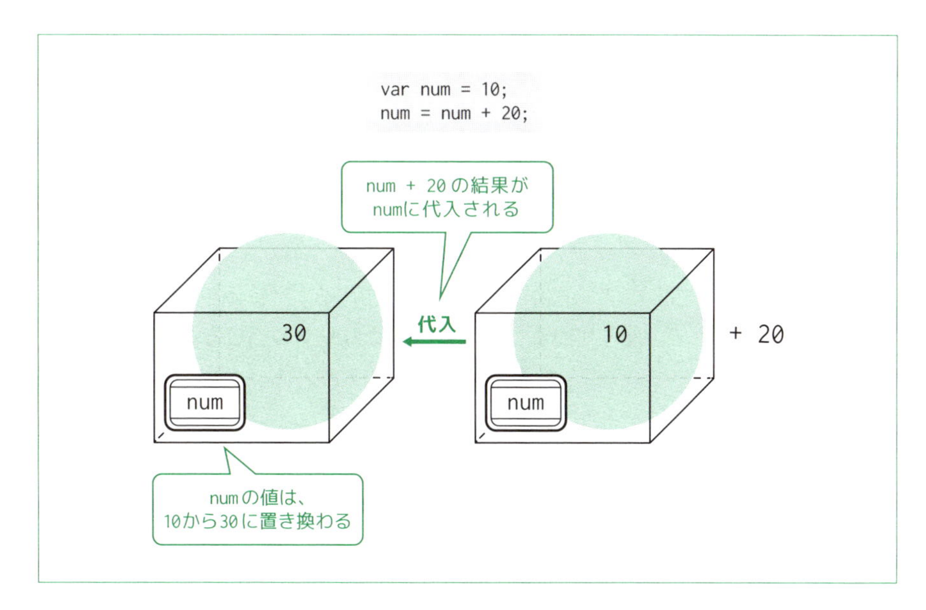

なお、上のコードは、+=という加算の記号といっしょになった加算代入演算子を使い、以下のように書き換えることもできます。

```
var num = 10;
```

```
num += 20;
```

C#では=、+=のほかに、表3-4に示す代入演算子が用意されています。

表3-4
代入演算子

代入演算子	用語	記述例	記述例の説明
=	代入演算子	num = 2	numに2を代入する
+=	加算代入演算子	num += 2	num = num + 2と同じ
-=	減算代入演算子	num -= 2	num = num - 2と同じ
*=	乗算代入演算子	num *= 2	num = num * 2と同じ
/=	除算代入演算子	num /= 2	num = num / 2と同じ
%=	剰余代入演算子	num %= 2	num = num % 2と同じ (ほとんど使わない)

+=と*=を使った例を以下に示します。

リスト3-6
+=、*=を使った算術演算

```
var num = 8;
num += 2;  // numに2を加える
Console.WriteLine(num);
num *= 4;  // numを4倍する
Console.WriteLine(num);
```

実行結果

```
10
40
```

+=や*=といった代入演算子は、慣れないと呪文のような記号に見えてしまうかもしれませんが、「numに2を加える」、「numを4倍する」と読むことができますので、使っているうちに直感的なコードに感じるようになります。

3-5 数値の型変換

先ほどは、int型とdouble型の演算といった型の異なる場合の演算について学びました。

しかし、型を揃えてから演算したいとか、演算結果の型を変更したいという場合もあります。ここではその方法について見ていきましょう。

3-5-1 キャストを使った明示的な型変換

リスト3-2で示した

```
var perPerson = total / member;
```

の演算（totalとmemberはint型）では、演算結果（商）はint型となりました。その商を小数点以下まで求め、その結果をperPerson変数に代入したい場合はどうしたら良いでしょうか？

2つの変数のうち片方だけdouble型にすれば、その演算結果はdoubleになりますから、以下のように、いったんdouble型の変数に代入してから求めるという方法もあります。

```
double doubleTotal = total;  ◀ double型の変数に代入
var perPerson = doubleTotal / member;  ◀ doubleTotalはdouble型なので結果もdoubleになる
```

しかし、そのために、doubleTotalという変数を余計に用意するのは面倒です。C#には**キャスト**という**型の変換を指示できる機能**があり、これを使えば、より簡単に書くことができます。

リスト3-7 キャスト演算子による型変換の例

```
var perPerson = (double)total / member;
```

totalをdoubleに型変換。doubleとintの演算の結果はdouble

(double)totalの部分が、変数totalの値を明示的にdouble型に変換している個所です。ここで使われている丸括弧(**()**)は、**キャスト演算子**と呼ばれます。

このとき、**total変数そのものの型がdouble型に変わってしまうのではない**ことにも注意してください。total変数の型はint型のままです。

キャストの一般的な形式は以下のとおりです。変換後の型を()内に書いて変数の前に付けることで、指定した型に変換することができます。

書式3-1 キャスト

```
(型名)変数名
```

longに変換したい場合は、

```
(long)total
```

decimalに変換したい場合は

```
(decimal)total
```

と書きます。

先ほどの例は、int型を別の型に変換する例でしたが、キャストを使えば、次のようにdouble型をint型に変換することもできます。

リスト3-8 double型からint型へのキャスト

```
var source = 15.8;
var width = (int)source;
Console.WriteLine(width);
```

int型に変換。小数点以下は切り捨てられる

実行結果

```
15
```

実行結果からわかるように、double型からint型への変換では、小数点以下が切り捨てられます。この場合、変数widthには15が代入されます。

では、リスト3-3で示したコード(以下に再掲)でdiscount変数をint型にしたい場合はどうでしょうか?

リスト3-9 異なる型での算術演算（リスト3-3再掲）

```
var total = 998;
var discount = total * 0.1;   ← 割引額を求めている。結果は整数にしたいけど……
var payment = total - discount;

Console.WriteLine("割引額: {0}円", discount);
Console.WriteLine("支払額: {0}円", payment);
```


2行目を

```
✕ var discount = total * (int)0.1;
```

と書いた場合は、total * 0という計算になってしまいますので、正しく割引額を求めることができません。

このような場合は、以下のようにtotal * 0.1の**式全体を()で囲み、それをキャストすること**で、結果をint型にすることができます。=の右辺がint型であることが明白ですので、discount変数はint型になります。

```
var discount = (int)(total * 0.1);   ← 計算結果をint型にキャストする
```

これで、discount変数には、99が代入され、以下の結果が得られます。

実行結果

```
割引額: 99円
支払額: 899円
```

なお、小数点以下を切り捨てるのではなく、四捨五入や切り上げしたい場合の書き方については、第9章の「9-3：Mathクラスを使ってみる」をご覧ください。

3-5-2 文字列を数値型に変換する

今度は、キーボードから入力した数値文字列を変数に代入してみましょう。キーボードからデータを入力するには、Console.ReadLine命令を使うのでしたね（⇒p.65）。以下のようなコードを書いてみました。

```
✕ var total = 100;
```

```
var count = Console.ReadLine();  キーボードからの入力を受け取る
var num = total / (int)count;  countはstring型なので、intにキャストできない！
Console.WriteLine(num);
```

しかし、このコードは、3行目でコンパイルエラーになってしまいます。

Console.ReadLine()で入力された結果は文字列として扱われます（⇒p.65）ので、count変数は数値型ではなくstring型となります。そのため、次の行の(int)countは、string型をint型に変換することになります。しかし残念ながら、**キャストではstring型を数値型に変換することはできません**。そのため、コンパイルエラーとなってしまったのです。

このコンパイルエラーを取るには、**文字列をint型に変換するint.Parse命令**を使って、以下のように書く必要があります。

リスト3-10
文字列を数値型に変換する

```
var total = 100;
var line = Console.ReadLine();
var count = int.Parse(line);  文字列をint型に変換する
var num = total / count;
Console.WriteLine(num);
```

int.Parseでは、続く()内に文字列変数を渡すことで、数値文字列をint型に変換することができます。これでコンパイルエラーがなくなり、実行できるようになります。

たとえば、コマンドプロンプトの画面で20を入力したとすると、文字列としての"20"がline変数に代入されます。この文字列"20"をint.Parseに渡すと、int型への変換が行われ、20がcount変数に代入されます。ここまで来れば、total / countが、int型同士の計算になるので、期待どおりの結果になります。

実行例

```
20⏎  20を入力して[Enter]
5
```

int型ではなく、**double型に変換したい場合は、double.Parse命令**を使って以下のように書きます。

```
var length = double.Parse(line);  文字列をdouble型に変換する
```

これで、"98.5"のような小数点付きの数値文字列を、double型に変換すること

*文字列をdecimal型に変換するdecimal.Parse()や文字列をlong型に変換するlong.Parse()などもあります。

ができます*。

それでは、"30個"などの数字以外の文字が含まれた文字列を入力するとどうなるでしょうか？ このような数字以外の文字列をint.Parseに渡すと、以下のようなエラーが画面に表示されます。実際に［デバッグなしで開始］（Ctrl＋F5キー）（⇒p.29）で試してみてください。

```
ハンドルされていない例外: System.FormatException: 入力文字列の形式が正しくありません。
```

こういったエラーメッセージが表示されないようにする方法は、「第15章：エラーへの対応」で説明しています。

3-6 文字列の連結

3-6-1 +演算子による文字列の連結

プログラミングをしていると**複数の文字列をつなげて1つの文字列にしたい場合**があります。そのようなときに使えるのが、**+演算子による文字列の連結**です。

次に示す例では、string型のname変数の値と、"さん、おはようございます。"を連結して、変数messageに代入しています。

リスト3-11 +演算子による文字列同士の連結(1)

```
var name = "渡辺";
var message = name + "さん、おはようございます。";
Console.WriteLine(message);
```

実行結果

```
渡辺さん、おはようございます。
```

次のように、文字列をソースコード上で2行に分けたい場合にも+記号が利用できます。ディスプレイに収まり切らない長い文字列を初期化したいときなどに利用します。

リスト3-12 +演算子による文字列同士の連結(2)

```
var str = "これは正しい文字列です。" +    ← +演算子で文字列を連結できる
          "+演算子で連結させています。";
Console.WriteLine(str);
```

実行結果

```
これは正しい文字列です。+演算子で連結させています。
```

+演算子を使って、次のように複数の文字列を繋げることもできます。

リスト3-13
+演算子による
複数文字列の連結

```
var s1 = "おはよう。";
var s2 = "こんにちは。";
var s3 = "こんばんは。";
var s4 = "またあした。";
var str = s1 + s2 + s3 + s4;  ◀+演算子でいくつでも繋げられる
Console.WriteLine(str);
```

実行結果

```
おはよう。こんにちは。こんばんは。またあした。
```


3-6-2 +=演算子による文字列の連結

文字列に対しても、+=演算子（⇒p.92）**を使うことが可能**です。

リスト3-14
+=演算子による
文字列の連結

```
var message = "こんにちは、";
message += "今日は良い天気ですね。";  ◀message変数の後ろに文字列を追加する
Console.WriteLine(message);
```

実行結果

```
こんにちは、今日は良い天気ですね。
```

結果を見ていただければわかるように、+=演算子を使うと、変数が示す文字列の最後に右辺の文字列を追加できます。「messageに"今日は良い天気ですね。"を追加する」と読めば理解しやすいですね。

3-6-3 文字列と他の型の連結

また、**+演算子の左右どちらかが文字列以外であっても連結が可能**です。

次のコードは、string型にchar型とint型を連結させている例です。**連結した結果はstring型**になります。

リスト3-15
+演算子による
文字列と他の型の
連結

```
var season = '夏';  ◀char型
var temperature = 39;  ◀int型
```

```
var str = "今年の" + season + "の最高気温は、" + temperature
                                                  ↳+ "度でした。";
Console.WriteLine(str);
```

実行結果

```
今年の夏の最高気温は、39度でした。
```

この+演算子による文字列の連結は、**連結する変数の数が多くなるととても読みにくい**ものになってしまいます。そのため、実際のプログラムでは、次に説明するString.Formatや挿入文字列がよく利用されています。

3-6-4 String.Formatで文字列を組み立てる

＊{0}、{1}……の指定と変数を用いる書き方については、p.61～62を参照してください。

「リスト3-15：＋演算子による文字列と他の型の連結」で示したコードは、文字列をさまざまに整える働きのある**String.Format**命令を使うと、次のように書き換えることができます＊。

リスト3-16 String.Formatを使った文字列の組み立て

```
var season = '夏';
var temperature = 39;
var str = String.Format("今年の{0}の最高気温は、{1}度でした。", season,
                                                  ↳temperature);
Console.WriteLine(str);
```

この書き方は、Console.WriteLineとよく似ていますね。実際、このような場面では、String.Formatを使わずに、以下のように書いた方が無駄はありません。

```
Console.WriteLine("今年の{0}の最高気温は、{1}度でした。", season,
                                                  ↳temperature);
```

しかし、**String.Formatは、文字列を組み立てたい場合はどんなときでも利用できます**。コマンドプロンプトの画面に文字列を出力する以外の場面でも利用できますから、さまざまなところで利用されています。

3-6-5 挿入文字列で文字列を組み立てる

C# 6.0以降では、以下のようなさらに短いコードで、文字列を組み立てることが可能です。

リスト3-17
挿入文字列を使った文字列の組み立て（1）

```
var season = '夏';
var temperature = 39;
var str = $"今年の{season}の最高気温は、{temperature}度でした。";
Console.WriteLine(str);
```

$で始まる文字列では、文字列の中に{}で囲まれた変数名があると、それを変数の値に置き換えてくれます。これを**挿入文字列**と言います。

同じ目的で、String.Formatと$で始まる挿入文字列は使えるわけですが、実際のプログラミングにおいては、リスト3-17で示した**挿入文字列を使うのが良いでしょう**＊。

＊挿入文字列は、C# 6.0（Visual Studio 2015以降）で利用できる機能です。Visual Studio 2013以前の環境の方は、挿入文字列が出てきたらString.Formatの書き方に置き換えてください。

なお、文字列リテラル（⇒p.75）を使用できる場所であればどこでも挿入文字列を使用できますので、Console.WriteLineでも利用することができます。

リスト3-18
挿入文字列を使った文字列の組み立て（2）

```
var season = '夏';
var temperature = 39;
Console.WriteLine($"今年の{season}の最高気温は、{temperature}度でした。");
```

リスト3-16に比べて短いコードで書けますから、文字列を組み立てた後に、Console.WriteLineを使ってその組み立てた文字列を表示する場合には、リスト3-18のように書くのが良いでしょう。

本書ではこれ以降は、String.Formatではなく、この挿入文字列を利用していきます。また、Console.WriteLineにおいては、両方の書き方に慣れてほしいため、2つの書き方を併用していきます。

確認・応用問題

Q1 キーボードから商品の税抜き金額を入力し、その消費税額を求め、結果を出力するコードを書いてください。小数点以下は切り捨ててください。消費税率は今現在の消費税率を使ってください。

Q2 以下の変数は、それぞれ何の型になるかを考えてください。また、結果がいくつになるかを実行して確認してください。

```
var n1 = 100;
var n2 = 13;
var a1 = n1 + n2;
var a2 = -n1 / n2;
var a3 = (double)n1 / n2;
var a4 = a2 - n1;
var a5 = a3 * -2;
var a6 = a4 * 2.0M;
```

Q3 次の代入文を、=演算子以外の代入演算子を使って書き換えてください。

```
x = x / 2;
a = a + b * 2;
n = n * (k + 4);
```

Q4 変数aと変数bに別々の値を入れてから、aとbの内容を入れ替えるコードを書いてください。

ヒント 変数a、変数b以外に、もう1つ変数を使う必要があります。

Q5 あるお店が導入しているポイントシステムでは、購入した金額の1%分のポイント（小数点以下は切り捨て）が付きます。たとえば、320円を購入した場合は、3ポイントが付きます。ポイント5倍の日もあり、320円を購入した場合は、3ポイントの5倍で15ポイントになります。
ポイント5倍の日のポイントを計算するコードを書いてください。購入金額は、コマンドプロンプトから入力するものとします。

第4章

条件に応じた処理

プログラムでは、書いたとおりの順番で処理していくだけでは対応できない場合があります。
日常生活でも、「もしも信号が青なら進む、赤なら停止」などの条件によって行動を変える場面がありますが、プログラミングにおいても、条件に応じて処理を分岐させることが必要になります。
この章では、条件に応じて処理を分岐させる方法について学びましょう。

4-1 条件分岐処理の必要性

これまでは、上から下へと順番に実行するコードを扱ってきましたが、この章では条件に応じて処理を分ける**条件分岐処理**について学習します。

「もし○○だったら△△をせよ」という処理は、どのようなプログラムを書いていても頻繁に出てきます。

少し例を挙げてみましょう。

- メッセージアプリで、未読メッセージならメッセージの色を変える
- 料金計算アプリで、子供ならば半額にする
- 天気予報アプリで、雨なら雨マークを、晴れなら晴れマークを表示する

このような処理がそうですね。

こうした条件分岐処理は、実用的なプログラムを組むうえで、必ず必要になります。

C#では、if文とswitch文という分岐のための構文が用意されています。ここではその構文を、さまざまな場合ごとに紹介していきましょう。

4-2 if文による条件分岐処理

まずは、**条件に応じて処理を分ける if文**について学習しましょう。こういう場合、最もよく利用するのがif文です。

if文には、**「もし○○だったら△△をする」を表すelseキーワードのないif文**と、**elseキーワードと組み合わされて、「○○でない場合」にも対応できるif文**の2つがあります。

書式4-1
if文*（elseなし）
（⇒図4-1）

```
if (条件式)
{
    条件が成立したときに実行する処理  ← ここに複数の文が書ける
}
```
（全体に対して：これ全体をif文と言う）

図4-1
if文（elseなし）の処理の流れ

* if文もその名のとおり文の一種ですが、書式4-1のとおりセミコロンで終わる必要はありません。

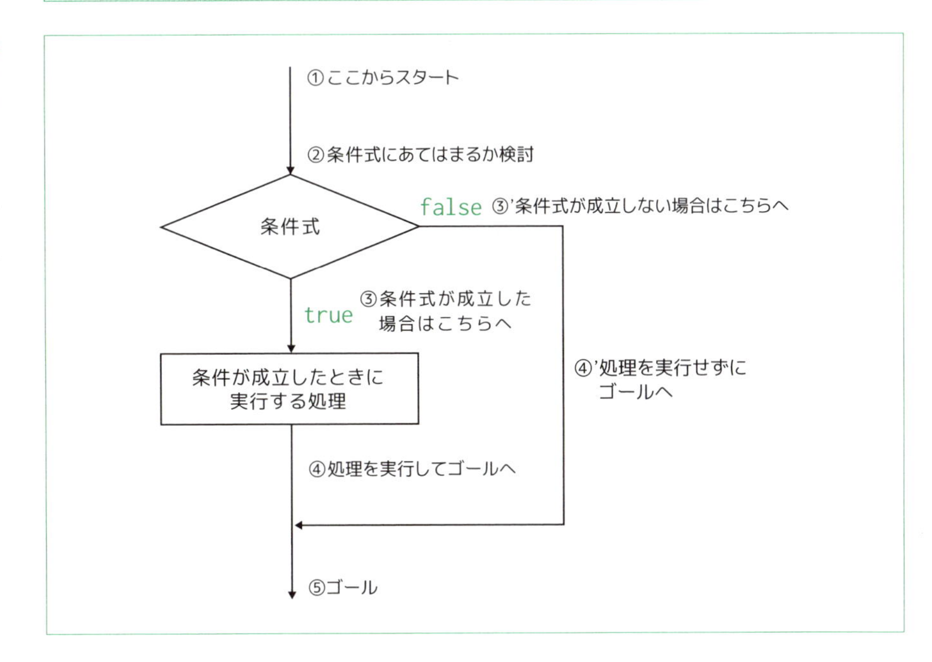

書式4-2
if文* (elseあり)
(⇒図4-2)

* この場合のif文も、書式4-2のとおりセミコロンで終わる必要はありません。

```
if (条件式)
{
    条件が成立したときに実行する処理
}
else
{
    条件が成立しなかったときに実行する処理
}
```

ここに複数の文が書ける
ここに複数の文が書ける
これ全体をif文と言う

図4-2
if文 (elseあり) の処理の流れ

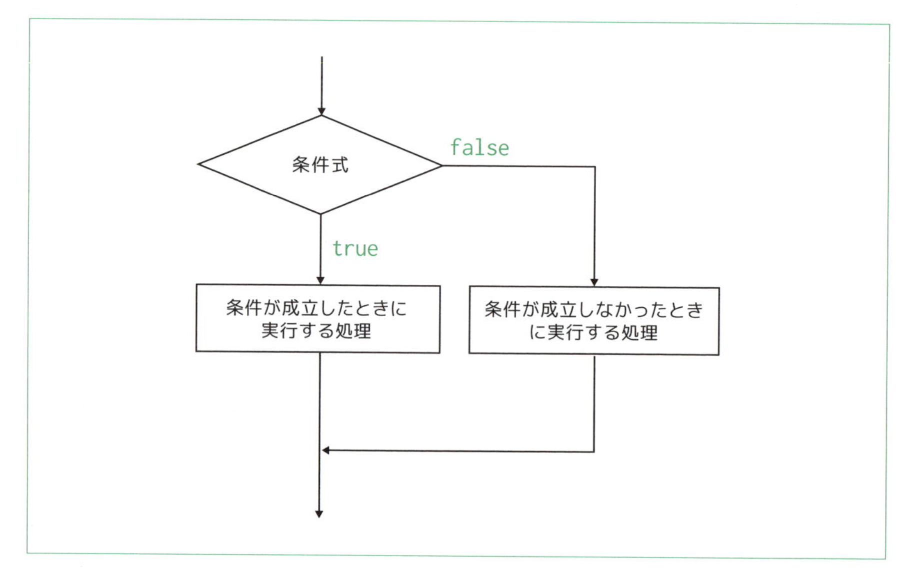

最初のelseなしの書き方では、()の中の**条件式**（条件を書いた式（⇒p.110））が**成立したときには、ifブロックの中の文（{}の中の文）が実行されます**。成立しなかったときにはこれらの文は実行されません。一方、elseありの書き方では、**条件が成立しなかったときの処理も記述することができます**。elseありのif文は、elseなしのif文と区別するために、本書では、**if-else文**と記すことにします。

条件式はbool型（⇒p.78）**のtrue（真）かfalse（偽）のどちらかの値を持ちます。条件が成立したときはtrue、条件が成立しなかったときはfalseになります**。

なお、**{}の中の文が単文（1つの文）の場合は、{}を省略することもできます**。

4-2-1 if文 (elseなし)

それでは、elseのないif文を使った具体的な例を見てみましょう。

次に示すコードは、入力した値が10かどうかを判断する例です。Mainメソッドの中だけを示していますので、実際に動かしてみる場合は、Visual Studioが自動生成したコードのMainメソッドの中に、以下のコードを入力してください。

リスト4-1 if文の例（数値の比較）（1）

```
var line = Console.ReadLine();
var num = int.Parse(line);
if (num == 10) ◀もしnumの値が10だったら……
{
    Console.WriteLine("10が入力されました"); ◀numが10のときだけ実行される
}
```

実行例

```
10⏎ ◀10を入力して Enter
10が入力されました
```

ifキーワードの右側のnum == 10が、変数numの値が10と等しいかどうかを判断している条件式です。C#では、**「等しい」を表すのに、=を2つ連続させて==と書きます**。これは、代入の=記号と明確に区別するためです。

上のプログラムを実行すると、numの値が10ならば、num == 10の条件式が成立し、「10が入力されました」と表示されます。numの値が10でない場合には、何も出力されません。

4-2-2 if-else文（二者択一）

今度は、if文のもうひとつの書き方である**if-else文**についても見てみましょう。**「もし○○だったらAをする。○○でなかったらBをする」という二者択一の処理**です。

このif-else文を使って、今度は、入力した値が偶数か奇数かを判断するコードを書いてみます。

リスト4-2 if-else文の例

```
var line = Console.ReadLine();
var num = int.Parse(line);
if (num % 2 == 0) ◀numを2で割った余りが0ならば……
{
    Console.WriteLine("偶数です");
}
```

```
else                                        ← そうでないなら……
{
    Console.WriteLine("奇数です");          ← num % 2 == 0が成り立たないときに処理される
}
```

実行例

```
35⏎  ← 35を入力して Enter
奇数です
```

上のコードのif文では、条件式のnum % 2 == 0が使われていますが、これは「numを2で割った余りが0か」(つまり、偶数か)を判断する条件式です*。これにより、偶数か奇数かを判断しています。偶数でなければ奇数に決まっていますから、「余りが1なら」と判断する必要はありません。

*%は剰余演算子です。p.85に説明があります。

4-2-3 if文の入れ子

if文の{}ブロックの中にも、以下に示すように**if文を書くことができます。**if文も文のひとつですから、文の書けるところには、if文も書くことができるのです。

つまり、**「もし○○だったら(△△をせよ)、さらに、もし□□だったら」と判断条件を複合させることができます。**

リスト4-3 if文の入れ子

```
if (x == 0)
{
    Console.WriteLine("xは0です");
    if (y == 0)                             ← if文の中にif文を書ける
    {
        Console.WriteLine("yも0です");
    }
}
```

たとえば、変数xとyの値がともに0だった場合の実行結果は以下のようになります。

実行結果

```
xは0です
yも0です
```

リスト4-3の3行目から7行目は、x == 0が成立したときだけ実行されるコードです。そのうち、5行目から7行目はy == 0が成立したときに実行されるコードです。そのため、「yも0です」が表示されるのは、x == 0**かつ**y == 0のときということになります。

たとえば、xの値が5の場合は、yが0であっても、「yも0です」は表示されません。もちろん、「xは0です」も表示されません。

図4-3
リスト4-3の動作

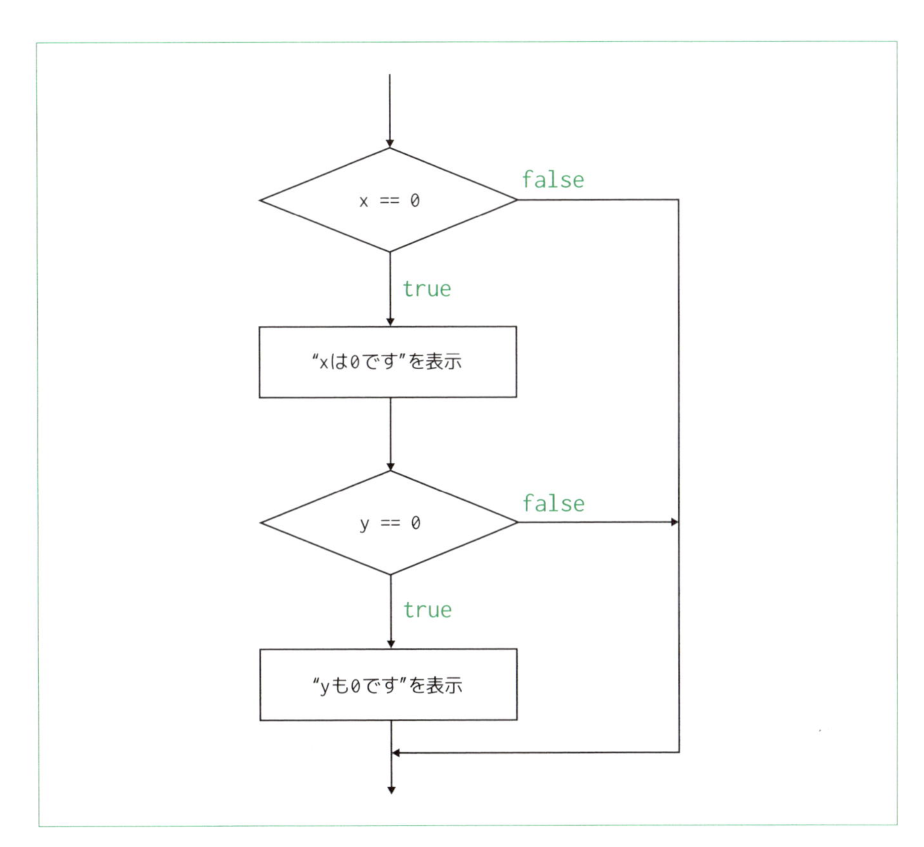

このように、if文の中にif文を入れることをif文の**入れ子**あるいは**ネスト**と呼んでいます。

if文を入れ子にすることで、複雑な処理を書くことができますが、if文をいくつも入れ子にしてしまうと、プログラムがとても読みにくくなってしまい、バグが生じる原因になってしまいます。if文の入れ子は2つ程度に抑えるよう心がけてください。

4-3 関係演算子と論理演算子

4-3-1 関係演算子（比較を表す演算子）

リスト4-1ではnum == 10という条件式を見ましたが、この条件式は値と値（この場合は一方は変数）が等しいかどうかの比較を行っています。条件式は、前にも述べたように、**比較をした結果として、bool型**（⇒p.78）**のtrue（真）かfalse（偽）のいずれかの値を持ちます。**

値の比較には、等しいかどうかを調べる==演算子（⇒p.107）を含め、表4-1に示した比較を表す演算子（**関係演算子**）があります。

表4-1 関係演算子

演算子	意味	例
==	等しい	x == y（xとyは等しい）
!=	等しくない	x != y（xとyは等しくない）
<	小さい	x < y（xはyより小さい）
>	大きい	x > y（xはyより大きい）
<=	以下	x <= y（xはy以下）
>=	以上	x >= y（xはy以上）

例として、>=演算子を使ったコードを示します。

リスト4-4 if文の例（数値の比較）（2）

```
var line = Console.ReadLine();
var num = int.Parse(line);
if (num >= 10)  もし num >= 10 が成り立つなら……
{
    Console.WriteLine("num >= 10が成り立ちました。");
    Console.WriteLine($"num の値は {num} です。");
}
```

実行例

```
16⏎  ← 16を入力して Enter
num >= 10が成り立ちました。
num の値は 16 です。
```

文字列の比較では、==（等しい）と!=（等しくない）の2つの関係演算子が利用できます。

リスト4-5
if文の例
（文字列の比較）

```
var lang = Console.ReadLine();
if (lang == "C#")  ← ==は「等しい」を意味する
{
    Console.WriteLine("langの値は「C#」です。");
}
if (lang != "Java")  ← !=は不等号を意味する
{
    Console.WriteLine("langの値は「Java」ではありません。");
}
```

実行例

```
C#⏎  ← C#を入力して Enter
langの値は「C#」です。
langの値は「Java」ではありません。
```

上記のnum >= 10やlang == "C#"などの条件式は、**その条件を判定した結果として、bool型の値を持ちます。条件式が成立すればtrue、成立しなければfalseです。**if文では、条件式の結果がtrueかfalseで処理を分岐させています。

なお、

```
✕ if ((num >= 10) == true)  ← もし、num >= 10が真（true）ならば
```

```
✕ if ((lang == "C#") == true)  ← もし、lang == "C#"が真（true）ならば
```

と書くこともできますが、上記のように「== true」を付けるということは、「日本の首都は東京ですか？」と聞けば良いところを「日本の首都は東京ですか？　これは正しいですか？」と聞くようなものです。**「== true」の部分は余計な無駄なコードなので、普通、このような書き方はしません。**

また、次のように「== false」を使ったコードも、

```
✖ if ((num > 0) == false)   ◀もし、num > 0が偽（false）ならば
```

```
✖ if ((lang == "Java") == false)   ◀もし、lang == "Java"が偽（false）ならば
```

次のように**式を変形し、「== false」を取り除いた方がわかりやすくなります**。

```
if (num <= 0)
```

```
if (lang != "Java")
```

4-3-2 論理演算子（「かつ/または/否定」を表す演算子）

==や>=などの関係演算子を使えば簡単な条件判断ができることがわかりました。しかし、実際のプログラムでは、「aとbが等しく」かつ「aとcが等しい」といったより**複雑な条件を扱いたい場合**もあります。そのようなときに使えるのが**論理演算子**です。

「かつ」を表す場合

たとえば、変数の値が1から12の間にあるかどうかを調べたいとしましょう。これまでの知識で書くとすると以下のようにネストしたif文（⇒p.108）になりますね。

```
✖
var month = 6;
if (month >= 1)
{
    if (month <= 12)
    {
        Console.WriteLine("1以上、12以下の数値です");
    }
}
```

最初のif文の条件が成り立ったときだけ、2つ目のif文が実行されます。つまり、最初にmonthが1以上かどうかを調べ、1以上だったら2つ目のif文で12以下

かを調べているわけです。これで、変数monthが1から12の範囲にあるかを判断できます。

でも、これってわかりにくいですよね。条件を2つにわけ、2つの文にして書くのは面倒ですし、読む方もいちいちif文を追いかけなければなりませんから、意図を把握しにくいコードになってしまいます。「1以上かつ12以下」と書ければもっとわかりやすくなりますね。それが、次に示すコードです。


```
var month = 6;
if (month >= 1 && month <= 12)
{
    Console.WriteLine("1以上、12以下の数値です");
}
```

&&が「かつ(and)」を示す記号で、条件AND演算子と言います。&&の前後の式*が成立したなら(つまり、ともに真(true)なら)、この式はtrueとなります。どちらか一方でも偽(false)ならば、falseとなります。

＊正確に表現するとbool型(⇒p.78)を持つ式となります。条件式である必要はありません。bool型の変数(変数も式の一種)やメソッド呼び出し(⇒第7章)でもかまいません。

つまり、今回の例では、month >= 1とmonth <= 12がともに成り立ったときだけ、{}の中が実行されることになります。

このif文は次のようにも書くこともできます。1つ目のmonth変数の位置の違いに注目してください。

リスト4-6 変数が範囲内かを条件AND演算子で判断するif文

```
var month = 6;
if (1 <= month && month <= 12)
{
    Console.WriteLine("1以上、12以下の数値です");
}
```

私は、範囲を調べるときは、リスト4-6のように書くようにしています。こちらの方が、month >= 1 && month <= 12という書き方と比べて、monthが1と12の間にあるかを調べていることがわかりやすいですね。

「または」を表す場合

次に、**「または(or)」を表したい場合**を見てみましょう。この場合の演算子は、**条件OR演算子の||**です。

リスト4-7
変数が範囲内かを条件OR演算子で判断するif文

```
var num = 15;
if (num % 3 == 0 || num % 5 == 0)
{
    Console.WriteLine("numは3か5で割り切れます");
}
```

上記のように書けば、num % 3 == 0かnum % 5 == 0のどちらかの条件が成り立つと、条件式全体の値がtrueとなり、「numは3か5で割り切れます」が表示されます。

「否定」を表す場合

また、**否定を意味する!演算子**もあります。**「もし～でないなら」という条件式を作る**ことができます。この!演算子は、対象となる式の値がtrueならばfalse、falseならばtrueと論理値を反転させることができます。

たとえば、!(a == 1)という条件式は、a == 1が成り立たない場合にtrue、成り立つ場合にfalseになります。

ここで説明した論理演算子を以下の表4-2にまとめました。

表4-2
論理演算子

演算子	意味	例
&&	「かつ」を表す論理積（AND）	a == 1 && b == 1
||	「または」を表す論理和（OR）	a == 1 || a == 3
!	否定を表す（NOT）	!(a == 1)

4-3-3 条件式で利用できる演算子の優先順位

条件式で利用できる演算子には優先順位があります。次の表4-3のとおりです。

表4-3
演算子の優先順位

演算子	意味	例	優先順位
!	否定（NOT）	!a	1
`<`	より小さい	`a < 5`	2
`>`	より大きい	`a > 5`	2
`<=`	以下	`a <= 5`	2
`>=`	以上	`a >= 5`	2
==	等しい	a == 5	3

!=	等しくない	a != 5	3
&&	かつ (AND)	a == 1 && b == 1	4
||	または (OR)	a == 1 || b == 1	5

表の右端の数値が優先順位を表しています。数値が小さいほど優先順位が高いことを示しています。同じ数値は優先順位が同じです。優先順位が同じ場合は、左から順に処理されます。

なお、第3章の算術演算と同様、**()を使って優先順位を指定することができます**。先ほどの||演算子を使った例では、以下の条件式が使われていました。

```
num % 3 == 0 || num % 5 == 0
```

この例では、優先順位は、%、==、||の順のため*、()は不要ですが、次のように書いても間違いではありません。

算術演算に利用する+、-、、/、%演算子の優先順位は、!演算子と<演算子の間になります。

```
(num % 3 == 0) || (num % 5 == 0)
```

演算子の順番を暗記するのは大変ですので、**演算子の優先順位で迷ってしまった場合は、迷わず()を使って優先順位を指定する**ようにしてください。

特に、&&演算子と||演算子を両方使った条件式の場合は、()を使うようにしてください。

以下の式は、うるう年*を判定する条件式です。

*うるう年は、次の2つのいずれかを満たす必要があります。
(1) 4で割り切れるが100では割り切れない
(2) 400で割り切れる

```
year % 4 == 0 && year % 100 != 0 || year % 400 == 0
```

これで正しい結果が得られますが、()を使えばより分かりやすくなります。

```
(year % 4 == 0 && year % 100 != 0) || year % 400 == 0
```

それでも、分かりにくいと感じたら、以下のようにさらに()を付けても良いでしょう。

```
((year % 4 == 0) && (year % 100 != 0)) || (year % 400 == 0)
```

4-4 switch文による多分岐処理

if文を使えば、処理を2つに分岐できることがわかりました。では、明日の天気が晴れならば山に遊びに行く、曇りならばショッピングに行く、雨ならば映画を見に行く、などのように処理を3つ以上に**場合分けする**にはどうすれば良いでしょうか？

それを簡単に書けるようにしたのが**switch文**です。

一般的なswitch文の書式を以下に示します。**caseキーワード**を使い、場合に分けた指定をします。

書式4-3
switch文*

＊switch文はセミコロンで終わる必要はありません。

```
switch (式)
{
    case リテラル1:
        「式 == リテラル1」の場合に実行する処理
        break;
    case リテラル2:
        「式 == リテラル2」の場合に実行する処理
        break;
    ⋮
    default:  ◀defaultは一番最後に書く
        上記の条件に該当しない場合に実行する処理
        break;  ◀それぞれの最後にはbreak文を書く
}
```

たとえば、()内の式の値が、1か、2か、3か、それ以外か、で4つに場合分けしたいときなどに利用できます。

上記のswitch文の書式からわかるように、変数の値が5以上かとか、3で割り切れるかという判断はできません。しかし、その分、わかりやすい構文になっています。

さっそく、switch文を使った場合分けのコードを見てみましょう。

リスト4-8
switch文の例
(整数型の値による
多分岐処理)

```
Console.WriteLine("ご希望の時間帯の番号を選択してください。");
Console.WriteLine(" 1: 10時から12時");
Console.WriteLine(" 2: 13時から15時");
Console.WriteLine(" 3: 15時から18時");
var line = Console.ReadLine();
var value = int.Parse(line);

switch (value)    ← valueの値で分岐する
{
    case 1:
        Console.WriteLine("10時から12時がご希望ですね。");
        break;
    case 2:
        Console.WriteLine("13時から15時がご希望ですね。");
        break;
    case 3:
        Console.WriteLine("15時から18時がご希望ですね。");
        break;
    default:
        Console.WriteLine("入力した値に誤りがあります。");
        break;
}
```

実行例

```
ご希望の時間帯の番号を選択してください。
 1: 10時から12時
 2: 13時から15時
 3: 15時から18時
2⏎  ← 2を入力して Enter
13時から15時がご希望ですね。
```

このプログラムは実行結果を見てもらえればわかるように、希望の時間帯を聞いて、その答えを復唱するプログラムです。

プログラムの前半部分(switch文の前まで)は、これまで得た知識で理解できますので、switchキーワード以降のコードについて説明しましょう。switch文は、**switchの右側で指定した変数の値によって処理を複数に分岐する**ことができます。

上の例では、valueの値が1ならば、case 1:の次の行の文に処理が移り、

```
Console.WriteLine("10時から12時がご希望ですね。");
```

が実行され、次の**break文**で**switch文から抜け出します**。breakはその言葉どおり

「中断する」という意味ですね。

valueの値が2の場合は、case 2:の次の行の文に処理が移り、break文に出会うと、switch文から抜け出します。

valueの値がどのcaseにも該当しない場合には、default:の次の行に処理が移ります。defaultブロックは必要がなければ、省略することが可能です。

なお、それぞれの処理の最後には、**break文を必ず書かなければなりません**。break文を忘れないようにしてください。

ところで、先ほどの例は、比較する変数の型が整数型（int）でしたが、**文字列型（string）でもswitch文を使うことができます**。たとえば、次のような記述が可能です。

リスト4-9 switch文の例（文字列の値による多分岐処理）

```
var word = Console.ReadLine();
var term = "";

switch (word)  ← switch文は、文字列に対しても使える
{
    case "API":
        term = "Application Programming Interface";
        break;
    case "RDB":
        term = "Relational Database";
        break;
    case "UI":
        term = "User Interface";
        break;
}

if (term != "")
{
    Console.WriteLine("{0}は {1} の略です。", word, term);
}
```

実行例

```
API⏎  ← APIと入力して Enter
APIは Application Programming Interface の略です。
```

入力した文字列をswitch文で判定し、該当する正式な用語をterm変数に入れています。term変数の初期値は空文字列ですので、入力した文字列が、"API"、"RDB"、"UI"のいずれかの場合は、termに空文字列以外の値が入ります。最後のif文で、空文字でないか調べ、略語と正式用語を表示しています。

なお、最後のConsole.WriteLineは、第3章のp.101「3-6-5：挿入文字列で文字列を組み立てる」で説明した挿入文字列を使い、以下のように書くこともできます。

```
Console.WriteLine($"{word}は {term} の略です。");
```

More Information

C#のバージョンと主な追加機能

C#は、2002年に最初のバージョンが出てから、バージョンアップを繰り返し、より便利でより洗練された言語へと進化してきました。そして現在も進化を続けています。以下の表にC#のバージョンと主な追加機能についてまとめてみました。

表4-4 C#のバージョンと主な追加機能

バージョン	リリース年	主な追加機能
1.0	2002	初期リリース
2.0	2005	ジェネリックス、静的クラス
3.0	2007	varキーワード、ラムダ式、LINQ、自動実装プロパティ
4.0	2010	オプション引数/名前付き引数、dynamicキーワード
5.0	2012	非同期処理（async/await）
6.0	2015	挿入文字列、自動プロパティ初期化子
7.0	2017	タプル、outキーワードの拡張、switch文の拡張（型による分岐）
8.0	2019	Null許容参照型、switch式、インターフェイスのデフォルト実装

4-5 else if構文を使った多分岐処理

ここまで、switch文による多分岐処理を学習しましたが、「4-2-2：if-else文（二者択一）」で学んだelseにさらにifを組み合わせることでも、処理を複数に分岐させることができます。

書式4-4
else if構文

```
if (条件式A)
{
    条件式Aが成立したときに実行する処理
}
else if (条件式B)
{
    条件式Bが成立したときに実行する処理
}
else if (条件式C)
{
    条件式Cが成立したときに実行する処理
}
else
{                           ← 省略可能
    それ以外の処理
}
```

switch文は直感的に書けますが、使えるのは、単純な値によって分岐させる場合だけです。**ある変数の値が指定した範囲の中にあるかどうかを判定して、処理を複数に分岐させたいときなどは**、switch文を使うことができません。**このようなときに使うのが、else if構文**です。else if構文は、文法的にはif-else文のネストであり、elseでの処理にif-else文を記述したものになります。

次は、日中の最高気温から、夏日、真夏日、猛暑日を判定するコードです。temperature変数には、日中の最高気温が入っているものとします。

リスト4-10
else if構文を使った多分岐処理

```
var temperature = 29.5;

if (temperature >= 35.0)
{
    Console.WriteLine("猛暑日です");
}
else if (temperature >= 30.0)
{
    Console.WriteLine("真夏日です");
}
else if (temperature >= 25.0)
{
    Console.WriteLine("夏日です");
}
else
{
    Console.WriteLine("いずれでもありません");
}
```


最後のelseブロックは、上記いずれにも条件にも該当しないときの処理です。このelseブロックは省略可能です。上記コードで、"いずれでもありません"を表示する必要がなければ、最後のelseブロック（elseを含む）を省略することができます。

リスト4-10の場合の変数temperatureと出力結果の関係は以下の表のとおりです。

temperatureの値	出力結果
35度以上	"猛暑日です"
30度以上、35度未満	"真夏日です"
25度以上、30度未満	"夏日です"
25度未満	"いずれでもありません"

上記のコードの場合、temperatureの値は29.5ですから、"夏日です"が表示されます。

なお、2番目、3番目のif文では、以下のように書いていないことにも注目してください。

```
✖ else if (30.0 <= temperature && temperature < 35.0)
{
    ⋮
```

```
}
else if (25.0 <= temperature && temperature < 30.0)
{
    ⋮
}
```

これだとコードも長く無駄ですね。プログラミングを始めたばかりの人は、このように書く人がけっこういます。2番目のif文が実行されるときには、35度未満であることがわかっていますから、35度未満かを調べる必要はありません。3番目のif文も同様です。

気温を高い方の35度から調べている点にも注意してください。もし、以下のように低い方から書いてしまうと正しい結果が得られません。

```
✖ if (temperature >= 25.0)
{
    Console.WriteLine("夏日です");
}
else if (temperature >= 30.0)
{
    Console.WriteLine("真夏日です");
}
else if (temperature >= 35.0)
{
    Console.WriteLine("猛暑日です");
}
else
{
    Console.WriteLine("いずれでもありません");
}
```

なぜうまくいかないのかは、変数temperatureの値が38だった場合を考えてみればわかると思います。"猛暑日です"が表示されてほしいのですが、最初のif文の条件がtrueになりますから、"夏日です"が表示されてしまいます。

Q & A else if構文の字下げについて確認したい

Q リスト4-10のコードは以下のような字下げではダメなんですか？

```
if (temperature >= 35.0)
{
    Console.WriteLine("猛暑日です");
}
else
    if (temperature >= 30.0)
    {
        Console.WriteLine("真夏日です");
    }
    else
        if (temperature >= 25.0)
        {
            Console.WriteLine("夏日です");
        }
        else
        {
            Console.WriteLine("いずれでもありません");
        }
```

A 文法的には誤りではありませんが、上記のような字下げはおすすめしません。本文でも説明しましたが、else if構文というのは、文法的にはif-else文をネストさせたものです。上記コードからもそれが見て取れます。確かに文法上の構造から見れば正しいのですが、この字下げは、○○ならXXX、△△ならばYYY、□□ならばZZZといった場合分けの構造を正しく表していません。

1つの変数の値によって、処理を複数に分岐させるelse if構文を使う場合には、リスト4-10で示した字下げをしてください。プログラミングが初めての方にとっては、リスト4-10の書き方は違和感があるかもしれませんが、少しずつ慣れていってください。

確認・応用問題

Q1 キーボードから入力した文字列が、空文字列かどうかを判断するコードを書いてください。空文字列だった場合は、「**空文字列です**」と表示してください。

Q2 キーボードから入力した数値が、正数、負数、0かを判断し、その結果を表示するプログラムをelse if構文を使って書いてください。

Q3 論理演算子（⇒p.112）で以下のコードを示しました。

```
if ((num % 3 == 0) || (num % 5 == 0))
{
    Console.WriteLine("numは3か5で割り切れます");
}
```

この出力表示を「**numは3でも5でも割り切れます**」と変更したいとします。条件式をどう書けば良いでしょうか？

Q4 「4-4：switch文による多分岐処理」のコードに、以下の"IDE"と"HTML"という2つの略語を追加してください。

- IDE：Integrated Development Environment
- HTML：HyperText Markup Language

Q5 数値（int型）を1つ入力し、その値が、0以上30以下ならば「**不可**」を、31以上60以下ならば「**可**」を、61以上80以下ならば「**良**」を、81以上100以下なら「**優**」を表示するプログラムを書いてください。それ以外の数値（マイナスや100より大きな値）の場合には、エラーメッセージ「**入力した数値に誤りがあります**」を表示させてください。

第 5 章

繰り返し処理

ある条件になるまで同じ処理を繰り返すということも、プログラムではよく出てきます。
この繰り返し処理を学べばより複雑な問題に対応できるようになります。
この章で繰り返し処理の基本をしっかり身に付けましょう。

5-1 繰り返し処理とは？

プログラミングをしていると、**同じ処理あるいは似たような処理を一定回数繰り返したい**、あるいは**一定の条件になるまで繰り返したい**ということがよくあります。

日常生活でも「腕立て伏せを20回行う」とか「正解するまで問題を解く」など繰り返し行うことがありますね。プログラムでもこのような繰り返し処理を行う場面がたくさんあります。

この**繰り返し処理**を手助けしてくれるのが、これから説明するfor文やwhile文といった繰り返しを行う構文です。**繰り返しの判断には、**if文でも利用した**条件式を使います**。繰り返し処理をマスターすれば、さらに実用的なプログラムを書けるようになります。

第5章では、この繰り返し処理について学びます。

5-2 while文（指定条件の間繰り返す処理）

以下のような昭和と西暦の対応表を出力するプログラムを作成してみましょう。

実行例

```
昭和1年 1926年
昭和2年 1927年
昭和3年 1928年
昭和4年 1929年
昭和5年 1930年
```

まずは、上に示したように昭和1年から昭和5年までを西暦とともに表示するプログラムを、これまでの知識を使って書いてみましょう。

リスト5-1 昭和と西暦の対応表出力プログラムをこれまでの知識で書いた例

```
Console.WriteLine("昭和1年 1926年");
Console.WriteLine("昭和2年 1927年");
Console.WriteLine("昭和3年 1928年");
Console.WriteLine("昭和4年 1929年");
Console.WriteLine("昭和5年 1930年");
```

これで一応正しく動作します。

それでは、昭和1年から昭和64年まで表示するにはどうしたら良いでしょうか？　上のようなコードでこれを実現しようとすると、Console.WriteLineの行を64回も書かなくてはいけません。とても面倒です。プログラミングというのはコンピューターを使いこなすためのものなのに、これではコンピューターに使われることになってしまいます。

上記コードを書くときに、私の頭の中で何をやっているかといえば、初期値である昭和1年と1926年に1ずつ足していき、表示する年を求めています。たぶん、皆さんも同じだと思います。つまり、「1つ前の年に1を足す」という処理を繰り返していることになります。

このような場合は、**繰り返し処理（ループ処理*）を書くことで、短く簡潔な**

＊次ページ図5-1で示すように、処理が輪の形をしていることから、繰り返し処理を「ループ処理」と言います。

コードにすることができます。

繰り返し処理をするときに利用する構文で、最も汎用的に利用できるのがwhile文です。

while文の構文は以下のとおりです。

書式5-1
while文*
(⇒図5-1)

```
while (条件式)
{
    条件式が真の間繰り返される処理
}
```

* while文はセミコロンで終わる必要はありません。

while文の処理の流れを図にしたのが図5-1です。

図5-1
while文の処理の流れ

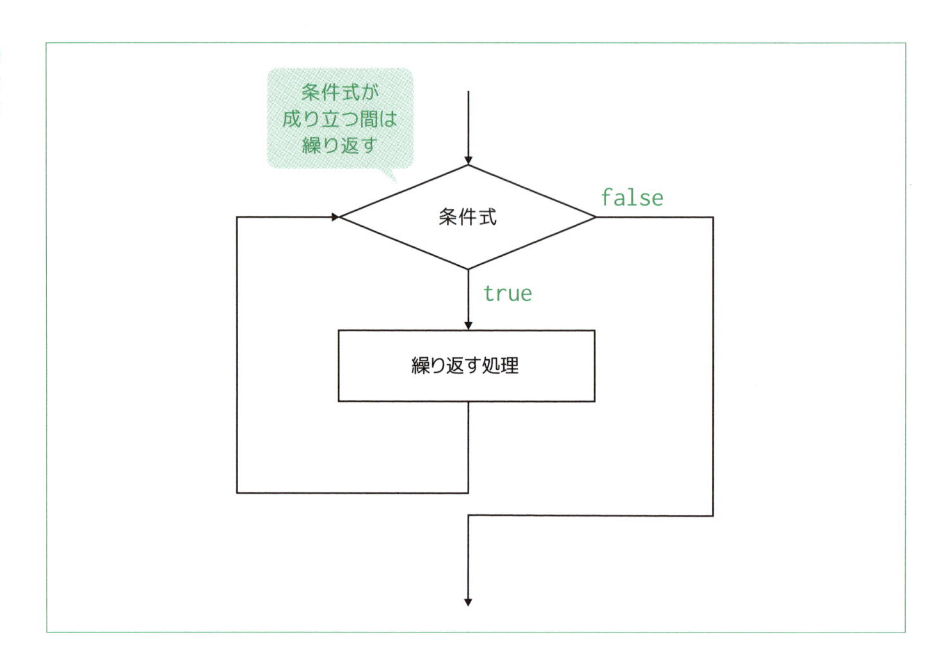

while文では、**whileキーワードに続く()の中の条件式が成り立っている間は、{と}で囲まれたブロック内の処理を繰り返します**。つまり、繰り返しが終了するのは、条件が成立しなくなったときです。**「条件が成立したら繰り返しを終了する」のではありません**ので注意してください。

なお、**繰り返す処理が単文の場合には、**if文と同様、**{と}は省略することができます**。

それでは、while文を使って昭和1年から昭和64年まで出力するコードを書いてみましょう。

リスト5-2
昭和と西暦の対応表出力プログラム（while文使用）

```
var year = 1;
while (year <= 64)   ◀ yearが64以下ならば{}の中を繰り返す
{
    var westernYear = year + 1925;
    Console.WriteLine($"昭和{year}年 {westernYear}年");
    year += 1;   ◀ もしこの行がないとすると、いつまでも処理が終わらない
}
```

実行結果

```
昭和1年 1926年
昭和2年 1927年
昭和3年 1928年
昭和4年 1929年
昭和5年 1930年
  ⋮
昭和63年 1988年
昭和64年 1989年
```

上記のwhile文のコードは、以下のような流れになります。

1. 変数yearに1が代入される
2. year <= 64の条件判定が行われる。この結果がfalseならば、繰り返し処理が終了する。結果がtrueならば、3の処理に移動する
3. year + 1925を計算し、西暦を求める
4. Console.WriteLineが実行される
5. 変数yearに1が加算される。つまり、翌年になる
6. 「2」の処理に戻る

つまり、昭和1年の処理、昭和2年の処理、昭和3年の処理、…… 昭和63年の処理、昭和64年の処理と繰り返し処理が行われることになります。そして、変数yearの値が65になったところで、year <= 64の判定がfalseになり、繰り返し処理が終わります。言い換えると、変数yearが64以下（year <= 64）の間は、繰り返すことということです。

while文では、{}ブロックの中を実行する前に、繰り返しの条件判定が行われます。ですから、もし最初から条件が成立しない場合は、{}の中が1回も実行されずにwhile文の実行が終わります。

5-2-1 デバッグ機能でwhile文の動きを確かめてみる

ここで、このwhile文がどのように動作するのか、変数がどのように変化するのかを、Visual Studioのデバッグ機能（⇒p.39）を使い確かめてみましょう。

1. プロジェクトを新規作成し、作成されたソースコードのMainメソッドの中にリスト5-2のコードを挿入します。ここでは、while文の動きを確かめるだけですから、繰り返し回数を少なくするためにwhile文の条件式の64を5に変更します。

2. Mainメソッドのwhileのある行にカーソルを移動し、F9キーを押しブレークポイントを設定します（⇒図5-2）。

図5-2 ブレークポイントを設定する

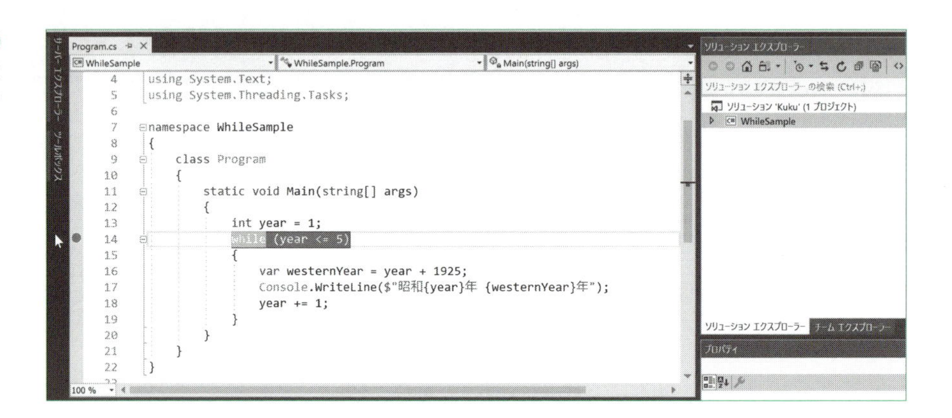

3. 続いて、F5キーを押してデバッグを開始します。

4. 設定したブレークポイントのところで処理が止まります。もし、コマンドプロンプトの画面が前面に出ていたら、Visual Studioのウィンドウをクリックし、Visual Studioを前面に表示させてください。
このとき、Visual Studioの左下の「自動」タブウィンドウに変数の値が表示されています。変数yearの値が1になっているのが確認できるはずです（⇒図5-3）。

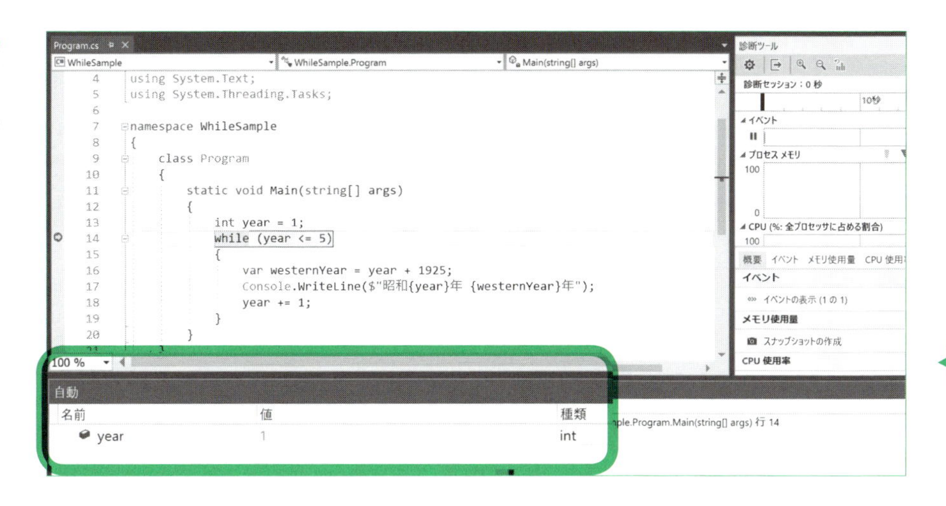

図5-3 ブレークポイントで停止、変数の値の確認をする

5.変数の値を確認したら、続けて F10 キーを押します。F10 キーを押すたびに処理が1ステップずつ進みますので、Console.WriteLineの行まで進ませます。そうすると、変数westernYearの値も確認することができます（⇒図5-4）。

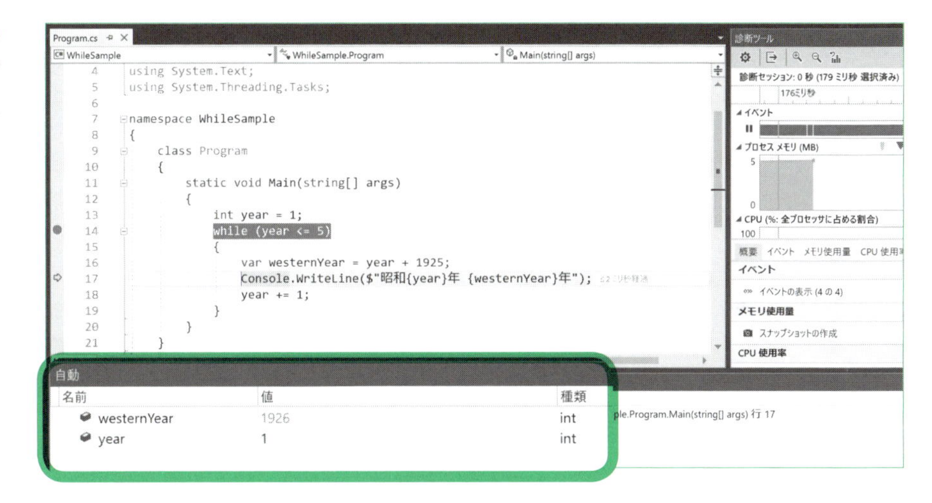

図5-4 1ステップずつ進め、変数の値の確認をする

6.さらに処理をwhileブロックの最後まで進めます。ここで F10 キーを押すと、while文の先頭の行に処理が戻るのが確認できます。

これを繰り返していけば、変数yearと変数westernYearの値がどのように変化していくのかを確認することができます。

処理が終わるまで F10 キーを押し続けるのは面倒なので、ある程度動きが確認できたら、F5 キーを押してください。F5 キーを押すと次のブレークポイントまで処理が進み、そこで処理が止まります。

この例では、F5キーを押すたびにwhile文の先頭の行で処理が止まります。変数yearの値が6になるとwhileの条件式のyear <= 5がfalseになります。ここでF5キーを押せば、繰り返し処理が終わりwhileループの外に処理が移るのが確認できます。

このように、F9キーでブレークポイントを設定し、F10キーとF5キーを使うことで、処理の動きと変数の値の変化を確認することができます。

5-2-2 インクリメント演算子とデクリメント演算子

リスト5-2の

```
year += 1;
```

は、**++演算子**を使って次のように書く方が一般的です。

```
year++;
```

これで、year変数に1を加算せよ、という意味になります。

同様に**--演算子**もあります。次の3つの文は同じ意味になります。++演算子と同様、--演算子を使うのが一般的です。

```
year = year - 1;
```

```
year -= 1;
```

```
year--;
```

これらの演算子を、**インクリメント演算子**（++）、**デクリメント演算子**（--）と言います*。

＊インクリメント(increment)、デクリメント(decrement)は、それぞれ「値の増加」「値の減少」という意味です。

また、演算子を変数の前に置いて、以下のように書くこともできます。

```
++year;
```

```
--year;
```

++演算子や--演算子を変数の後ろに付ける書き方と、変数の前に付ける書き方では、その意味するところが微妙に異なっているのですが、本書を学んでいる段階では、同じものだと考えてください。

5-2-3 複合した条件の場合のwhile文

while文などでは**繰り返し条件に複合した条件を使う場合もあります**ので、その例も載せましょう。

リスト5-3に示したコードは、1、2、3、4のいずれかを入力するまで入力を促すことを繰り返すという処理です。

リスト5-3
複合した条件の場合のwhile文

```
var num = 0;
while (num <= 0 || 5 <= num)   ← numが0以下あるいは5以上のときは繰り返す
{
    Console.WriteLine("1、2、3、4のいずれかを入力してください。");
    var line = Console.ReadLine();
    num = int.Parse(line);
}
Console.WriteLine($"{num}が入力されました。");
```

実行例

```
1、2、3、4のいずれかを入力してください。
5↵   ← 5を入力して Enter
1、2、3、4のいずれかを入力してください。
0↵   ← 0を入力して Enter
1、2、3、4のいずれかを入力してください。
3↵   ← 3を入力して Enter
3が入力されました。
```

繰り返しの条件式でもif文同様、num <= 0 || 5 <= numのように||演算子を使い、**より複雑な条件を指定することもできます**（もちろん&&演算子も使えます）。この式は「numが0以下か5以上の間は繰り返す」という意味ですから、numの値が1、2、3、4ならば、繰り返しが終了します。

{}ブロックの最後の行では、入力した数値文字列をint型に変換して（⇒p.96）変数numに代入しています。その後、処理がwhile文の先頭まで戻り、変数numの値が0以下、5以上かで繰り返すかどうかを判断しています。

5-3 for文（特に指定回数繰り返す処理）

C#は、while文のほかに、**for文**という繰り返し処理の構文も用意しています。for文の書式は次のとおりです。

書式5-2
for文*
(⇒図5-5)

＊ for文はセミコロンで終わる必要はありません。

```
for (初期設定; 条件式; 後処理)
{
    条件式が真の間繰り返される処理
}
```

for文では、if文などど同様、{}ブロック内の処理が単文の場合には、{と}は省略できます。

以下に、for文の()の中に設定する事項について説明します。

[初期設定]

ループ（繰り返し処理）開始時に1回だけ実行されます。通常、**繰り返し処理の回数を管理する変数の初期化**を行います。**ループの回数を数えることから、この変数を****ループカウンター**と言います。

[条件式]

ループを繰り返すかどうかを判定する条件式を記述します。while文で記述した条件式と同じですね。ここで記述した式が真（true）の間は、ループを繰り返します。

[後処理]

通常、**ループカウンターをインクリメントまたはデクリメントする式**を書きます。ループ内の本体の処理の実行が終わると、「後処理」を実行し、その後、再び「条件式」で書かれた条件のチェックが行われます。

図5-5
for文の処理の流れ

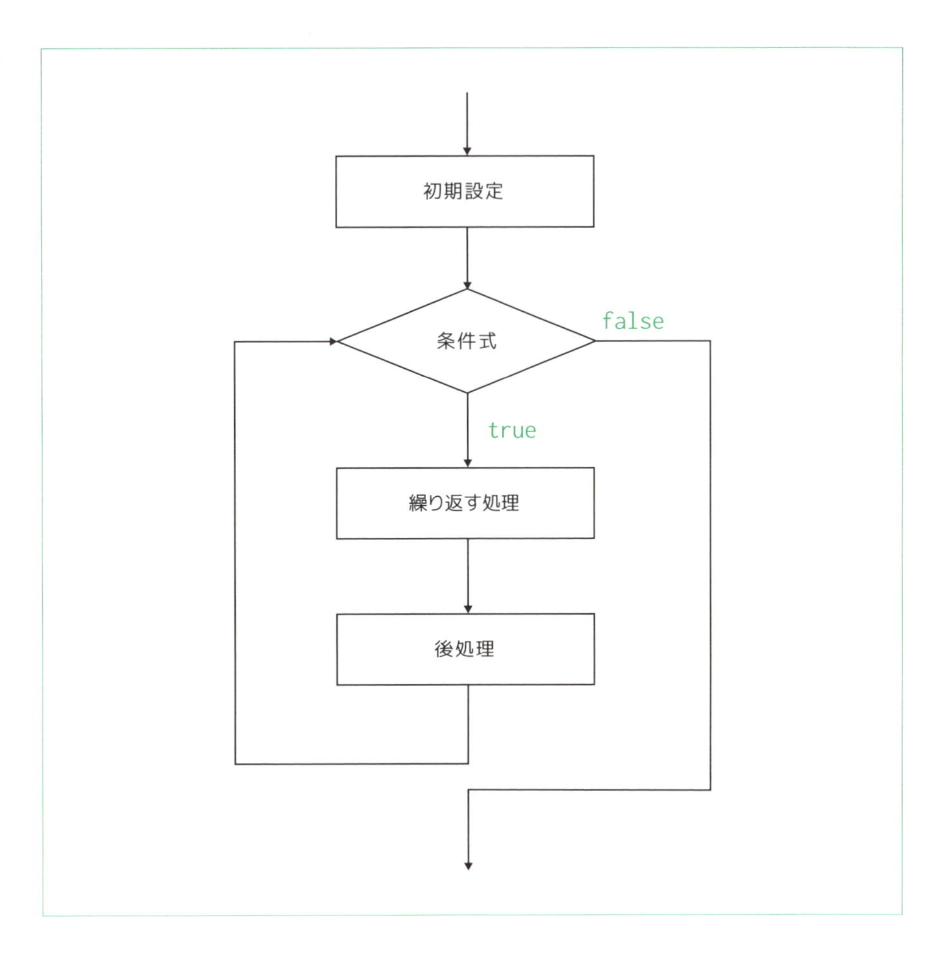

このfor文は、以下のwhile文と同じ機能を持っています。

```
前処理
while (条件式)
{
    繰り返す処理
    後処理
}
```

それでは、先ほどの昭和と西暦の対応表を出力するプログラムを、for文を使って書き直してみます。

リスト5-4
昭和と西暦の対応表出力プログラム（for文使用）

```
for (var year = 1; year <= 64; year++)
{
    var westernYear = year + 1925;
    Console.WriteLine($"昭和{year}年 {westernYear}年");
}
```

書式5-2で示したように、for文の()の中には、セミコロン（;）で区切られた3つの部分があります。リスト5-4の場合、最初の

```
var year = 1
```

が前処理（year変数に1を代入）の部分で、繰り返しの前に1回だけ実行されます。

2番目の

```
year <= 64
```

がループを繰り返すかどうかを判定する条件式です。この例では変数yearが64以下ならば{}の中が実行されます。

3番目の

```
year++
```

は、{}の中が実行された後に処理される後処理です。これにより変数yearがインクリメントされます。

この後処理が終わると、再びループを繰り返すかどうかの判定が行われます。条件式が真（true）ならば、{}の中が実行されます。条件式が偽（false）ならば、繰り返し処理が終わります。

5-3-1 for文で指定回数繰り返す

for文でよく使うのは、以下のようにn回と回数を指定して繰り返す処理です。

プログラミングの世界では、数を数えるのに1からではなく0から数える習慣があります（⇒p.62）。そのため、単にn回繰り返したい場合は、

```
for (var i = 1; i <= n; i++)
```

ではなく、

```
for (var i = 0; i < n; i++)
```

が好んで使われています。

n回の繰り返しはfor文を使うと便利と覚えておきましょう。

なお、0から始めるこの書き方は、第6章で示す配列の処理においても利用されています。そのときに再度、0から始める理由を説明します。もちろん、ループカウンターを1から始めた方が良い場合もあります。リスト5-4のコードも1から始めた方が自然ですし、後述する「5-5：2重ループ」で説明するコードも1から始めた方が良い例になっています。

以下に具体的なコード例を示します。

リスト5-5 for文で回数を指定した繰り返し

```
var n = 5;  ◀指定回数を設定
for (var i = 0; i < n; i++)  ◀これはn回繰り返すという慣用句
{
    Console.WriteLine($"i = {i}");
}
```

実行結果

```
i = 0
i = 1
i = 2
i = 3
i = 4
```

5-4 do-while文（最低1回は実行される繰り返し処理）

C#には、もうひとつ、繰り返しのための構文が用意されています。それが**do-while文***です。do-while文の書式を以下に示します。

書式5-3
do-while文
（⇒図5-6）

```
do
{
    条件式が真の間繰り返される処理  ◀最低1回は処理される
} while(条件式);
```

図5-6
do-while文の
処理の流れ

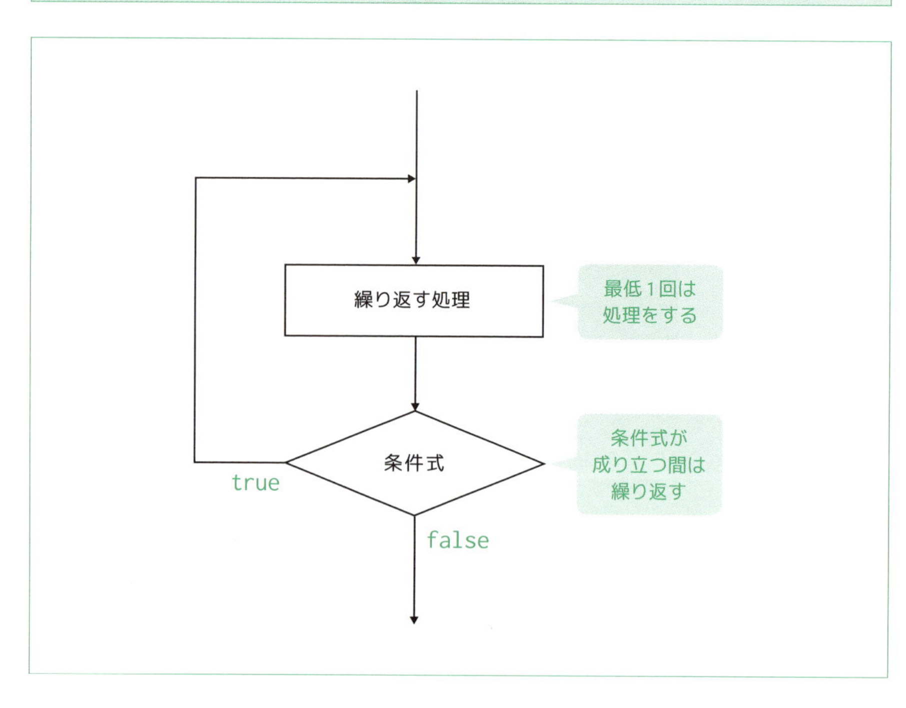

＊doキーワードとwhileキーワードを組み合わせて実現する文という意味で、ハイフンを入れて表記します。

このdo-while文が、while文やfor文と大きく異なっている点は、**{}ブロック内の処理が最低でも1回は実行される**という点です。while文やfor文では、ブロック内の処理がまったく処理されない場合もありますが、do-while文の場合は、そのようなことがありません。

do-while文を使ったコードを示します。このプログラムは、キーボードから文字列を入力してもらうプログラムですが、入力した文字列が空文字列ならば、入力の要求を繰り返します。つまり、何か文字列（空文字列以外）を入力するまでは繰り返しをするプログラムです。

リスト5-6
do-while文の例
（⇒図5-6）

```
var line = "";
do  ◀doブロックの中が繰り返す処理、最低1回は実行される
{
    Console.WriteLine("何か入力してください");
    line = Console.ReadLine();
} while (line == "");  ◀doブロックの処理が終わったら、繰り返しの条件チェックを行う
Console.WriteLine(line);
```


このコードでは、以下の実行例のように、最低1回はキーボードからの入力が行われます。

実行例

```
何か入力してください
⏎  ◀何も入力せず Enter
何か入力してください
⏎  ◀何も入力せず Enter
何か入力してください
Hello⏎  ◀Helloを入力して Enter
Hello
```

このdo-while文は、前の2つの繰り返し文に比べ、**利用する機会はかなり限られています**。実際、本書でもこれ以降do-while文は現れません。必ず1回は繰り返し処理が行われるdo-whileという特殊な文があるということだけ、頭の片隅に留めておいてください。

5-5 2重ループ

第4章では、if文の入れ子（ネスト）について説明しましたが、**繰り返し文も入れ子にすることができます。**

たとえば、掛け算の九九の計算を考えてみましょう。掛けられる数をxとすると、以下のようなコードを書けば、九九のプログラムが書けますね。

```
for (var x = 1; x <= 9; x++)   ◀1の段から9の段まで計算する
{
    x段の計算をする   ◀A
}
```

それでは、次に、x段の計算をどうやったら良いか考えましょう。

まずは、1の段の計算は、以下のとおりです。

1 × 1 = 1

1 × 2 = 2

1 × 3 = 3

1 × 4 = 4

1 × 5 = 5

1 × 6 = 6

1 × 7 = 7

1 × 8 = 8

1 × 9 = 9

掛ける数が1ずつ増えていくわけですから、forループで以下のように書けます。掛ける数はyとしました。

```
var x = 1;
for (var y = 1; y <= 9; y++)
```

```
{
    var n = x * y;
    Console.WriteLine($"{x} × {y} = {n}");
}
```

では、2の段も書いてみましょう。

```
var x = 2;
for (var y = 1; y <= 9; y++)
{
    var n = x * y;
    Console.WriteLine($"{x} × {y} = {n}");
}
```
Ⓑ

違いは、掛けられる数を2に変えただけです。3の段、4の段……9の段も同じようにに書けますから、xの値を1から9まで変化させ、Ⓑの処理を行えばよいわけです。つまり、このⒷのコードを先ほどのⒶで指し示した「x段の計算をする」のところに組み込んでやればよいのです。そのコードを示します。

リスト5-7
2重ループを利用した掛け算九九のプログラム

```
for (var x = 1; x <= 9; x++)
{
    for (var y = 1; y <= 9; y++)
    {
        var n = x * y;
        Console.WriteLine($"{x} × {y} = {n}");
    }
}
```

実行結果は、長くなるので最後の12行だけを示します。

実行結果

```
8 × 7 = 56
8 × 8 = 64
8 × 9 = 72
9 × 1 = 9
9 × 2 = 18
9 × 3 = 27
9 × 4 = 36
9 × 5 = 45
```

```
9 × 6 = 54
9 × 7 = 63
9 × 8 = 72
9 × 9 = 81
```

　このように、**for文の中にfor文が書かれているコードを2重ループ**といいます。この例ではfor文を使いましたが、**while文やdo-while文も文ですから、for文の中にwhile文を書くこともできますし、逆にwhile文の中にfor文を書くこともできます**。

　もちろん、ループを3つ4つと重ねることもできます。しかし、3つ以上ループを重ねてしまうと、とても理解しにくいプログラムになってしまいますから、**2重ループまでに抑える**よう心がけてください。

　ちなみに、**ループ処理の中にループ処理を書くことをループのネスト（入れ子）と言います**。

5-6 break文

ループ処理を書いていると、**処理の途中でループから脱出したい場合**があります。このようなときに使えるのが**break文**です(breakはキーワードです(⇒p.79))。**break文は、ループ処理を中断し、ループ処理の外側({}ブロックの外側)へ脱出する働きがあります**。言葉どおり「中断する」という意味ですね。

break文を使った例をお見せします。

リスト5-8
break文の例

```
for (var i = 0; i < 20; i++)
{
    var s = Console.ReadLine();
    if (s == "")
    {
        break;
    }
    Console.WriteLine(s);
}
Console.WriteLine("ループを終了しました");
```

ループのブロック
forループから抜け出す

実行例

```
hello⏎
hello
world⏎
world
⏎
ループを終了しました
```

helloを入力して Enter
worldを入力して Enter
Enter のみ(空文字列)

上のプログラムは、20回ループ処理をするようにfor文が書かれています。このループ処理の中では、文字列を入力した後、文字列が空文字列かどうかをチェックしています。空文字列ならば(何も入力せずに Enter キーが押されたら)、break文でループを中断し、for文の次のConsole.WriteLineの処理に移ります。空文字列でないなら、入力した文字列をそのまま表示して繰り返し処理を続けます。

break文は、for文だけでなく、while、do-whileなどどのループ処理でも利用す

ることができます。ループからの抜け出し方も同じです。

5-6-1 2重ループの中のbreak文

2重ループの中にbreak文があった場合は、そのbreak文を含んだ一番内側のループから抜け出します。

以下は、break文の動きを確認するためのプログラムです。

リスト5-9 break文の例（2重ループの中）

```
for (var i = 0; i < 10; i++)
{
    var x = 0;
    while (x < 20)
    {
        if (x == 5)
        {
            break;
        }
        x++;
    }
    Console.WriteLine($"whileループ終了 i={i} x={x}");
    if (i == 3)
    {
        break;
    }
}
Console.WriteLine("forループ終了");
```


実行結果

```
whileループ終了 i=0 x=5
whileループ終了 i=1 x=5
whileループ終了 i=2 x=5
whileループ終了 i=3 x=5
forループ終了
```

内側のwhileループでは、xが5のときにbreak文が実行され、whileループから抜け出します。つまり、Console.WriteLineでのxの値は常に5を表示することになります。2つ目のbreak文は、外側のforループから抜け出すことになります。iが3のときにこのbreak文は実行されますから、外側のループは、変数iが、0、1、2、3のときの計4回の繰り返しが実行されることになります。

5-7 continue文

continue文（continueはキーワード（⇒p.79））は、break文同様、for文、while文等の**ループ処理の中で利用されます**。break文同様、ループ処理の流れを変更するのに利用されますが、その動きは異なっています。

ループの中でcontinue文に出会うと、それ以降の処理をスキップし、処理がループの先頭に戻り、次の繰り返し処理が実行されます。breakはループを抜け出しますが、**continueの場合は、言葉どおりループ処理を「続け」ます**。

言葉だけではわかりにくいですから、continue文を使った以下のコードで説明します。

リスト5-10
continue文の例

```
for (var i = 0; i < 50; i++)
{
    if (i % 13 != 0)
    {
        continue;
    }
    Console.WriteLine($"{i}は13で割り切れる数です");
}
```

13で割って余りが0でないなら（=割り切れなければ）、ここでfor文の先頭に戻って処理を続ける

実行結果

```
0は13で割り切れる数です
13は13で割り切れる数です
26は13で割り切れる数です
39は13で割り切れる数です
```

上のサンプルプログラムでは、if文の条件式を満たす場合（13で割った余りが0でない場合）、continue文に出会うと、それ以降の処理（ここでは、Console.WriteLineの処理）がスキップされ、閉じ括弧 } まで処理が進みます。これでループの先頭に戻りますので、次のiに対しての処理が実行されます。

なお、リスト5-10のコードは、以下のように書いたのと同じことになります。

```
for (var i = 0; i < 50; i++)
{
    if (i % 13 == 0)
    {
        Console.WriteLine($"{i}は13で割り切れる数です");
    }
}
```

説明に利用したコードはとても簡単なコードでしたが、13で割り切れたときに行う処理がもっと長くて複雑な処理の場合は、**continue文を使うと、プログラムの入れ子が深くなりすぎるのを避けることができ、プログラムを読みやすくする**効果があります。

ただし、**whileやdo-whileで安易にcontinue文を使うと、無限ループになってしまう場合がありますので、注意してください。**

なお、**continue文は、break文と比べると使われる頻度はそれほど多くはありません。**

Q & A 「for (;;) ……」というコードの意味を知りたい

Q 以下のようなコードを見たのですが、これはどういう意味ですか？

```
for (;;)
{
    ⋮
}
```

A **for文の「初期設定」「反復条件」「後処理」は、文法上すべて省略可**となっています。これら**すべてを省略した場合は、処理を無限に反復する無限ループになります。**while文でも、以下のように書けば無限に処理が繰り返されます。

```
while (true)
{
    ⋮
}
```

しかし、本当に無限に処理を繰り返していては、いつまでたっても結果が出ないことになってしまいますから、こういったコードは、無限ループに見えて実は無限ループではない、というコードになっているのが普通です。
たいていは、以下のように**break文を使い、ループから抜け出すコードが書かれています。**

```
for (;;)
{
    ここで何らかの処理を行う（処理A）
    if (……)
    {
        break;
    }
    ここでもなんらの処理を行う（処理B）
}
```

上記コードのように、forブロックの中の処理Aと処理Bの間で、何かしらの条件のときに処理を抜け出したい場合や、ループの終了判断が複雑な場合に利用されているテクニックです。

5-8 難しい2重ループのコードを読んでみよう

ここまで読み進み、分岐処理と繰り返し処理を学んだ皆さんは、かなり込み入った処理を書いたり読んだりする知識を身に付けたことになります。ここで腕試しをしてみましょう。**プログラミングでは、論理的に考え処理を組み立てる力が必要**になります。ここで挙げるような、ループ処理と条件分岐が組み合わさったプログラムを読みこなすことは、その良いトレーニングになります。

リスト5-11は、ある利率で複利計算*したときに、元金10万円が10年後までに倍の20万円を超えるかどうかを確認しているプログラムです。利率は、1%、2%、3%、…… 9%、10%と10通りで計算しています。実際には利率がこれほど良いというのは考えにくいですが、あくまでもプログラムの例として見てください。

＊複利計算とは、毎期、増えた利子を元金に繰り入れて計算する方式です。

ちょっと複雑なコードですが、このコードを理解できるかどうか読んでみてください。急ぐ必要はありません。あわてずゆっくりと時間をかけて読んでみましょう。

なお、Console.WriteはConsole.WriteLineと同様の命令ですが、Console.WriteLineと異なり、文字列を出力した後の改行は行いません（⇒p.173）。

リスト5-11 2重ループとbreak文があるサンプルプログラム

```
for (var rate = 0.01m; rate <= 0.10m; rate += 0.01m)
{
    Console.Write($"rate={rate}: ");
    var sum = 100_000;
    for (var n = 1; n <= 10; n++)
    {
        sum += (int)(sum * rate);
        if (sum > 200_000)
        {
            Console.WriteLine($"{n}年後に200,000円を超えました。
                                                    ↳sum={sum}");
            break;
        }
    }
    if (sum <= 200_000)
```

0.01刻みで0.01（1%）から0.10（10%）まで繰り返している。
rateは、サフィックスmを付けているので、decimal型（⇒p.72）になる

アンダースコア"_"は、桁区切りの記号（⇒p.74）

```
    {
        Console.WriteLine($"200,000円を超えませんでした。sum={sum}");
    }
}
Console.WriteLine("ループを終了しました");
```

実行結果

```
rate=0.01: 200,000円を超えませんでした。sum=110459
rate=0.02: 200,000円を超えませんでした。sum=121896
rate=0.03: 200,000円を超えませんでした。sum=134388
rate=0.04: 200,000円を超えませんでした。sum=148021
rate=0.05: 200,000円を超えませんでした。sum=162886
rate=0.06: 200,000円を超えませんでした。sum=179080
rate=0.07: 200,000円を超えませんでした。sum=196710
rate=0.08: 10年後に200,000円を超えました。sum=215887
rate=0.09: 9年後に200,000円を超えました。sum=217185
rate=0.10: 8年後に200,000円を超えました。sum=214358
ループを終了しました
```


5-8-1 複雑な2重ループはどうやって理解する？

どうでしたか？ このプログラムが理解できましたか？ もし、理解できなかったとしてもがっかりすることはありません。ベテランのプログラマーでも、このコードを眺めてすぐに理解するなんてことはできません。

プログラムコードを理解するには、なんとなく漠然とコードを眺めているだけではだめです。**1行1行、何をやっているのかをしっかりと理解しながら読む必要があります**。なお、このとき大切なのが、一度に全部を理解しようとするのではなく、**小さな部分に分割し理解していく**ことです。これが、複雑なコードを理解するコツです。

どのように理解するのか、その一例を示しますので参考にしてください。

今回のコードでは、まずは内側のfor文だけを理解するようにすることです。このとき、rateの値は0.01の固定であると見なして、内側のfor文を読んでください。つまり、以下のコードを理解するのです。

```
var rate = 0.01m;  ◀ rateの値は0.01の固定と見なす
var sum = 100_000;
```

```
for (var n = 1; n <= 10; n++)
{
    sum += (int)(sum * rate);   小数点以下は切り捨て
    if (sum > 200_000)
    {
        Console.WriteLine($"{n}年後に200,000円を超えました。sum={sum}");
        break;
    }
}
```

このコードは、利率が1%（＝0.01）のときの10年分の複利計算を行っていますから、以下のようにsumの値が増えていきます。

1年後：100000円 + (100000円 * 0.01) = 101000円
2年後：101000円 + (101000円 * 0.01) = 102010円
3年後：102010円 + (102010円 * 0.01) = 103030円
4年後：103030円 + (103030円 * 0.01) = 104060円
⋮ ⋮

ただし、20万円を超えた時点で、break文でループ処理を止めています。break文は、そのbreakを含んだ一番内側のループから抜け出しますから、上記のif文の中のbreak文が実行された場合は、2重ループの内側のこのfor文から抜け出すことになります。実行結果からも外側のfor文は中断されていないことがわかります。

このfor文が難しいと感じたならば、さらに内側のコードだけに集中します。

```
sum += (int)(sum * rate);
if (sum > 200_000)
{
    Console.WriteLine($"{n}年後に200,000円を超えました。sum={sum}");
    break;
}
```

この短いコードだけならば、何らかの計算でsumの値を求め、その計算結果が200000を超えていたら、メッセージを表示後、break文でループから抜け出していることがわかると思います。

sumの値は、現在のsumの値にrateを掛けて利息を計算し、現在のsumの値に加えて新たな値としています。このとき、sum * rateの値をint型にキャストする（⇒p.95）ことで小数部は切り捨てています。

つまり、rateが0.01のときは、内側のforループ処理で、sumの値は以下のように増えていくことになります。

```
1回目のループのsumの値：100000 + (int)(100000 * 0.01) = 101000
2回目のループのsumの値：101000 + (int)(101000 * 0.01) = 102010
3回目のループのsumの値：102010 + (int)(102010 * 0.01) = 103030
4回目のループのsumの値：103030 + (int)(103030 * 0.01) = 104060
    ⋮                    ⋮                ⋮
```

この計算を10回繰り返すのですが、もし途中でsumの値が200000を超えた場合は、次の2行で、メッセージを出力し、break文で繰り返しを中断します。

```
Console.WriteLine($" {n}年後に200,000円を超えました。sum={sum}");
break;
```

これが、内側のループの処理です。

内側のループ処理が終わると、以下のif文を実行します。

```
if (sum <= 200_000)
{
    Console.WriteLine($" 200,000円を超えませんでした。sum={sum}");
}
```

break文でループを終えた場合は、sumの値は200000を超えていますので、「200,000円を超えませんでした。sum=……」のメッセージが出力されることはありません。つまり、「200,000円を超えませんでした。sum=……」のメッセージが出力されるのは、途中で繰り返しを中断せずに、10回の繰り返しが行われた場合のみということになります。

ここまで理解できれば、外側のループ処理も含めた全体のコードが何をやっているかが理解できると思います。

もし、理解が不十分だと感じたら、実際にVisual Studioのデバッグ機能を使い、1ステップずつ実行（⇒p.131）し、rate、n、sumの値がどう変化するのかを確認してください。そして、(sum > 200_000)が成立したときに、何が起こるかも確認してください。地味な作業かもしれませんが、これはとても大切なことです。急がば回れとよく言われますが、これはプログラミングにおいても当てはまります。このような作業をいやがらずにやるかやらないかがプログラミングの上達にも大きく影響してきます。

ド・モルガンの法則（ちょっと高度な話題）

ちょっと高度な話題になりますが、AND演算子（&&）とOR演算子（||）を使った条件式とともに覚えてほしいのが「ド・モルガンの法則」です。

「ド・モルガンの法則とは、論理学や集合論で使われる定理の一種で、論理積、論理和の否定に関する関係を示す定理のこと」* です。ちなみに、論理積（AND）は「かつ」という意味を表し、C#の演算子では&&になります。論理和（OR）は「または」という意味を表し、C#の演算子では||になります（⇒p.113）。否定を表す演算子はC#では!になります（⇒p.114）。

＊出典：IT用語辞典バイナリ（https://www.sophia-it.com/content/ド・モルガンの法則）

［ド・モルガンの法則］

条件AとBがあるとき、次のような関係式が成立する。

NOT (A AND B) = NOT(A) OR NOT(B) ……❶

NOT (A OR B) = (NOT A) AND (NOT B) ……❷

上の2つの関係式は、C#風の書き方にすると以下のようになります。AとBはbool型の値を持つ式を表します。

```
!(A && B) == !A || !B      ……❶
!(A || B) == !A && !B      ……❷
```

つまり、AND（&&）**を使った条件式をOR（||）を使った条件式に変換することができる**ということです。逆に、OR（||）**を使った条件式をAND（&&）を使った条件式に変換することも可能**です。

この変換の手順は以下のようになります。

［ド・モルガンの法則の適用手順］（⇒図5-7）

1. AとBを否定形にする（否定の否定は肯定になる）
2. 「AND（&&）」ならば「OR（||）」に変換、「OR（||）」なら「AND（&&）」に変換する
3. 全体を否定する（否定の否定は肯定になる）

図5-7 ド・モルガンの法則の適用手順

	!(A && B)	!A || !B
1	!(!A && !B)	A || B
2	!(!A || !B)	A && B
3	!A || !B	!(A && B)

	!(A || B)	!A && !B
1	!(!A || !B)	A && B
2	!(!A && !B)	A || B
3	!A && !B	!(A || B)

それでは、具体的な例で考えてみましょう。たとえば、以下のように営業日を定めたとします。

営業日：月から金 かつ 祝祭日以外

では、定休日はどのような表現になるでしょうか？ 定休日は営業日以外（つまり、営業日の否定）ですから、

定休日：（月から金 かつ 祝祭日以外）ではない日

となります。ド・モルガンの法則の❶を使えば、これを以下のように書き換えることができます。

定休日：（月から金）以外 または 祝祭日

つまり、

定休日：土日 または 祝祭日

となります。このような身近な例だとあまりにも当たり前すぎて、ド・モルガンの法則を使うありがたみがわからないかもしれませんね。

もうひとつ例を挙げましょう。今度は、以下に示すC#の複雑な条件式を書き換えてみましょう。

```
if ((num % 3 != 0 || num % 5 != 0) == false)
```

先ほどの手順を踏んで、このコードも書き換えてみます。

まず条件式だけ抜き出します。

```
(num % 3 != 0 || num % 5 != 0) == false
```

それぞれの条件式を否定形にします。

```
(!(num % 3 != 0) || !(num % 5 != 0)) == false
```

非等値演算子（!=）は、それがかかわる要素の等値関係を否定しているということですから、!(num % 3 != 0)と!(num % 5 != 0)は否定の否定になっています。否定の否定は肯定ですから、次のように変形できます。

```
(num % 3 == 0 || num % 5 == 0) == false
```

次に、OR（||）をAND（&&）に変更します。

```
(num % 3 == 0 && num % 5 == 0) == false
```

最後に、全体を否定します。「== false」は否定を意味していますから、これを「== true」に置き換えます。

```
(num % 3 == 0 && num % 5 == 0) == true
```

通常、== trueは省略できます（⇒p.111）から、

```
(num % 3 == 0 && num % 5 == 0)
```

が求める条件式になります。

最終的には、以下のようなコードになります。

```
if (num % 3 == 0 && num % 5 == 0)
```

プログラミングを学びたての段階では、この法則を使う機会は少ないかもしれませんが、ぜひ、ド・モルガンの法則を覚えておいてください。きっと実際の開発で役に立つはずです。他の人が書いた複雑な条件式もド・モルガンの法則を使って書き換えてみたら、実はわかりやすい条件式だったなんてこともあるかもしれません。

確認・応用問題

Q1 負の数が入力されるまで、キーボードから繰り返し数値を入力するプログラムを書いてください。入力された数値は、最後の負数も含め画面に表示してください。

Q2 キーボードから10行入力し、その文字列の中で、一番長い文字列を表示するプログラムを書いてください。

ヒント 文字列の長さは、変数`line`に文字列が入っているとした場合、`var len = line.Length`で取得することができます（⇒p.76）。

Q3 1から500までの整数で、「3か7で割り切れて、かつ奇数である数」がいくつあるかをカウントし、その数を出力するプログラムを、`for`文を使って書いてください。

Q4 数値をキーボードから複数入力し、その数値の合計を求めるプログラムを書いてください。ただし、以下の条件に従ってください。

[条件]

- 1つの`Console.ReadLine()`で、1つの数値を入力するものとする
- 扱う数値は`double`型とする
- `0`以下の数値が入力された時点で、データの入力は終了するものとする
- `break`文を必ず使う

Q5 以下のように表示するプログラムを書いてください。なお、何行表示するかは、はじめにキーボードから入力するものとします。また、以下の条件に従ってください。

```
*
**
***
****
*****
```

[条件]

- 繰り返し処理の中に繰り返し処理が入る、2重ループ構造とする
- 繰り返し処理には`for`文を使う
- 出力する文字列は、`+`演算子を使って連結させる

第6章

配列

この章では、繰り返し処理と密接な関係にある配列について学習しましょう。
今までは、単体の単純な「箱」のイメージのデータ/変数を扱ってきましたが、配列を使うと、複数の値をまとめて取り扱うことができるようになります。
配列は、プログラミングを理解するうえでの重要なポイントの1つです。配列が使えるようになると、よりプログラミングの幅が広がります。しっかりと自分のものにしてください。

6-1 配列の基礎

6-1-1 配列を使わない例

配列の勉強をする前に、今までの知識でプログラミングをするとどうなるのかやってみて、それから、そのコードの問題点について考えてみましょう。

たとえば、5人分のテストの点数（65点、54点、78点、96点、81点）をプログラムで扱いたいとします。このとき、5人の平均点を求めるにはどうすれば良いでしょうか？ これまで学んだ知識で書くとすると、以下のようなコードになるでしょうか。

リスト6-1
配列を使わない例

```
int score1 = 65;
int score2 = 54;
int score3 = 78;
int score4 = 96;
int score5 = 81;
var total = score1 + score2 + score3 + score4 + score5;
var average = (double)total / 5;
Console.WriteLine("平均点: {0}", average);
```

実行結果

```
平均点: 74.8
```

では、扱う人数が10人に増えたらどうでしょうか？

上と同じように書けば、行数は増えますがなんとかプログラミングすることができますね。しかし、40人、50人と増えたらどうでしょうか？

さすがに、50人分のテストの点数を記憶しておくのに50個の変数を用意するのでは大変ですし、間違いも入り込みやすくなります。そもそも、似たようなコードをだらだらと書き続けるのは賢いやり方とは言えません。

こんなときには配列を使うと、すっきりとしたコードを書くことが可能になります。

6-1-2 配列とは？

配列とは、複数の要素をまとめて管理するために用意されている**データ構造***です。この配列も変数を宣言して利用します。1つの変数に配列を割り当てることで、1つの変数名で複数の要素を扱えるようになります（⇒図6-1）。

6

図6-1
配列のイメージ

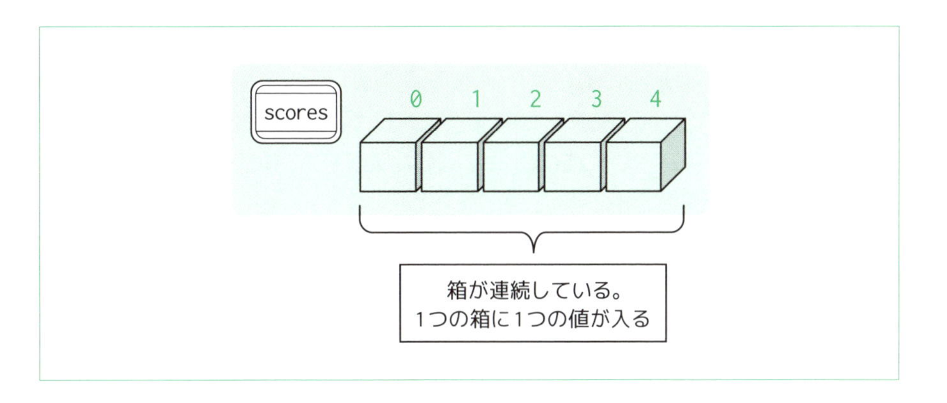

*「データ構造」とは、複数のデータの集まりをプログラムで処理しやすいように、ある形式で格納したものを言います。配列や第12章で説明する「リスト」もデータ構造のひとつです。データをどのような形式で格納するかによって、プログラムの処理速度も影響を受けます。

配列は、メモリ上にデータを格納する箱が複数連続していて、それに`0`、`1`、`2`、`3`……と`0`から始まる連番が振られているイメージです。この1つ1つの箱の中に1つの値が入ります。配列に入っているそれぞれの値を**（配列の）要素**と呼びます。

6-1-3 配列の宣言と初期化

配列も、通常の変数のように、プログラマーが名前を付け、その変数名を使って値の代入や取り出しを行います。

`int`型の値が入る配列の宣言と初期化の例を以下に示します。

```
var scores = new int[] { 65, 54, 78, 96, 81 };
```
int型の配列を用意

この場合、scoresが配列変数の名前です。通常の変数の初期化同様、varキーワードを使い、変数を宣言しています。

int[]がint型の配列を表している部分です。**型名に続けて[]を書くことで配列を表します**。double型ならば、double[]、string型ならば、string[]となります。**配列も型のひとつ**であり、変数scoresの型は、int[]型になります。

newというキーワード（new演算子と言います）は配列を確保しなさいという意味です。

{ 65, 54, 78, 96, 81 }が配列のデータを表しています。この場合は、5つの要素を持つ配列になります。

ですから、以下のように書けば、7つの要素を持つ配列になります。

```
var scores = new int[] { 65, 54, 78, 96, 81, 49, 70 };
```

配列の場合は、=の右側が複雑になっていますが、右辺に初期化したい値を書くという部分は、int型やstring型の変数の宣言/初期化と基本的な構造が同じですね。以下の整数や文字列の変数を宣言/初期化するコードと比べてください。

```
var num = 100;
var str = "hello";
```

要素の数が多いときには、以下のように途中で改行することもできます。

```
var scores = new int[]
{
    65, 54, 78, 96, 81, 49, 70, 95, 45, 24,
    41, 56, 75, 54, 97, 83, 55, 60, 41, 31
};
```

配列の宣言と初期化の書式は以下のようになります。

書式6-1
配列の宣言と初期化

```
var 変数名 = new 型名[] { 値1, 値2, 値3, …… };
```

ちなみに、

```
var scores = new int[7] { 65, 54, 78, 96, 81, 49, 70 };
```

と、要素数を明示することもできますが、あえて、要素数を明記する必要はありません。

6-1-4 配列から要素を取り出す

＊「アクセス」とは、コンピューターが持つデータを読み書きすることで、よく用いられる言葉です。

配列の宣言と初期化が理解できたところで、今度は配列の各要素にアクセスする＊方法について説明しましょう。

配列の各要素にアクセスするには、変数名と何番目の要素なのかを指定することになります（⇒図6-2）。

図6-2 配列の要素の指定

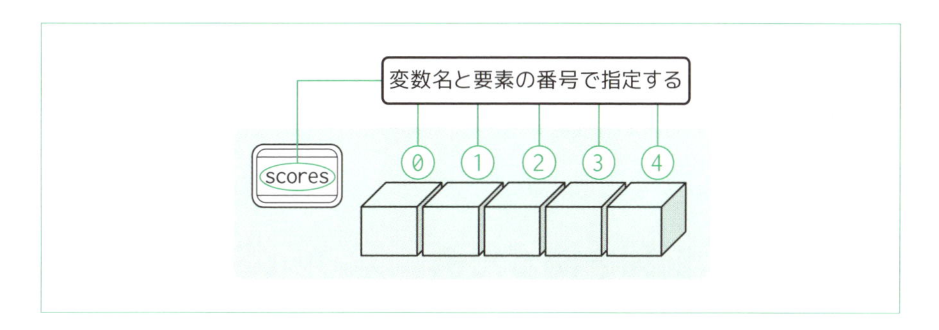

具体的には、**変数名の後ろに[]を付けて、そこに配列の要素が入っている箱の番号を書く**ことで、配列の各要素にアクセスできます。

この番号は**インデックス**と言います（**添え字**とも言います）。他の多くの言語同様、**インデックスは0から始める**約束になっています（⇒p.136）。

配列の要素を取り出すには以下のように書きます。

```
var scores = new int[] { 65, 54, 78, 96, 81 };
var p0 = scores[0];   0番目の要素をp0に代入
var p4 = scores[4];   4番目の要素をp4に代入
```

2行目では、scores配列の0番目の要素をp0に代入しています。ここに挙げた例では、p0には65が代入されます。3行目では、scores配列の4番目の要素をp4に代入しています。p4には81が代入されます（⇒次ページ図6-3）。

各要素の型はすでにintと指定されているので、要素を受け取る変数にも、具体的な型名の代わりにvarを使うことができます。つまり、変数p0と変数p4ともに

int型の変数となります。

図6-3
配列から要素を取り出す

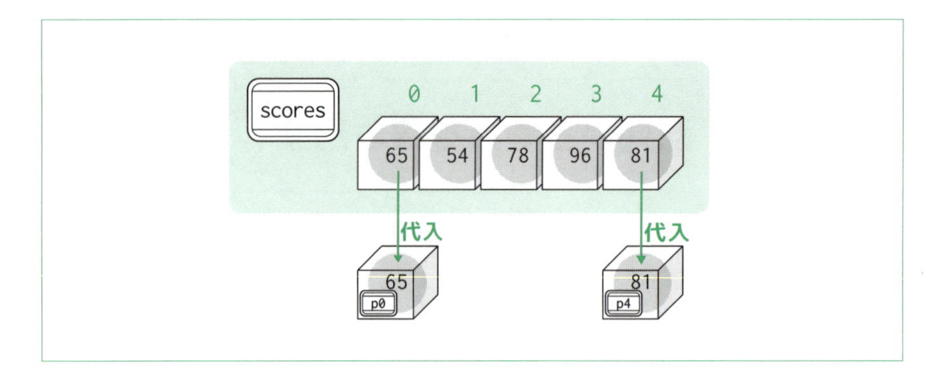

なお、p0、p4に値を代入しても、scores[0]、scores[4]に**格納されている値はそのまま残っている**ことに注意してください。これは、第3章で学んだ通常の変数の代入（⇒p.90）と同じですね。

6-1-5 配列を使った例

それでは、配列を使った具体的なコードを見てみましょう。リスト6-1と同じ結果が得られるコードです。

リスト6-2
配列を使った例

```
var scores = new int[] { 65, 54, 78, 96, 81 };
var total = scores[0] + scores[1] + scores[2] + scores[3] + scores[4];
var average = (double)total / 5;
Console.WriteLine("平均点: {0}", average);
```

実行結果

```
平均点: 74.8
```

変数名に続けて[0]や[2]などと書くことで、配列の要素を取得できることがわかれば、それほど難しいコードではありませんね。

6-2 配列とfor文の繰り返し処理

リスト6-2のコードをもう一度よく見てみましょう。5人分の点数を扱うにはこれで十分かもしれませんが、やはり、30人、40人の点数を扱うとすると、配列のインデックスを0、1、2、3……と1つずつ増やしていって、+演算子で配列のすべての要素を足さないといけません。スマートな方法ではありませんね。

「0、1、2、3……と1つずつ増やして」と聞いて思い出すことはありませんか？第5章で学んだ繰り返し処理（⇒p.126）ととてもよく似ていますよね。配列の要素の数だけ足し算をするわけですから、for文による繰り返し処理（⇒p.134）が使えそうです。さっそく書き換えてみましょう。

リスト6-3 配列とfor文の繰り返し処理

```
var scores = new int[] { 65, 54, 78, 96, 81 };
var total = 0;    ← totalの初期値は0
for (var i = 0; i < 5; i++)
{
    total += scores[i];    ← 配列の0番目から4番目の要素を順に足している
}
var average = (double)total / 5;
Console.WriteLine("平均点: {0}", average);
```

実行結果

```
平均点: 74.8
```

これまで学んだことを組み合わせることで上記のコードは理解できるはずですが、簡単に説明しておきましょう。

まず、配列scoresを初期化した後、変数totalを0で初期化しています。

次のfor文で配列の各要素の合計を求めています。

for文の最初で、ループカウンターiが0に初期化されていますので、最初の繰り返し処理では、以下の行が実行されます。

```
total += scores[0];
```

つまり、変数totalには65が入ります。次の繰り返し処理では、ループカウンターiに1が加算され、値が1になりますから、

```
total += scores[1];
```

が実行されます。つまり、totalには、65 + scores[1]の結果（119）が入ります。

これをi < 5の間繰り返しますので、最後に

```
total += scores[4];
```

が実行され、scores[0]からscores[4]までの計5つの要素の合計が、totalに入ることになります。

ループから抜けると、totalには、要素の合計が入っていますので、これを5で割れば、平均点が求まることになります。

「for文のループカウンターが、1ではなく0から始まるのが、なんかしっくりこないなー」と思った方もいるかもしれません。しかし、ループカウンターを1から始めると、

```
var total = 0;
for (var i = 1; i <= 5; i++)   ◀ループカウンターを1から始める
{
    total += scores[i-1];   ◀配列のアクセスが面倒！
}
```

と書かなくてはなりません。いちいちインデックスを-1しないといけませんから、間違いを犯しやすくなります。それに、コンピューターに無駄な計算をさせることになってしまいます。

そのため、**for文を使って配列にアクセスする場合は、ループカウンターは0から始めるのが鉄則**になっています。また、**配列を利用する場合でなくても、n回繰り返す処理**（たとえば第5章で挙げたような例）**を書く場合は、特別な理由がない限り、ループカウンターは0から始めるようにします。**

6-2-1 配列の要素数

リスト6-3では、ループ回数を指定するのに、数値リテラル（⇒p.73）の5を使っていました。しかし、配列の要素数が変わるたびに、5を別の値に変更するのは面倒です。変更を忘れてしまうかもしれません。

でも、for文を次のように書ければ、この問題は解決ですね。配列の要素数が変わっても、scores配列の要素の数だけ繰り返すコードになります。

```
for (var i = 0; i < scores配列の要素数; i++)
```

配列には、ちゃんとこのような機能が用意されています。それが、**配列のLengthプロパティ**（プロパティは「（そのものが持つ）特質、特性」といった意味）です。Lengthプロパティを使うと、配列の長さ（つまり、要素数）を取得することができます。

具体的には、上の「***scores配列の要素数***」の個所を**scores.Length**と変更するだけです。これでscores配列の要素数を取得することができます。

そのコードをリスト6-4に示します。

リスト6-4 for文の繰り返し処理に配列のLengthプロパティを使ったコード

```
var scores = new int[] { 65, 54, 78, 96, 81 };
var total = 0;
for (var i = 0; i < scores.Length; i++)   ←これなら、配列の要素がいくつになっても対応できる
{
    total += scores[i];
}
var average = (double)total / scores.Length;   ←平均を求めるときもLengthプロパティを使う
Console.WriteLine("平均点: {0}", average);
```

リスト6-4で変更したのは、太字で強調した2カ所です。for文ではLengthプロパティの数（つまり、scores配列の要素数）だけループして、順に要素の値を加算しています。平均を求める式でも、合計をLengthプロパティで割って平均を出しています。

このようにLengthプロパティを使えば、配列の要素数を5から20に変更した場合でも簡単に対応が可能です。最初の行の初期化データを書き換えるだけで対応することができます。

6-3 初期化を伴わない配列の宣言

先ほどの例は、配列の宣言をする際に初期化も行う例でしたが、場合によっては、**宣言時に配列の要素の値が決まらない**ことがあります。たとえば、キーボードから入力した値を配列に格納したい場合などです。

その場合には、宣言だけを最初に行っておき、後から要素を入れることになります。

では、どのように宣言するかというと、以下のように書きます。

```
int[] nums;                ……❶
```

これで、int型のデータが入るnumsという名前の**配列を宣言**したことになります。

ただし、これだけでは配列を使うことはできません。**いくつの要素が配列に入るのかを**次のように**明示する必要があります**。この点は、初期化を同時に行う方法とは異なります。

```
int[] nums;                ……❶
nums = new int[10];        ……❷
```

これで、numsは10個の要素（インデックスが0から9）が入る配列として利用できるようになります。newは、先ほども出てきました（⇒p.160）が、配列の要素を割り当てるときの演算子です。

なお、通常は、❶と❷をまとめて、

```
var nums = new int[10];
```

と1行で書くのが一般的です。=の右辺を見れば、int型の配列ということがわかりますから、通常の変数のときと同じように、varキーワードを使うことができます。

書式6-2
要素の内容が未定の場合の配列の宣言

```
var 変数名 = new 型名[要素数];
```

int以外の他の型の配列の場合も同様です。double型やstring型の配列を使いたい場合には、以下のように書きます。

```
var weights = new double[5];
```

```
var names = new string[20];
```


Q & A Console.WriteLineで波括弧を出力するには？

Q Console.WriteLineで波括弧（{と}）を出力したいのですが、どうやったら良いですか？

A **波括弧を2つ続ける**ことで出力することができます。以下にその例を示します。

```
var value = 1234;
Console.WriteLine($"{{value}}: {value}");
```

実行結果

```
{value}: 1234
```

6-4 配列要素に値を設定する

初期化をせずに配列を宣言した場合は、後から配列に値を設定することになります。配列に値を設定するのはとても簡単です。その例を示します。

```
scores[0] = 61;
```

説明するまでもないですね。この行が実行されると、scores配列の0番目の要素が61に設定されることになります。

それでは、配列要素に値を設定する例として、キーボードから入力した10個の数値を配列に入れ、その合計を求めるコードを書いてみましょう。ここでも、配列の要素に順に値を入れていくのに、**forループとscores.Lengthの組み合わせが使えます**。

リスト6-5 配列要素に値を設定する

```
// 10個の数値を配列に格納
var scores = new int[10];  ◀10個の要素が入る配列を用意
for (var i = 0; i < scores.Length; i++)
{
    var line = Console.ReadLine();  ◀コマンドプロンプトの画面から文字列を入力
    var number = int.Parse(line);  ◀文字列を数値に変換する（⇒p.96）
    scores[i] = number;  ◀変換した数値を配列に格納
}
// 配列に格納された10個の数値の合計を求める
var total = 0;
for (var i = 0; i < scores.Length; i++)
{
    total += scores[i];
}
Console.WriteLine("合計: {0}", total);
```

ここで、「10、20、30 ……」と入力されたとします。そのときの結果は以下のようになります。

実行例

コメントで示したように、このコードは、「配列に要素を格納する」部分と「配列の要素を参照する」部分の2つに分かれています。こういう場合は、一度にすべてを理解しようとするのではなく、まずは前半部分を理解し、それが終わったら後半部分を理解するようにしてください。

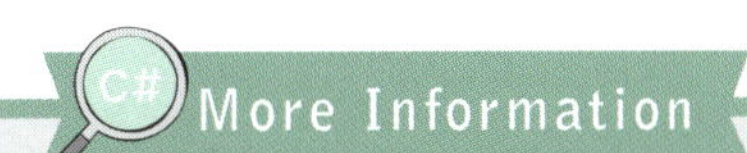

配列はメモリ上にどのように確保されるのか？

以下はリスト6-4の配列の初期化のコードです。これが実行された後の、メモリの様子を示したのが図6-4です。

```
var scores = new int[] { 65, 54, 78, 96, 81 };
```

図6-4 配列初期化後のメモリの様子*

＊図では、他の数値と紛らわしいので、番地（アドレス）の数値は斜体にしてあります。以降も同様です。

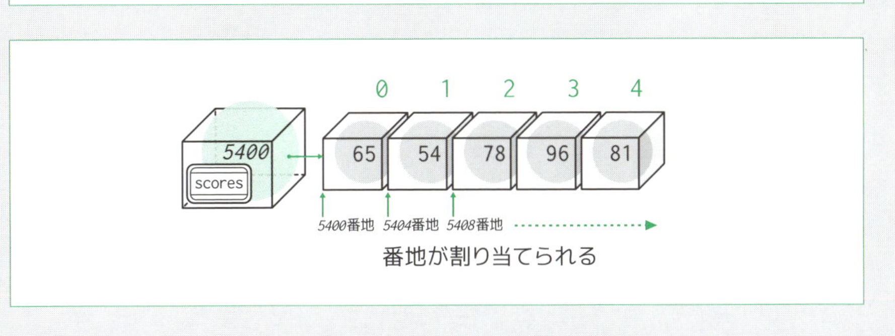

図6-4からわかるとおり、**scores変数は配列そのものではありません**。メモリの中に要素を5つ持つ配列が確保され、その**先頭アドレスが、変数scoresに設定されます**。アドレスとはメモリに割り振られた番地のことです。この番地により、間違いなくメモリの特定の場所にアクセスすることができます。

たとえば、5400番地にこの配列が確保されていたとしたら、scores変数には5400という値が入っています。int型のサイズは4バイトですから、各要素の値は、5400番地、5404番地、5408番地、5412番地と順にメモリに入ります。

アドレス	入る値	インデックス
5400	65	0
5404	54	1
5408	78	2
5412	96	3
5416	81	4

ここから、配列のインデックスが0から始まる理由が見えてきます。

インデックスは、先頭アドレス（5400番地）から正の方向にどれだけ離れた場所にあるかを示すものなのです。つまり、scores[0]は先頭アドレスから0だけ離れた場所（先頭アドレスそのもの）ということになります。scores[2]は先頭アドレスから型2つ分のサイズ離れた場所にあるということになります。

インデックス	アドレスの計算	アドレス	値
0	5400 + (4 * 0)	5400	65
1	5400 + (4 * 1)	5404	54
2	5400 + (4 * 2)	5408	78
3	5400 + (4 * 3)	5412	96
4	5400 + (4 * 4)	5416	81

6-5 foreach文を使った繰り返し処理

配列の各要素を順番にアクセスする方法として、for文を説明しましたが、C#には、**foreach文**というとても便利な構文が用意されています。foreach文は、**配列など**（配列以外のものについては、p.173のコラムや第12章で説明しています）**に対してこれまでのfor文と同様の目的で使え、しかも書き方が簡単**になっています。

リスト6-4のプログラムをforeach文を使って書き直すと次のようになります。

リスト6-6
foreach文で配列の各要素にアクセスする（1）

```
var scores = new int[] { 65, 54, 78, 96, 81 };
var total = 0;
foreach (var p in scores)   ◀ foreachで配列の要素を1つずつ取り出す。pはint型
{
    total += p;   ◀ 取り出した要素をtotalに足し込む
}
var average = (double)total / scores.Length;
Console.WriteLine("平均点: {0}", average);
```

今回、新たに出てきたforeach文の書式を次に示します。

書式6-3
foreach文

```
foreach (型 変数名 in 配列名)
{
    ⋮
}
```

配列の中から、要素を1つずつ取り出し、取り出した要素を指定した変数に入れ、処理を繰り返します。上のリスト6-6のforeach文の場合だと、以下のような動作になります。

1. 配列scoresから次の要素（最初は先頭の要素）を1つ取り出し、int型の変数pに入れる
2. 取り出したpに対して{}の中の処理を行う。ここでは、total += p; を実行する
3. 「1」～「2」を要素がなくなるまで繰り返す

for文に比べて、foreachの方が随分とすっきりしていますよね。for文ではLengthプロパティを使ってループ回数を指定するなどの工夫をしましたが、foreachではそれさえ不要になっています。foreach文には以下の特長があり、間違えにくいコードを書くことが可能になっています。

[foreach文の特長]

- **配列の各要素にアクセスするためのインデックスが不要**
- **何回繰り返すかについても、プログラマーは意識する必要がない**

先ほどの例では、int型の配列に対してforeach文を使っていましたが、他の型の配列であっても同様に利用することができます。たとえば、numbersという配列がdouble型ならば、foreachで取り出す要素もdouble型になります。

リスト6-7 foreach文で配列の各要素にアクセスする(2)

```
var numbers = new double[] { 10.5, 8.3, 4.5, 9.0 };
foreach (var num in numbers)  ← numはdouble型
{
    Console.WriteLine(num);
}
```

実行結果

```
10.5
8.3
4.5
9
```

double型であっても、小数点以下の数字がない場合には、「.0」は表示されません。

ちなみに、リスト6-6、リスト6-7のコードの変数pや変数numは、読み取り専用になります。そのため、次のようにループの中で値を変えることはできません。

```
✕ foreach (var num in numbers)
{
    num *= 2;  ← コンパイルエラー。取り出したnumは変更できない
```

```
    Console.WriteLine(num);
}
```

必要なら、別の変数を用意してそれに値を代入します。

More Information

配列以外にもforeach文は使える

foreach文の面白いところは、配列以外でも使えるということです。

具体的には、リストやディクショナリなどの**コレクションデータ**（配列と同様、複数の要素を格納できる型）**に対してforeach文が使える**のですが、これらを解説するには、まだまだ説明しなければいけないことがたくさんあるので、今は、配列以外の複数の要素を格納できるデータでもforeach文が使えるということだけ覚えておいてください（「リスト」については第12章で説明します。foreach文の使い方も紹介します）。

文字列に対してもforeach文を使うことができます。以下にその例を示します。

リスト6-8 文字列に対してforeach文を使った例

```
var str = "abcdefg";
foreach (var ch in str)
{
    Console.Write($"{ch} ");
}
Console.WriteLine();
```

文字列に対してforeachを使うと文字を1文字ずつ取り出せる。変数chはchar型

最後に改行だけを行う

実行結果

```
a b c d e f g
```

文字列strから、1文字ずつ取り出し、それをchというchar型の変数に入れ、Console.Write命令を繰り返しています。

Console.Writeは、Console.WriteLineと同様、続く()の中で指定した文字列をコマンドプロンプトの画面に出力する機能を持っています。違いは、Console.Writeは**最後に改行しない**点です。そのため、実行結果のように、出力された文字列は改行されずに1行で表示されることになります。

最後の行のConsole.WriteLineは、値を与えないで呼び出しています。これで改行だけを行うことができます。

2次元配列

これまでは、数字や文字列が一列に並んだ配列について説明してきました。これを**1次元配列**と言います。

対して、2次元配列、3次元配列といった**多次元配列**を扱うことも可能です。**次元とは、空間の広がりを表す**用語で、直線は1次元、平面は2次元、立体は3次元です。C#の配列もこれをイメージしてもらえればよいでしょう。1次元配列はデータが一直線に並んだものです。2次元配列はオセロ盤のような平面上にデータが配置されたもの、3次元配列は2次元配列が縦に積み重なった立体的な形式の配列です。

ここでは、図6-5のような形式の**2次元配列**について説明しましょう。行と列がある表の形式をイメージしていただけばわかりやすいと思います。

図6-5 2次元配列のイメージ

	0	1	2
0	1	2	3
1	4	5	6
2	7	8	9
3	10	11	12

6-6-1 初期化を伴わない宣言をする場合

行数（縦）が4、列数（横）が3の大きさ（4行×3列）の2次元配列を宣言（メモリに確保）するには、以下のようなコードを書きます。1次元配列では、宣言と初期化から説明しましたが、2次元配列では宣言方法から説明します。

```
var array2d = new int[4, 3];
```

[]の中で、2次元の行と列の要素数をカンマで区切って指定しています。これで、変数array2dは、4行×3列の2次元配列（要素はint型）になります。

この2次元配列の各要素にアクセスするには、**行と列の2つのインデックスを使い、どの要素にアクセスするかを指定します**。このとき、**「行」の方を先に指定することに注意**してください。

```
array2d[3, 2] = 12;
Console.WriteLine(array2d[3, 2]);
```

上のコードでは、3行目、2列目の要素にアクセスしています（⇒図6-6）。

図6-6 2次元配列にアクセスする

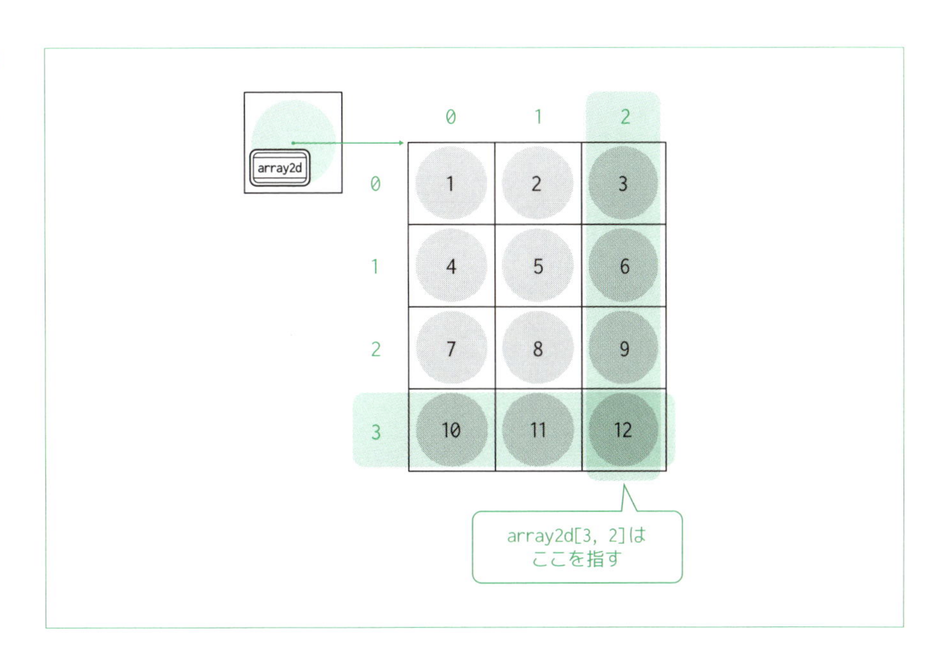

1次元配列と同様、**それぞれのインデックスは0から始まっている**ことに注意してください。

6-6-2 配列の宣言と初期化を同時にする場合

1次元配列と同様に、配列の宣言と初期化を同時にする方法も用意されています。

リスト6-9 2次元配列の宣言と初期化

```
var array2d = new int[,]   ← new int[,]で2次元配列を確保
{
    {1, 2, 3},
    {4, 5, 6},
    {7, 8, 9},
    {10, 11, 12}
};
```

配列の行と列の要素数を指定せずに、[,]と書いている点に着目してください。カンマが、行と列がある2次元配列だということを表します。1次元配列と同様、**初期化も同時に行うときは、初期化するデータを見て自動で配列の大きさを設定してくれます**。もちろん、以下のように要素数を明示することもできますが、あえて、要素数を明記する必要はありません。

```
var array2d = new int[4, 3]
{
    {1, 2, 3},
    {4, 5, 6},
    {7, 8, 9},
    {10, 11, 12}
};
```

6-6-3 for文で2次元配列の要素にアクセスする

それでは、2次元配列のすべての要素を出力するコードを書いてみましょう。1次

元配列のときと同様、繰り返し処理を使うのが良いですね。しかし、2次元配列の場合は1次元配列とまったく同じとはいきません。どうすればいいでしょうか？

それには、第5章で学んだ**2重ループを利用する**のです。そのコードを以下に示します。

リスト6-10 for文で2次元配列にアクセスする

```
var array2d = new int[,]
{
    {1, 2, 3},
    {4, 5, 6},
    {7, 8, 9},
    {10, 11, 12}
};
for (var row = 0; row < 4; row++)  ← 4行分繰り返す
{
    for (var col = 0; col < 3; col++)  ← 1行につき3列分繰り返す
    {
        Console.Write("{0} ", array2d[row, col]);  ← 2次元配列にアクセスする
    }
    Console.WriteLine();  ← ()のみのWriteLineは改行だけ行う
}
```

実行結果

```
1 2 3
4 5 6
7 8 9
10 11 12
```

外側のループでは、配列の「行」の数だけ（4回）処理を繰り返しています。ループカウンターrowが2次元配列の行（1番目のインデックス）を示しています。

内側のループでは、「列」の数だけ（3回）繰り返しています。たとえば、rowが0のときにはcolが1つずつ増えていきますから、array2d[0,0]、array2d[0,1]、array2d[0,2]の要素を順に出力しています。つまり、「行」の中のすべての要素を取り出すという処理を、0行目から3行目まで繰り返しているわけです。

Console.Writeは、改行せずに指定した文字列を出力します。そのため、3個分のデータが1行に表示されます。

内側のループが終わったら、Console.WriteLine();で改行だけを行なっています。

このように2次元配列のデータを取り出すには、2重ループを書くことになります。3次元ならば3重ループを書くことになります。

先ほど示したコードは、ループする回数に3や4などの数値リテラルを使っていましたが、今度は、配列の大きさに左右されないコードに書き換えてみましょう。

リスト6-11 for文で2次元配列にアクセスする（GetLengthを使用）

```
var array2d = new int[,]
{
    {1, 2, 3},
    {4, 5, 6},
    {7, 8, 9},
    {10, 11, 12}
};
for (var row = 0; row < array2d.GetLength(0); row++)
{
    for (var col = 0; col < array2d.GetLength(1); col++)
    {
        Console.Write("{0} ", array2d[row, col]);
    }
    Console.WriteLine();
}
```

変更したのは、ループの条件判定のところです。4をarray2d.GetLength(0)に、3をarray2d.GetLength(1)と変更しました。

1次元配列のときには、配列の長さを求めるのにarray2d.Lengthのような書き方をしましたが、**2次元配列では、array2d.GetLength(0)、array2d.GetLength(1)などと書くことで、配列の各次元の長さを求めることができます。1番目の次元が0、2番目の次元が1、3番目の次元が2**です。0から始まるのは配列のインデックスと同じですね。

このように書けば、4×3の配列でも、12×5の配列でも、そのままのコードで実行できるようになります。

なお、どういったソフトウェアを作るかにもよりますが、2次元配列も含め、多次元配列の使用頻度はそれほど多くはないでしょう。

Q & A 2次元配列ではforeach文は使えないの？

Q 2次元配列では、foreach文は使えないのですか？

A 2次元配列でもforeachを使うことができます。

ただし、**foreach文の場合はすべての要素を順番に取り出すことになる**ので、何行目の要素なのか、何列目の要素なのかを把握することはできません。以下のコードは、すべての要素を取り出し表示していますが、現在注目しているitemが何行目、何列目の要素なのかはわかりません。

foreachを使ったコードとその結果を示します。

6

リスト6-12 2次元配列でforeachを使う

```
var array2d = new int[,]
{
    {1, 2, 3},
    {4, 5, 6}
};
foreach (var item in array2d)
{
    Console.Write("{0} ", item);
}
Console.WriteLine();
```

実行結果

```
1 2 3 4 5 6
```

変数の型を明示した配列の初期化

本文では、varキーワードを使って配列を宣言しましたが、varの代わりに要素の型を明示した書き方もできます。

```
int[] numbers = new int[] { 4, 3, 2, 1 };
```

```
double[] weights = new double[] { 55.1, 54.8, 54.5, 54.7, 54.4, 54.0 };
```

```
string[] names = new string[] { "C#", "Java", "Ruby", "Swift" };
```

上の例は、左辺にも右辺にも型名[]があり冗長なコードです。

また、**new演算子とそれに続く型名を省略**した以下のような書き方も可能です。

```
int[] numbers = { 4, 3, 2, 1 };
```

```
double[] weights = { 55.1, 54.8, 54.5, 54.7, 54.4, 54.0 };
```

```
string[] names = { "C#", "Java", "Ruby", "Swift" };
```

new演算子とそれに続く型名を省略した上のような書き方と、本文で示したvarを使った書き方とで、どちらが優れているということはありませんが、本書では、varキーワードを使えるところでは、可能な限りvarを使うという方針をとっています。

確認・応用問題

Q1 8個の整数（int型）を入力し、その合計と平均を出力するプログラムを書いてください。このとき、入力した数値は配列に入れるものとします。

Q2 要素数が20の1次元配列に、100から119までの整数を順に格納するコードを書いてください。必ずループ処理を使ってください。
正しく格納されたか確認するために、配列のすべての要素をコマンドプロンプトの画面に出力してください。

Q3 文字列の配列があるとします。この配列の中から、最も文字数の多い文字列を出力するコードを書いてください。なお、該当する文字列が複数ある場合は、配列の後の方に格納されている文字列を出力することとします。

Q4 以下のような7×2の2次元配列があるとします。

	0	1
0	"sun"	"日曜日"
1	"mon"	"月曜日"
2	"tue"	"火曜日"
3	"wed"	"水曜日"
4	"thu"	"木曜日"
5	"fri"	"金曜日"
6	"sat"	"土曜日"

この配列を使い、コマンドプロンプトの画面に以下のように表示してください。なお、2重ループは使いません。

第 7 章

クラス/オブジェクト指向プログラミングの基礎

この章からは、プログラムをどのように組み立てるのか、その考え方とやり方について見ていきましょう。
プログラムは、行数が増えてくると、プログラムを書いた本人でさえ、どこで何をやっているのかわからなくなります。
そのため、大きなプログラムを作成するときには、いくつかのクラスと呼ばれる小さな単位に分割して作成します。
クラスはオブジェクト指向プログラミングという考え方で重要な役割を担(にな)っています。

7-1 オブジェクト指向とは？

C#は、**オブジェクト指向**という考えに基づいて設計されたプログラミング言語です。このオブジェクト指向とはいったい何でしょうか？

オブジェクト指向について勉強した人の中には、たとえば、次のような説明を読んだことがある人がいるかもしれません。

> オブジェクト指向とは、「オブジェクト（物）を中心とする考え方」のことです。オブジェクト指向以前のソフトウェア開発では、開発者の視点は処理ロジック（手続き）を中心としていたのに対し、オブジェクト指向開発では、オブジェクト（物）が視点の中心となっています。オブジェクトとはデータの集合とそれを操作する手続きをまとめた物のことです。オブジェクト指向プログラミングとは、このオブジェクトを組み合わせることでプログラムを構築する手法のことです。

この説明を読んで「なんだかよくわからない」「オブジェクト指向って難しそうだ」と思った人は、けっこういるんじゃないかと思います。

確かにオブジェクト指向プログラミングでは、今まで聞いたこともないような専門的な用語がたくさん出てきます。それで難しいと感じてしまう人もいるでしょう。

でも安心してください。**オブジェクト指向の考え方そのものは、順を追って見ていけばけっして難しいものではありません。**

まずは、オブジェクト指向の「オブジェクト」とは何なのかを見ていくことにしましょう。それから、それを、どうC#のコードとして表すのかを学んでいきます。できるだけ丁寧に説明していきますので、ゆっくりと読んでみてください。

7-1-1 オブジェクトとは？

少し寄り道になりますが、オブジェクト指向のオブジェクトとは何か見てみる前に、ここでもう一度、前章で学んだ配列について振り返ってみましょう。配列は、C#の基本的な型であるint型やstring型などが扱う単独のデータではなく、それらのデータが連なるデータの集まりでした。そして、この**一連のデータに名前を付けて扱うことで、プログラミングが楽になる**ことを学びました。

いろいろなデータについてもう少し考えを巡らすと、int型やstring型などの単純な形式でもなく、配列のように同じ型のデータが連続する形式でもなく、もっと**大きな、しかも意味のある固まりとしてデータを扱う方が便利な場合がある**ことに気が付きます。

たとえば、年齢、伝票番号、商品名といったint型やstring型の単独のデータではなく、「従業員」「商品」「売上げ」など、複数のデータが集まって1つの意味を持つデータです。

「従業員」の中には、氏名や職階、住所などの複数の項目が存在するでしょう。これらの項目（「（従業員の）氏名」「（従業員の）職階」「（従業員の）住所」）を**ひとまとめにして**従業員が**扱えれば、データの扱いが簡単になる**ことが予想できます（⇒図7-1）。

図7-1 「従業員」としてひとまとめにしてデータを扱う

「商品」にも、「商品名」や「単価」、「商品型番」などの複数の項目が存在します。やはり、これらをひとまとめにして扱えれば、「従業員」と「商品」などを同時に扱わなければならないソフトウェアを開発する場合も、データの扱いが楽になりますね。

そしてさらに、これらのデータには、それを操作する**手続き**（今まで見てきたような**何らかの目的を持った一連の処理**のこと）があるということも予想することができます。たとえば従業員の「住所を変更する」とか「職階を変更する」といった手続きが考えられます。**プログラミングの世界では、データがあれば、それを操作する手続きがありますし、手続きがあれば、その処理対象となるデータが存在します。**

つまり、「データ」と「手続き」は、切っても切れない関係にあるわけです。**オブジェクト指向では、この「データ」と「手続き」を1つのまとまりとして考え、一体化したものをオブジェクトと呼んでいます。**

オブジェクトとは、「物」という意味です。オブジェクトとして一番理解しやすいのは、車、電話、テレビ、本、人、ペットなどの、物理的に存在し、手で触ることのできるものでしょう。しかし、オブジェクトはこれだけにとどまりません。売上げ、銀行口座、会議、旅行、計画、映像など**手に取ることのできないものもオブジェクト**です。受付係、記録係、計算係など**特定の役割を持った人（あるいは擬人化した物）もオブジェクトと捉える**ことができます。

これらのオブジェクトは「物」として捉えているわけですから、**結果的にすべて名詞で表すことができます。**

オブジェクトが持つデータと手続きは、オブジェクトの**属性**とオブジェクトの**振る舞い**という言葉で言い換えることもできます。

いくつかの例を以下に示します。

オブジェクト	データ（属性）	手続き（振る舞い）
車	車種名、排気量、ナンバー	前進する、後進する、停止する
テレビ	チャンネル、音量	電源を入れる、チャンネルを変える、音量を変える
会議	場所、開催日時、議題	開催場所を設定する、開催日時を設定する、会議を開催する
銀行口座	口座番号、名義人氏名、預金残高	入金する、出金する

オブジェクト指向プログラミングでは、これらの属性や振る舞いは、どのようなソフトウェアを作成するのかによって変わってきます。

車販売店の販売管理の車オブジェクトとレーシングゲームの車オブジェクトでは、その属性も振る舞いもまったく違ってくるのは容易に想像できると思います。

レーシングゲームの車オブジェクトでは、現在の速度や方向などが必要ですが、販売管理の車オブジェクトには不要です。また、車販売店でも、新車販売店と中古車販売店では車オブジェクトの属性は違ってくるはずです。中古車販売店の車オブジェクトには、走行距離、修理歴、車の状態などが必要ですが、新車販売店の車オブジェクトには不要な属性です。

7-1-2 オブジェクト指向の利点

このようなオブジェクトというものをプログラミングの世界に持ち込む利点は何でしょうか？ その一番の利点は、**細かで面倒くさいことを忘れてしまえる**ということです。

私たちは、車の運転をするのに、車がどういう仕組みなのかを知る必要はありません。アクセルを踏むと走り、ブレーキを踏めば止まる、ハンドルを回せば曲がるなどの操作を知っていればよいだけです。テレビを見る場合も、受信した電波をどうやってディスプレイに映し出しているかを知らなくても、リモコンを操作すればテレビを見ることができます。他人が作ったものはもちろんですが、自分が作ったものでも、それを扱う際にどのような仕組みだったかを思い出す必要はありません。

これをプログラミングの世界に持ち込んだのが**オブジェクト指向**という考え方です。オブジェクト指向の「指向」とは、この場合、**オブジェクトを「中核にして考える」**という意味になります。

オブジェクト指向プログラミングでは、**複雑なことはすべてオブジェクトの中に隠してしまうことができます**。オブジェクトを操作するプログラマーは、**中身の詳しい構造や仕組みを知らなくても、そのオブジェクトは何ができるのか、どうやってその機能を使うのかを知っていればよいだけ**なのです。これを**カプセル化**（⇒図7-2）と言います。

図7-2
カプセル化

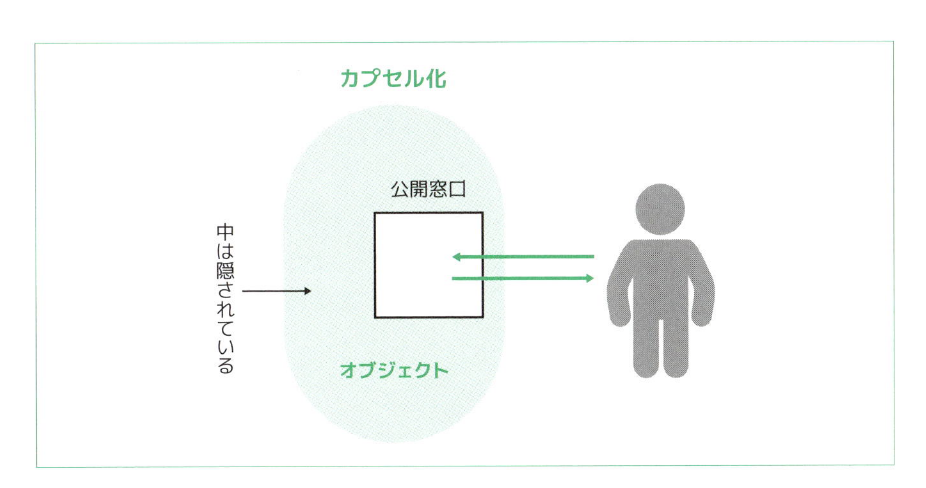

オブジェクト指向プログラミングを実践すれば、**複数のオブジェクトを作成し、それを組み合わせてソフトウェアを構築することができる**ようになります。つまりは、**巨大で複雑なプログラムを管理することが可能になる**のです。

条件論理演算子の短絡評価

p.112で説明した条件論理演算子である`&&`と`||`には、短絡評価（short-circuit evaluation）と言われる機能が備わっています。

まず、`&&`演算子について考えてみましょう。

```
if (a == 1 && b == 1)
{
    ⋮
}
```

このif文において、aの値が0だったら、b == 1の比較（これを評価と言います）を行わなくても、()内の条件式がfalseであることは明確です。このような場合には、C#のプログラムにおいても、a == 1を評価してfalseであることがわかれば、b == 1の評価を行いません。

以下のようなメソッド呼び出しであっても同様です。

```
if (GetNumber() == 1 && GetNextNumber() == 1)
{
    ⋮
}
```

GetNumberメソッドの戻り値が1以外であれば、GetNextNumberメソッドが呼び出されることはありません。

この短絡評価の機能は、`||`演算子にも備わっています。

```
if (GetNumber() == 1 || GetNextNumber() == 1)
{
    ⋮
}
```

GetNumberメソッドの戻り値が1の場合は、この条件式全体はtrueであることが確実ですので、GetNextNumberメソッドを呼び出さずに、{}ブロックの処理が実行されます。

7-2 オブジェクト指向以前

抽象的な話はここまでとし、C#でオブジェクトを扱う具体的な方法を学んでいくことにしましょう。実際にやってみた方が納得できることも多いものです。

オブジェクト指向プログラミングへの第一歩を踏み出すには、**関連するデータを1つにまとめる**ことです。

たとえば、簡単な蔵書管理のアプリケーションを作成したいとしましょう。このとき、本に関してどのようなデータが必要でしょうか？

話を簡単にするために、「書籍名」「著者名」「ページ数」「評価」の4つの項目を扱うことにしましょう。これまでの知識だけだと、

```
string bookTitle;
string bookAuthor;
int bookPages;
int bookRating;
```

といった変数を用意することになるでしょう。

しかし、一度に複数の本を扱う場合はどうでしょうか？

✕
```
string book1Title;
string book1Author;
int book1Pages;
int book1Rating;
string book2Title;
string book2Author;
int book2Pages;
int book2Rating;
   ⋮
```
たくさんの変数が出てきてわかりにくい！

これだと、随分とたくさんの変数が必要です。

この方法は、たとえて言えば、1冊の本の情報管理するのに、4枚の付箋を用意

し、それぞれに題名、著者名、ページ数、評価ポイントをメモしておくようなものです。冊数が増えると扱い切れなくなり、良いやり方ではありません。

それとも、配列を使えば良いでしょうか？

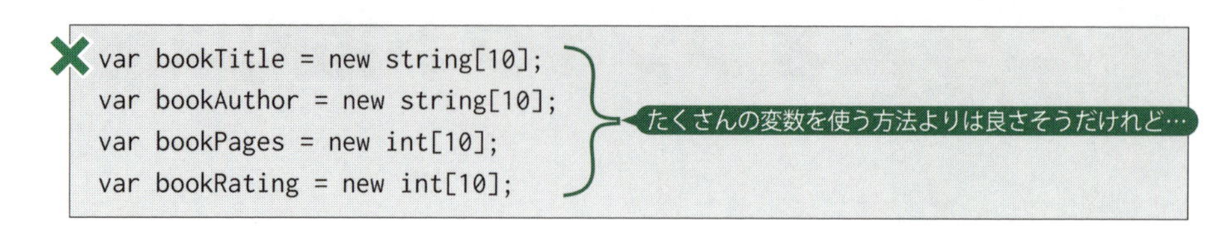

```
var bookTitle = new string[10];
var bookAuthor = new string[10];
var bookPages = new int[10];
var bookRating = new int[10];
```


配列の方が少しは扱いやすそうですが、「1冊の本」という「概念*」を表現できているとは言えません。このやり方は、1段目の引き出しには「書籍名」、2段目の引き出しには「著者名」、3段目の引き出しには「ページ数」、4段目の引き出しには「評価」とそれぞれの情報をバラバラにして入れているようなものです。やはり、おかしなやり方と言えます。「本」というまとまりがあるのに、それを無視しています。

ここは、**素直に本という単位で考えた方が良さそう**に思いませんか？ この**本を単位に考えるということが「対象のもの（オブジェクト）」を中心にして考える、つまり「オブジェクト指向プログラミング」**というわけです。

*概念とは、ある物に対して多くの人が理解している共通した特徴といった意味です。特定の物を指すものではありません。人は、「本はこういうものだ」「車とはこういうものだ」「動物はこういうものだ」ということを認識しています。これを概念と言います。

7-3 初めてのクラス

7-3-1 クラスを定義する

クラスの定義

C#では、前節で述べた「1冊の本」という**「概念」を表現するために、class というキーワードが用意されています**。このclassキーワードを用いると、**コード上でそうした概念を表すクラスを定義できます**。

classを使って、本という概念を表現してみましょう。

ここでは、「書籍名（Title）」「著者名（Author）」「ページ数（Pages）」「評価（Rating）」の4つの属性を持つクラスとしましょう。クラスの名前はBookとします。

ClassSampleという名前のプロジェクトを新規作成し、そこにBookクラスを定義します。

C#では、クラスを定義する順番に決まりはありませんが、リスト7-1では、Programクラス（Bookクラスを呼び出しているクラス）の直後にBookクラスを定義しています*。

＊実際のプログラムでは、Bookクラスは、Program.csファイルとは別のファイルに定義するのが普通です。別ファイルにクラスを定義する方法は、第9章p.266のコラム「クラスを別ファイルに定義する」を参照してください。

リスト7-1 クラスの定義

```
using System;
   ⋮

namespace ClassSample
{
    class Program   ◀ Visual Studioで自動生成されたクラス。Bookクラスを呼び出す（利用する）クラス
    {
        static void Main(string[] args)
        {
            ⋮  ◀ ここにBookクラスを利用するコードを書く
```

```
        }
    }

    class Book    Bookクラスの定義
    {
        public string Title { get; set; }
        public string Author { get; set; }
        public int Pages { get; set; }
        public int Rating { get; set; }
    }
}
```

ソースコードの後半が、Bookクラスを定義している個所です。これで、本(Book)をC#で表現したことになります。

クラス名は、classキーワードの後ろに書きます。class Bookがその個所です。この**クラス名はプログラマーが自由に決めてよい**名前です。C#では、**大文字で始めることが推奨**されています。

以下に、第1章でも紹介しましたが、クラスの定義の仕方をあらためて示します。

書式7-1
クラスの定義

```
class クラス名
{
    クラスの本体
}
```

クラス名に続けて{と}で囲んでクラスの中身を記述します。{と}は省略できません。

クラスはオブジェクト指向プログラミングでの基本単位で、オブジェクトの属性と振る舞いは必ずこの中に書くことになります。

プロパティの定義

以下の行は、Bookクラスが持つTitleという**属性(データ)を定義**しています。これを**プロパティ**(**「(そのものが持つ)特質、特性」といった意味**)と呼んでいます。

```
public string Title { get; set; }
```

先頭の**public**は**アクセス修飾子**と呼ばれるキーワードで、「Titleというプロパティを**外に公開します**よ」という意味になります。**通常、プロパティにはpublicキーワードを付ける**と考えてもらってかまいません。もし、題名が隠されていたら、何の本なのかがわからないですからね。

場合によっては、**公開したくない場合（クラス内部でしか利用しない場合）**もあります。そのときに使うのがもうひとつのアクセス修飾子**privateキーワード**です。**アクセス修飾子を省略した場合は、privateが指定されたものと見なされます**。

次のstringが**プロパティの型**を表しています。

Titleが**プロパティの名前**です。**クラス名と同様、プロパティ名は大文字で始めることが推奨**されています。

最後の**{ get; set; }は**、Titleが**プロパティであることを示す決まった書き方**です。これは、**変数のように値を取り出せる（get）、値を代入できる（set）という意味**になります。

Author、Pages、Ratingの各プロパティも同様に定義しています。これらのプロパティを定義する順番には特に約束はありませんので、プログラマーが自由に決めることができます。

以下にプロパティの定義の仕方を示します。

書式7-2
プロパティの定義

***アクセス修飾子 型名 プロパティ名* { get; set; }**

これで、Bookクラスが定義できました。このように**項目を（単独の変数で定義するのではなく）**Bookという**クラスの中に定義することで**、本という**概念をコードで表したことになります**。

もし、本に新しい項目が必要になったとしても、Bookクラスのプロパティとして追加すればよいわけです。たとえば、「読了したか」という項目を扱いたくなったら、Bookクラスの中に、次のようなFinishedReadingプロパティを追加すればよいのです。

```
public bool FinishedReading { get; set; }
```

Bookクラスが定義されているのに、「読了したか（FinishedReading）」という項目だけは、単独の変数で管理しようなどど考える人はいませんよね。もしそんなことをしたら、その変数の扱いは別個に考える必要があり、とても非合理的です。

7-3-2 クラスを利用する

オブジェクトの生成

Bookクラスを定義できましたが、では、どうやって使ったらよいでしょうか？

プログラムでBookクラスを使うには、**Bookクラスから Bookオブジェクトをメモリ上に作成し、それを変数と結び付ける**必要があります。以下にそのコードを示します。

```
var book = new Book();
```

C#においては、**クラスはint型やstring型と同じように型という位置付けに**なっています（**Bookクラスを Book型とも言います**）。そのため、上記のBookオブジェクトを作成するコードは、配列の変数の宣言ととてもよく似ています。配列のときと同じように**new演算子を使っています**。

new演算子に続けてクラス名を指定します。**クラス名の後ろには()を付けます**。これにより、コンピューターのメモリ上に1冊分のBookオブジェクトの領域*（TitleやAuthorなどの領域）が確保されます。

そして、**new演算子で生成されたオブジェクトを、=演算子で変数bookに代入**しています。変数bookは、Bookクラス（Book型）であることが明白ですから、varキーワードが使えます。これも配列のときと同じですね。

なお、本書では、変数に結び付けられたオブジェクトであることを強調する場合は、bookオブジェクトのように、「**変数名オブジェクト**」と表すことにします*。

代入後のイメージ*を図で表したのが図7-3です。

*オブジェクトは、**実際はメモリ上に配置されたデータの固まり**のことだと考えてください。

*Bookオブジェクトのように、クラス名（型名）に「オブジェクト」を付けて表している個所もあります。その場合は、あるクラス（型）から作られたオブジェクトということを言っているのだな、とご理解ください。

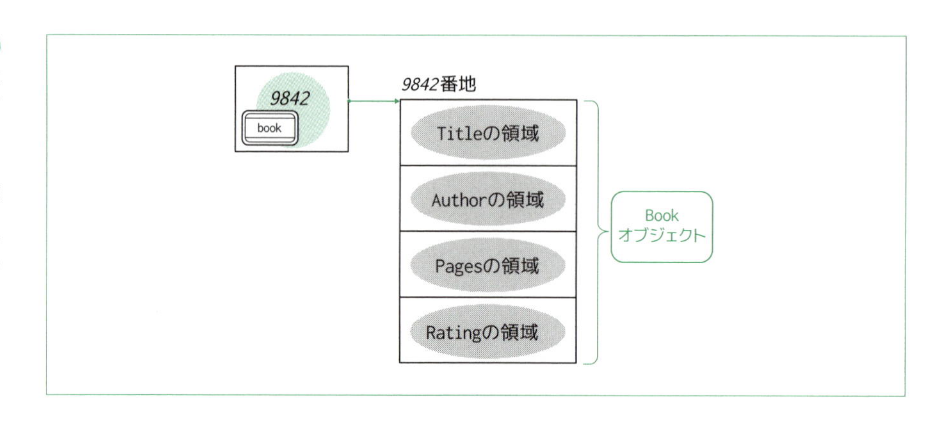

図7-3 生成したオブジェクトを変数に代入する

*Bookオブジェクトとbook変数を感覚的に捉えてもらうためのイメージ図であり、正確なものではありません。

このnew演算子で作成されたオブジェクトのことは、**インスタンス**（実例という意味。通常、**実体という日本語を当てます**）と言うこともあります。「Bookクラスからインスタンスを生成する」といった表現がよくされます。

クラスからオブジェクトを生成するための一般的な書式を以下に示します。

書式7-3 クラスからオブジェクトを生成するときの書き方

```
var 変数名 = new クラス名();
```

あるいは

```
クラス名 変数名 = new クラス名();
```


プロパティへの値の代入

これで、Bookオブジェクトを使う準備はできましたが、まだBookオブジェクトの各プロパティには値が何も代入されていません。値を代入するコード例を以下に示します。

リスト7-2 プロパティへの代入*

*もちろん、Ratingの値はサンプルコードの動作を示すためのもので、実際の作品の評価を示すものではありません。

```
class Program
{
    static void Main()
    {
        var book = new Book();
        book.Title = "吾輩は猫である";
        book.Author = "夏目漱石";
        book.Pages = 610;
        book.Rating = 4;
        ⋮
    }
}

class Book
{
    public string Title { get; set; }
    public string Author { get; set; }
    public int Pages { get; set; }
    public int Rating { get; set; }
}
```

bookオブジェクトのプロパティに代入している

プロパティに値を代入する、あるいは、プロパティから値を得る際にプロパティを指定するための書式は以下のようになります。**変数名の後に、ドット(.)を付**

け、続けてプロパティ名を記します。

書式7-4 プロパティにアクセスするときの書き方

```
変数名.プロパティ名
```

上の書式では、ドットを「の」という言葉に置き換えてみると、理解しやすいかもしれません。たとえば以下は、

```
book.Title = "吾輩は猫である";
```

「bookオブジェクトのTitleプロパティに、"吾輩は猫である"を代入する」という処理になります。

このプロパティへの代入の4行を実行した後のBookオブジェクトのイメージが図7-4です。

図7-4 プロパティに値を代入した後のオブジェクトの状態

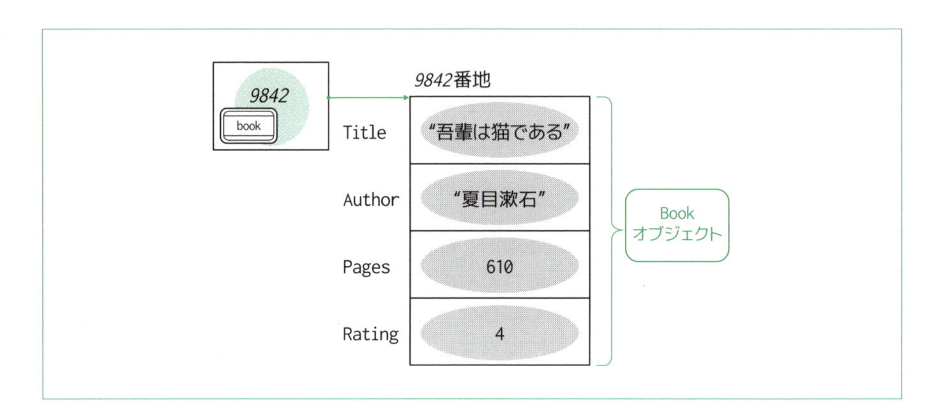

それでは、このBookオブジェクトの中身(各プロパティの値)を表示してみましょう。以下のリストでは、Mainメソッドの中だけを示します。

リスト7-3 プロパティの参照(変数を介する)

```
var book = new Book();
book.Title = "吾輩は猫である";
book.Author = "夏目漱石";
book.Pages = 610;
book.Rating = 4;

var title = book.Title;  ← bookオブジェクトのTitleの値を取り出している
var author = book.Author;
var pages = book.Pages;
var rating = book.Rating;
```

```
Console.WriteLine($"書籍名: {title}");
Console.WriteLine($"著者名: {author}");
Console.WriteLine($"ページ数: {pages}");
Console.WriteLine($"評価: {rating}");
```

実行結果

```
書籍名: 吾輩は猫である
著者名: 夏目漱石
ページ数: 610
評価: 4
```

プロパティに値を代入するときと同じように、**変数名.プロパティ名で値を取得することができます**。

上のリスト7-3はプロパティの値を取得する説明のために、あえて冗長な書き方をしましたが、次のリスト7-4のように、Console.WriteLineの()の中で、プロパティの値を直接取り出すことも可能です。

リスト7-4 プロパティを直接参照する

```
var book = new Book();
book.Title = "吾輩は猫である";
book.Author = "夏目漱石";
book.Pages = 610;
book.Rating = 4;
Console.WriteLine($"書籍名: {book.Title}");   ← bookオブジェクトのTitleの値を取り出している
Console.WriteLine($"著者名: {book.Author}");
Console.WriteLine($"ページ数: {book.Pages}");
Console.WriteLine($"評価: {book.Rating}");
```

7-3-3 オブジェクト初期化子を使ったオブジェクトの初期化

配列などと同じように、**インスタンスの生成とオブジェクトの初期化を同時に行う構文**も用意されています。これを**オブジェクト初期化子の構文**と言います。

その書式は以下のようになります。

書式7-5 オブジェクト初期化子を使ったオブジェクトの初期化

```
var 変数名 = new クラス名()
{
```

```
    プロパティ名 = 初期値,
    プロパティ名 = 初期値,
    プロパティ名 = 初期値,
           ⋮
};
```

クラス名の後ろの()は省略することができます。本書で掲載するコードでは、オブジェクト初期化子を使った場合、クラス名の後ろの()は、すべて省略しています。

この書式を使い、書き換えてみます。

リスト7-5 オブジェクト初期化子を使ったオブジェクトの初期化

```
var book = new Book   ← インスタンスの生成と初期化を同時に行っている
{
    Title = "吾輩は猫である",
    Author = "夏目漱石",
    Pages = 610,
    Rating = 4
};
```

{}ブロックで囲った中で各プロパティに値を代入しています。この中で一部のプロパティだけを初期化することもできますし、すべてのプロパティを初期化することもできます。初期化時には、book.Titleのように**変数名を指定する必要はありません。**

また、配列の初期化と同様、**}の後にセミコロン(;)を付ける必要があります。**

視覚的にもとてもわかりやすくなりましたし、コード量も減っています。**インスタンスを生成した直後にプロパティの値を初期化したい場面で利用できる便利な構文**ですので覚えておきましょう。

7-4 クラスとオブジェクトの違い

先ほどは、「Bookクラス」と「Bookオブジェクト（インスタンス）」の2つの言葉を使い分けましたが、この**クラスとオブジェクトの違い**について再度整理しておきましょう。

先ほどは、1つのBookクラスから『吾輩は猫である』のオブジェクトを作成しましたが、他の本も作成することができます。つまり、クラスは「モノ」そのものではありません。

そのため、**クラスは設計図のようなもの**というたとえがよく使われています。つまり、この**設計図から作られた製品がオブジェクト（インスタンス）**ということです。クラスはお菓子のクッキーの抜き型のようなもので、オブジェクトはその抜き型で作られたクッキーであるといったたとえもよく使われます。

実際の車を例にとれば、車の設計図がクラスで、実際に動く車がオブジェクトに当たります。しかし、設計図からオブジェクトが作成されるといっても、プログラミングの世界では、現実世界と少し事情が異なっています。現実世界では1つの車の設計図からは瓜ふたつの車が作られます。当たり前ですが、プリウスの設計図からはプリウスが製造されます。一方、先ほどの**Bookクラスから作成されるオブジェクトはみな瓜ふたつということはありません**。次のコードを見てください。

リスト7-6 複数のインスタンスを生成する

```
var book1 = new Book    ◀1つ目のBookインスタンスを生成
{
    Title = "吾輩は猫である",
    Author = "夏目漱石",
    Pages = 610,
    Rating = 4
};

var book2 = new Book    ◀2つ目のBookインスタンスを生成
{
    Title = "人間失格",
```

```
    Author = "太宰治",
    Pages = 212,
    Rating = 5
};
```

このコードは、Bookクラスから2つのオブジェクト（インスタンス）を生成している例です。

book1、book2は、同じBookクラスから生成されたオブジェクトであり、皆、Title、Author、Pages、Ratingというプロパティ（属性）を持っています。しかし、それぞれのプロパティには、オブジェクトごとに別の値を設定することができます（⇒図7-5）。

図7-5
複数のインスタンスを生成する

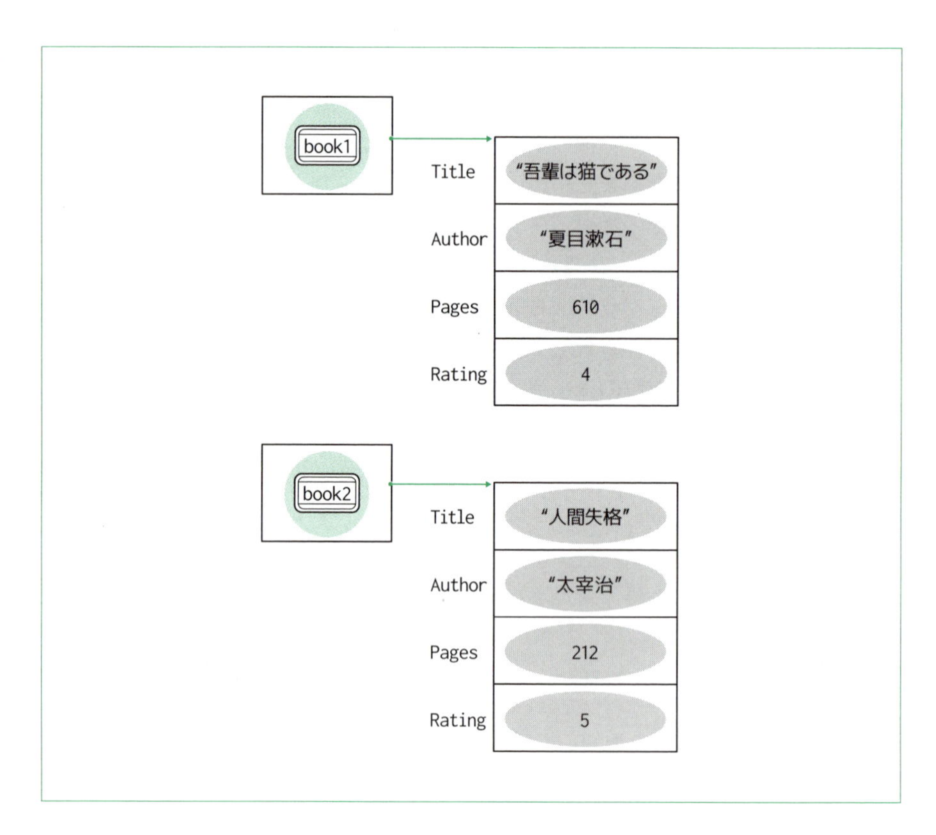

同じ特徴を持っているけれど、それぞれの中身は別々であるオブジェクトを作成することができるのがクラスなのです。「7-3-1：クラスを定義する」で、「Bookクラスは、実際の本ではなく本という概念を定義したもの」ということを書いた意味がわかっていただけたでしょうか？

7-5 メソッドを定義する

本章の最初のところで、オブジェクトは、「属性(データ)」と「振る舞い(手続き)」が一体化したものと説明しました(⇒p.186)。**データが存在すれば、必ずそのデータを操作する手続きが存在します**。これらが離れ離れにあるよりは、いっしょにあった方が管理しやすいですよね。

「属性」は、クラスの中に定義するプロパティとして表すことを紹介しました。「振る舞い」の方も、やはりクラスの中に定義することができます。C#では、この**振る舞いをメソッドと呼んでいます。メソッドはクラスのブロックの外側には定義することはできません**。

メソッドについて理解するには、「メソッドの定義方法」と「メソッドの呼び出し」の2つについて知る必要があります。これから、この2つを詳しく見ていくことにしましょう。

7-5-1 メソッドの定義方法

ここでは、先ほど定義したBookクラスに、メソッドを1つ定義してみましょう。

リスト7-7 メソッドの定義

```
class Book
{
    public string Title { get; set; }
    public string Author { get; set; }
    public int Pages { get; set; }
    public int Rating { get; set; }

    public void Print()                                    Printメソッドの定義
    {
        Console.WriteLine($"■{this.Title}");
```

```
        Console.WriteLine($"  {this.Author}  {this.Pages}ページ
                                         ↳評価: {this.Rating}");
    }
}
```

背面に色を付けたところが、メソッドを定義している個所です。このメソッドには、Bookオブジェクトの各プロパティの値をコマンドプロンプトの画面に表示する処理が記述されています。

```
public void Print()
{
    Console.WriteLine($"■{this.Title}");
    Console.WriteLine($"  {this.Author}  {this.Pages}ページ
                                         ↳評価: {this.Rating}");
}
```

publicは、プロパティの定義のところでも出てきたアクセス修飾子です。publicを付けると**Bookクラスの外側から利用できる**ようになります（⇒p.193）。

voidというC#のキーワードについては、この後説明します（⇒p.208）。今の時点では気にしないでください。

Printがメソッドの名前です。**メソッド名はプログラマーが自由に決めることができます**。C#では、**アルファベットの大文字で始めることが推奨**されています。

また、**メソッド名（Print）の直後に続く()は、メソッドを定義する際には必ず付けます***。

＊その理由は、p.211の()の中に値を書くパターンの説明を読むとわかるでしょう。

()に続けて、{で始まり}で終わるブロックを書きます。このブロックの中に、メソッドにやらせる処理を書きます。このブロックの中では、今まで学習した代入文やif文、for文などが利用できます。

メソッドの書式は以下のようになります。

書式7-6
メソッドの定義（戻り値なし、引数なし）*

＊戻り値については、p.207を参照してください。引数については、p.211を参照してください。

```
アクセス修飾子 void メソッド名()
{
    メソッドの処理
}
```

さて、Printメソッドの中では、**thisキーワード**を使い、TitleやAuthorなどのプロパティにアクセスしています。**thisキーワードは、クラスの現在のインスタ**

ンス（つまり、自分自身であるインスタンス）を指しています。

このthisキーワードは省略できますので、次のように書くことができます。本書ではこれ以降、thisキーワードを省略した書き方を採用します*。

* thisキーワードは省略可能ですが、実際の現場ではthisキーワードを好んで使うプログラマーもいるようです。そのため、本書では、thisキーワードを省略しない書き方も紹介しました。

```
public void Print()
{
    Console.WriteLine($"■{Title}");   ← this.は省略できる
    Console.WriteLine($"  {Author}  {Pages}ページ  評価: {Rating}");
}
```

このPrintメソッドが呼び出される（⇒「7-5-2：メソッドの呼び出し」）と、本の情報がコマンドプロンプトの画面に表示されます。これで、「本の情報を表示する」という処理に、Printという名前を付けたことになります。

7

7-5-2 メソッドの呼び出し

では、このメソッドを呼び出す側（利用する側）のコードも見てみましょう。

ここでは、プログラムの全体像がわかるように、MainメソッドのあるProgramクラスとBookクラスの両方を掲載します。

リスト7-8 メソッドの呼び出し（1）

```
class Program
{
    static void Main()
    {
        var book = new Book
        {
            Title = "吾輩は猫である",
            Author = "夏目漱石",
            Pages = 610,
            Rating = 4
        };
        Console.WriteLine("Printメソッドを呼び出します");
        book.Print();   ← Printメソッドを呼び出す
        Console.WriteLine("Printメソッドの処理が終わりました");
    }
}
```

```
class Book
{
    public string Title { get; set; }
    public string Author { get; set; }
    public int Pages { get; set; }
    public int Rating { get; set; }

    public void Print()
    {
        Console.WriteLine($"■{Title}");  ◀this.は省略できる
        Console.WriteLine($"  {Author}  {Pages}ページ  評価: {Rating}");
    }
}
```

Mainメソッドで、book.Print()と書いている部分が、メソッドを呼び出している個所です。プロパティの参照と同様、**変数名とメソッド名をドット(.)で繋げています**。

なお、**メソッド名(Print)の後に()が付いている**ことに注意してください。**()がないとコンパイルエラーになってしまいます**。どんなメソッドでも呼び出す際は()が必要です*。

＊()の中に値を書くパターンもあります(「7-5-5：引数のあるメソッドの定義と呼び出し」で説明しています)。

以下に、メソッドを呼び出す際の書式を示します。

書式7-7 メソッドの呼び出し(引数なし)

変数名.メソッド名()

上のリスト7-8の場合、Mainメソッドが実行されると、以下の順序で処理が行われます。

1. bookオブジェクトを生成する
2. **"Printメソッドを呼び出します"**を表示する
3. Printメソッドを呼び出す
4. 処理がPrintメソッドの中に移る
5. bookオブジェクトのTitleを表示する
6. bookオブジェクトのAuthor、Pages、Ratingを表示する
7. Printメソッドの処理が終わり、呼び出し元に処理が戻る
8. **"Printメソッドの処理が終わりました"**を表示する

このプログラムの実行結果を以下に示します。

実行結果

```
Printメソッドを呼び出します
■吾輩は猫である
  夏目漱石  610ページ  評価: 4
Printメソッドの処理が終わりました
```

これまでの説明からわかるように、メソッドは定義しただけで動作するわけではありません。**呼び出すことによって初めて動作する**のです。

今度は、2つのBookオブジェクトを相手に、Printメソッドを呼び出してみましょう。リスト7-9を見てください。

リスト7-9
メソッドの呼び出し（2）

```
var book1 = new Book
{
    Title = "吾輩は猫である",
    Author = "夏目漱石",
    Pages = 610,
    Rating = 4
};
var book2 = new Book
{
    Title = "人間失格",
    Author = "太宰治",
    Pages = 212,
    Rating = 5
};
book1.Print();  // book1オブジェクトにPrintをお願いしている
book2.Print();  // book2オブジェクトにPrintをお願いしている
```

7

実行結果

```
■吾輩は猫である
  夏目漱石  610ページ  評価: 4
■人間失格
  太宰治  212ページ  評価: 5
```

メソッドの呼び出しを理解するには、Bookオブジェクトを擬人化するとわかりやすいと思います。

あなたがbook1オブジェクトだと想像してください。book1オブジェクトであるあなたは、「情報を表示してね。」とお願いされると、あなた自身の内容（『吾輩は猫である』のTitle、Author、Pages、Rating）を表示するわけです。

一方、もしあなたがbook2オブジェクトだった場合は、「本の情報を表示してね。」とお願いされると、あなた自身の内容（『人間失格』のTitle、Author、Pages、

Rating）を表示することになります（⇒図7-6）。

図7-6
オブジェクトのメソッドを呼び出す

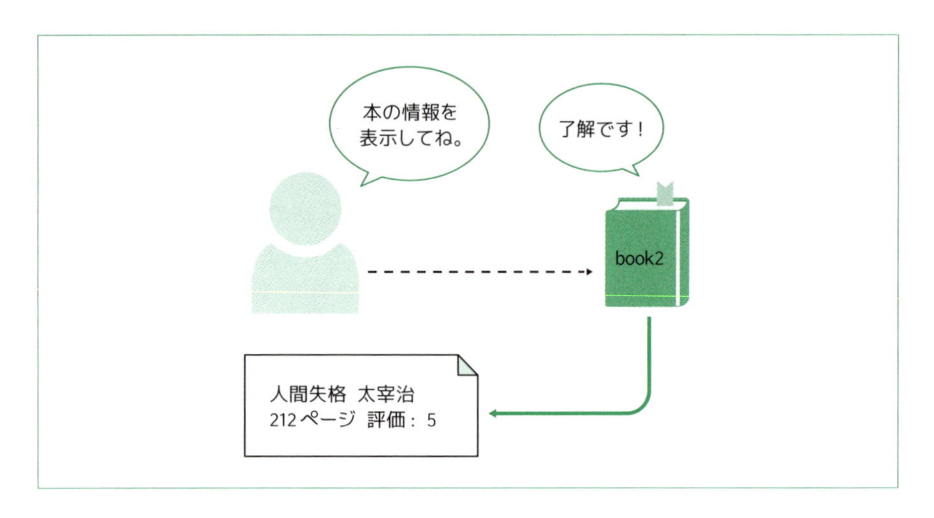

現実の世界では本自身が本の内容を表示するということはありえませんが、ソフトウェアの世界では、現実世界の「モノ」が持っていない機能をクラスに持たせることも普通に行われます。

クラスの責務

Printというメソッドを Book クラスに持たせるのが適切かという議論はまた別に存在します。

クラスにどのようなプロパティ、メソッドを定義するのが良いのかという設計の話は本書の範囲を逸脱します。そのため深くは触れることができませんが、設計者の考え方次第でクラス設計は大きく変わってきます。

クラス設計に絶対的な正解はありません。ただ、良い設計、悪い設計というのは確かに存在します。

ひとつ言えることは、**クラスにどんな「責務」を持たせるのか（何ができるのか、どこまでできるのか）を考え、それを決めることが大切だ**ということです。以降に紹介する**メソッドでも同様**に考えてください。

7-5-3 呼び出し元に値を返す

メソッドの理解を深めるために、もうひとつ別の例を示しましょう。今度は、売り上げを扱うクラス（Saleクラス）を持つプログラムを考えてみます。このSaleクラスは、商品名（ProductName）、商品単価（UnitPrice）、売り上げ数量（Quantity）の3つのプロパティを持っています。

```
class Sale
{
    public string ProductName { get; set; }
    public int UnitPrice { get; set; }
    public int Quantity { get; set; }
}
```


このSaleクラスに、売り上げ金額を計算するメソッドを追加しましょう。

メソッドには、処理をして得られた値を呼び出し元に返す機能も持たせられます。この呼び出し元に返す値を**戻り値**と言います。

ここでは、求めた売り上げ金額を呼び出し元に返すGetAmountというメソッドを定義してみます。

リスト7-10
戻り値のあるメソッドの定義

```
class Sale
{
    public string ProductName { get; set; }
    public int UnitPrice { get; set; }
    public int Quantity { get; set; }

    public int GetAmount()  ◀戻り値のあるメソッドの定義
    {
        var amount = UnitPrice * Quantity;
        return amount;  ◀amountの値が呼び出し元に返る
    }
}
```

Bookクラスの Printメソッドでは、メソッド名の前にvoidキーワードを付けていましたが、GetAmountメソッドでは、intキーワードを付けています。これが**メソッドの戻り値の型を表している**個所です。「GetAmountメソッドは、int型の値を返すメソッドです」という意味になります。文字列を返したい場合は、intではなくstringを指定します。

では、これまで書いていた**void**は何かというと、**「何も値を返さない（戻り値がない）」ことを示すキーワード**です（「何もしない」ということではありません）。voidは「空の」「無効の」という意味を持っています。今までずっと出てきている**Mainメソッドにもvoidが付いていますが、こういう意味**だったのです。なお、文法上はvoidも型という扱いになります。何もない空っぽの型ということですね。

もうひとつ、Printメソッドと異なるのは、最後の行のreturn amount;です。これにより呼び出し元にamount（の値）を返しています。**return文が実行されると、メソッドの処理は終了し、呼び出し元に処理が移ります。そのときに呼び出し元に返す値が、変数amountの値**ということになります。returnは、英語としては「元に戻す」といった意味ですが、**メソッドの処理も終了させてしまう**ということも頭に入れておいてください（⇒p.215）。

returnキーワードの後には、変数名だけではなく、計算式やリテラル値を書くこともできます。ですから、GetAmountメソッドは、以下のように書いても同じ結果が得られます。

```
public int GetAmount()
{
    return UnitPrice * Quantity;   ◀ここで計算した結果が呼び出し元に返る
}
```

これで、UnitPrice * Quantityの計算結果が呼び出し元に返ることになります。この例のように計算結果をすぐに呼び出し元に返してしまうときには、変数に代入せずにこのような書き方をします。

メソッド定義の書式は次のようになります。

書式 7-8
メソッドの定義（戻り値あり、引数なし）

```
アクセス修飾子 戻り値の型 メソッド名()
{
    メソッドの処理   ◀戻り値の型がvoid以外では、return文が必須
}
```

7-5-4 戻り値を持つメソッドを呼び出す

GetAmountメソッドを呼び出し、その戻り値を受け取るには、以下のように書きます。

リスト7-11 メソッドから戻り値を受け取る

```
class Program
{
    static void Main()
    {
        var sale = new Sale
        {
            ProductName = "おにぎり",
            UnitPrice = 120,
            Quantity = 4
        };
        var amount = sale.GetAmount();  ← メソッドを呼び出し、その戻り値を受け取る
        Console.WriteLine($"合計金額:{amount}円");
    }
}

class Sale
{
    public string ProductName { get; set; }
    public int UnitPrice { get; set; }
    public int Quantity { get; set; }

    public int GetAmount()  ← 戻り値のあるメソッドの定義
    {
        return UnitPrice * Quantity;
    }
}
```

実行結果

```
合計金額:480円
```

saleオブジェクトのGetAmountメソッドを呼び出すと、計算した売り上げ金額が返ってきますので、その値を変数amountに代入しています。GetAmountメソッドの戻り値の型はint型ですので、変数amountもint型になります。

GetAmountメソッドを呼び出しているコードは、sale変数が指している売り上げ

オブジェクトに対して、「売り上げの合計金額を教えてね。」と尋ねているコードだと考えてもらえればよいでしょう(⇒図7-7)。

図7-7
戻り値のあるメソッド

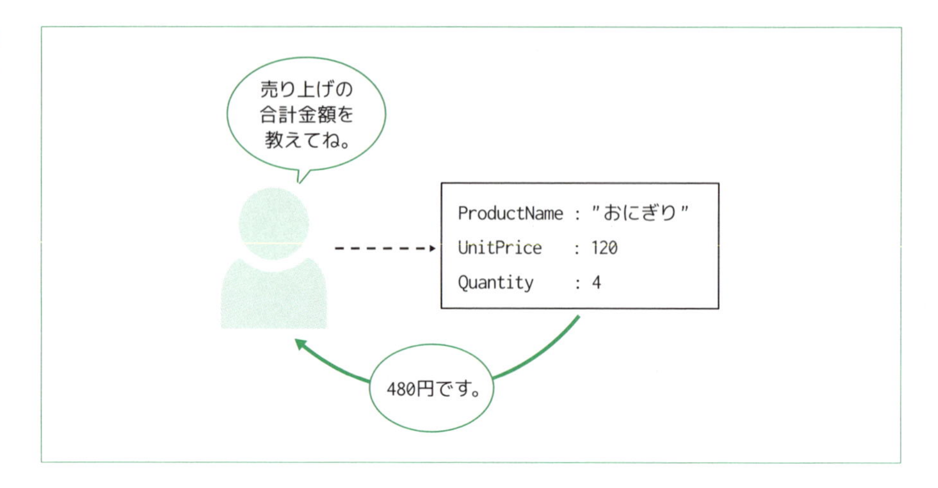

C# More Information

Console.WriteLineもメソッド

すでにお気付きの方もいると思いますが、これまで何度となく使ってきたConsole.WriteLineやConsole.ReadLine、int.Parseなども、**実はメソッド**なのです。**これらのメソッドは、.NET**(⇒p.17)**にあらかじめ定義されており、自由に呼び出して利用することができます。**

Console.WriteLineはvoid型(つまり、戻り値がない)、Console.ReadLineはstring型、int.Parseはint型を返すメソッドということになります。

これまでは「Console.WriteLine命令」などと書いてきましたが、これ以降は正しい用語である「メソッド」を使うこととします。

そして、今まで何度も出てきたMainメソッドも、まさに名前のとおりメソッドの一種です。**Mainメソッドはプログラムが起動したときに、自動的に呼び出されるメソッドで、プログラマーが呼び出しコードを書かなくても実行される特殊なメソッド**になっています。

7-5-5 引数のあるメソッドの定義と呼び出し

メソッドを呼び出す際には、**データを渡して、メソッドに処理をさせる**こともできます。呼び出されたメソッドは、このデータを使って処理をするわけです。この**データを引数（ひきすう）と呼んでいます**。

この引数を使う例として、今度は、BMI（Body Mass Index）を計算するクラスを考えてみます。BMIとは、WHOで定めた肥満判定の国際基準です。「体重（kg）÷（身長（m）× 身長（m））」で求めることができます。

さっそく、BMIを計算するクラスを定義してみましょう。このクラスはBMI値を計算する専用の計算機だと思ってください。

クラス名はBmiCalculatorとしました。BmiCalculatorクラスは、プロパティがなくメソッドだけを定義したクラスになっています。このように、**プロパティのないクラスを定義することも可能**です。

7

リスト7-12
引数のあるメソッドの定義

```
class BmiCalculator
{
    // 身長はcm単位で、体重はkg単位で渡してもらう
    public double GetBmi(int height, int weight)
    {                                   引数
        var metersTall = height / 100.0;
        var bmi = weight / (metersTall * metersTall);
        return bmi;
    }
}
```

これまでのメソッドとは違い、**メソッド名の後ろの()の中に、一連の変数が記述されています。これが引数です。メソッドが受け取るデータを示しています。**

今まで出てきた、引数がないメソッドの場合は、空の()を書いて定義していました。これで引数がないということを示していたわけです。

さて、GetBmiメソッドでは、heightとweightの2つの引数（ともにint型）を宣言しています。**引数の宣言ではvarキーワードを使うことはできません。必ず、型を明示する必要があります**。この例ではint型の引数を使いましたが、string型はもちろん、**配列やクラスも引数にすることができます**。

この2つの引数は、呼び出されるまで値は確定しないので、仮引数（かりひきすう/かびきすう）と呼ばれています。**仮引数は、メソッドの中で通常の変数と同じように利用することができ**

ます*。

メソッドの定義の最終形が書式7-9です。

書式7-9
メソッドの定義（戻り値あり、引数あり）

```
アクセス修飾子 戻り値の型 メソッド名(型名 引数名, 型名 引数名 ……)
{
    メソッドの処理
}
```

引数を使って処理をする。
戻り値の型がvoid以外では、return文が必須

* Visual Studioが自動生成するMainメソッドの仮引数については、p.241のQ & Aで説明しています。

GetBmi メソッドが呼び出されたときの処理の流れは以下のようになります。

1. 呼び出し元から引数としてデータが渡ってきて、仮引数**height**（単位はcm）と仮引数**weight**（単位はkg）に値が設定される
2. **height / 100.0**で、**height**の単位をセンチメートルからメートルに変換し、**metersTall**変数に代入する。**metersTall**変数は**double**型となる
3. **weight / (metersTall * metersTall)**を計算し、計算結果を変数**bmi**に代入する。計算結果は**double**型なので、**bmi**も**double**型になる
4. **bmi**の値を呼び出し元に返す

GetBmi メソッドを定義できましたので、今度はGetBmi メソッドを呼び出すコードを書いてみましょう。

引数のあるメソッドでは、書式7-10に示すようにメソッド名の後の()の中に、メソッドに渡したい値（引数）を指定します。**呼び出す側で指定する引数は、実際のデータであるため、実引数（じつひきすう）とも呼びます。**

書式7-10
メソッドの呼び出し（引数あり）

```
var 変数名 = new 型名();
変数名.メソッド名(引数リスト);
```

GetBmi メソッドを呼び出すコード例を以下に示します。

リスト7-13
引数のあるメソッドの呼び出し

```
var bmicalc = new BmiCalculator();
var bmi = bmicalc.GetBmi(176, 67);
Console.WriteLine("{0:.00}", bmi);
```

実引数を指定してメソッドを呼び出す

実行結果

```
21.63
```

上記のコードでは、GetBmi メソッドの1番目の仮引数heightに176が、2番目の

仮引数weightに67が渡され、GetBmiの処理が実行されます。**仮引数と実引数の数、型、順番が一致**している点に注目してください。

また、身長をメートル単位に変換する際は、100.0と小数点付きの値で割っていることにも注意してください。これをheight / 100としてしまうと、計算はint型 / int型になり、結果もint型になってしまいます。そうなると、175cmが1.75mではなく、1mに変換されてしまいます。そのため、正しい結果を得るには、100.0とする必要があります。

Console.WriteLineの{0:.00}は、0番目の引数を.00という書式で表示しなさいという意味です。.00は、小数点以下2桁まで表示するという書式指定で、小数点第3位は四捨五入されます。小数点以下1桁まで表示させたい場合は、.0と指定します。

メソッドを呼び出す際の**実引数には、リテラル値ではなく変数を渡すこともできます**。その例を示します。先ほどとは与える値を変えています。

リスト7-14 メソッドの実引数に変数を渡す

```
var bmicalc = new BmiCalculator();
var h = 162;
var w = 63;
var bmi = bmicalc.GetBmi(h, w);   ◀ 変数の値がメソッドに渡る
Console.WriteLine("{0:.00}", bmi);
```

実行結果

```
24.01
```

変数hの値である162が仮引数heightに渡り、変数wの値63が仮引数weightに渡ります。この例からわかるように、**呼び出す側の変数名と仮引数の名前は、一致させる必要はありません。引数の個数と順番が一致していればOK**です。

なお、**実引数、仮引数という用語は普段はあまり使いません**。たいていは、文脈からどちらの引数を指しているのかがわかるため、**単に引数と言う場合がほとんど**です。

7-5-6 1つのクラスに複数のメソッドを定義する

これまでは、クラスに1つのメソッドしか定義していませんでしたが、**クラスには複数のメソッドを定義することができます**。

BmiCalculatorクラスに2つ目のメソッドを定義してみましょう。

リスト7-15 複数のメソッドを定義したクラス

```
class BmiCalculator
{
    public double GetBmi(int height, int weight)
    {
        var metersTall = height / 100.0;
        var bmi = weight / (metersTall * metersTall);
        return bmi;
    }

    public string GetBodyType(double bmi)
    {
        var type = "";
        if (bmi < 18.5)
        {
            type = "痩せ型";
        }
        else if (bmi < 25)
        {
            type = "普通体重";
        }
        else if (bmi < 30)
        {
            type = "肥満(1度)";
        }
        else if (bmi < 35)
        {
            type = "肥満(2度)";
        }
        else if (bmi < 40)
        {
            type = "肥満(3度)";
        }
        else
        {
            type = "肥満(4度)";
        }
        return type;
    }
}
```

リスト7-15のように、GetBodyTypeメソッドを追加しました。このメソッドは、引数でBMI値を受け取り、痩せ型なのか、肥満なのかなどの体型の判定（⇒p.120）を行います。戻り値はstring型です。

GetBodyTypeメソッドを呼び出す側の例も示しましょう。動作を確認するには、Mainメソッドに以下のコードを書いてください。

リスト7-16
複数のメソッドの呼び出し

```
var bmicalc = new BmiCalculator();
var bmi = bmicalc.GetBmi(158, 45);
var type = bmicalc.GetBodyType(bmi);
Console.WriteLine($"あなたは「{type}」です。");
```

実行結果

```
あなたは「痩せ型」です。
```

More Information

return文の上手な使い方

return文は、メソッドの途中に書くこともできます。**return文が実行されると、その時点で処理は呼び出し元に戻ります。メソッド内のそれ以降の処理が実行されることはありません。**

先ほどのGetBodyTypeメソッドは以下のように、メソッドの途中でreturn文を使う形に書き換えることができます。

リスト7-17
メソッドの途中でreturn文を使う

```
public string GetBodyType(double bmi)
{
    if (bmi < 18.5)
    {
        return "痩せ型";
    }
    if (bmi < 25)
    {
        return "普通体重";
    }
    if (bmi < 30)
    {
        return "肥満(1度)";
    }
    if (bmi < 35)
    {
        return "肥満(2度)";
    }
    if (bmi < 40)
```

```
        {
            return "肥満(3度)";
        }
        return "肥満(4度)";
    }
```

これで、変数typeが不要になりました。また、コードの行数も短くなっています。このように、**return文をうまく利用することで、プログラムをスッキリさせることができます。**

なお、最後のreturn文が実行されるのは、いずれの条件も満たさなかったときです。つまり、BMIが40以上のときですので、bmiが40以上かどうかの判断は不要です。

戻り値のないメソッドの場合も、途中でreturn文を使うことができます。戻り値のないvoid型のメソッドでreturn文を使う場合は、戻り値の指定は必要ありません。return文が実行された時点で、処理が呼び出し元に戻ります。

たとえば、24時間制の時間を12時間制の表示に変えて表示したいとします。そのメソッドPrint12Hourの定義例です。ここでは、Programクラスの中に、Print12Hourメソッドを定義しました。

リスト7-18 戻り値のないメソッドでreturn文を使う

```
class Program
{
    static void Main(string[] args)
    {
        Print12Hour(5);   ← 同じクラス内のメソッドを呼び出すときは、メソッド名だけで呼び出せる
        Print12Hour(15);
        Print12Hour(25);
    }

    static void Print12Hour(int hour)
    {
        if (hour < 0 || 24 < hour)
        {
            Console.WriteLine("正しい時間ではありません");
            return;   ← ここで呼び出し元に戻る
        }
        if (hour <= 12)
        {
            Console.WriteLine("午前{0}時です", hour);
        }
        else
        {
            Console.WriteLine("午後{0}時です", hour - 12);
        }
```

```
    }
}
```

Print12Hourメソッドの前にも、Mainメソッドと同様にstaticキーワードが付いていますが、この意味は第8章で説明します。今は、Mainメソッドが定義してあるクラスにメソッドを定義する場合は、staticを付けると覚えておいてください。

Print12Hourメソッドでは、最初に引数の値が正常値かどうかを調べ、0時未満の異常値、24時を超える異常値だったらエラーメッセージを出し、return文でメソッドから抜け出しています。

メソッド途中でのreturn文は、この例のように異常値だったら処理をしたくないといったときによく利用されます。

リスト7-18の実行結果は以下のとおりです。

実行結果

```
午前5時です
午後3時です
正しい時間ではありません
```

なお、リスト7-18の吹き出しにもあるように、**同じクラスに定義されているメソッドを呼び出す場合は、メソッド名だけ（ドット以前は書かなくてよい）で呼び出すことができます。**

7-6 メソッドの利点

読者の中には、メソッドを導入することでプログラムが複雑になったように感じ、かえって処理がわかりにくくなったと思う方もいらっしゃるかもしれません。

しかし、大きなプログラムのあちこちでBMIを計算する必要があったらどうでしょうか？ BMIを計算したい個所すべてで、

```
var metersTall = height / 100.0;
var bmi = weight / (metersTall * metersTall);
```

と書くよりは、GetBmiメソッドを定義し、

```
var bmi = bmicalc.GetBmi(height, weight);
```

と書いた方が、間違いも少なくなりますし、コード量も減ります。この計算式がもっと複雑だった場合はなおさらです。

つまり、メソッドを定義して繰り返し記述される同じコードを1つにまとめることで、無駄を省き、間違いを起こしにくくする、というメリットを得ることができます。

そして、「何をやっているのか」も明確になります。メソッドを定義することは一連の処理に名前を付けることです。これは現実世界でも行われていることですね。たとえば、掃除をする、洗濯をする、通勤する、本を読むなどなど。もし、これらに名前が付いていなかったら、人とのコミュニケーションが成り立ちません。プログラミングの世界でも同じことです。

つまり、同じ記述が繰り返し現れない場合であっても、メソッドを定義することで、以下のようなメリットを得ることができます。

[メソッドを定義することによるメリット]

- **「何をやるのか」をより明確にできる**
- **プログラムを適度な大きさに分割でき、より理解しやすくなる**
- **繰り返し記述される同じコードを1つにまとめることで、無駄を省き、間違いを起こしにくくする**
- **細部を知らなくても、プログラムの全体像が把握できる**

これらのメリットはクラスの効能でも言えることですが、同じことが、その中にあるメソッドでも言えるのです。

Q & A クラス内のメソッドなどの順番には約束事がある？

Q 1つのクラスに複数のメソッドを定義できるとのことですが、メソッドを記述する順番には約束事がありますか？

A **メソッドを定義する順番は、どのような順番でもかまいません。**
メソッドとプロパティが交互に定義されていても文法上は問題はありません。**読みやすさの観点からは、プロパティ同士は近くに定義するなどの工夫をすると良い**でしょう。
なお、Visual Studioの機能を使えば、簡単な操作で、調べたいメソッドの定義に移動することができます。たとえば、GetBodyTypeメソッドを呼び出している行にカーソルを移動し、F12キーを押せば、GetBodyTypeメソッドを定義している個所に移動することができます。Ctrlキーを押しながら-キーを押せば、呼び出し元に戻ることができます。

7-7 変数のスコープ

以下に示すプログラムを変数numに着目して読んでみてください。そして、実際に動かし、予想と一致するかどうか確かめてみてください。

リスト7-19 変数の有効範囲（スコープ）を確認するためのコード

```
class Program
{
    static void Main()                          Mainメソッド
    {
        var num = 10;
        Console.WriteLine(num);
        Print();
        Console.WriteLine(num);
    }

    static void Print()                         Printメソッド
    {
        var num = 123;  ◀ Mainメソッドのnumとは別のもの
        Console.WriteLine(num);
    }
}
```

リスト7-19は、変数の有効範囲を確認するためのプログラムです。結果は以下のとおりです。

```
10
123
10
```

これからわかることは、Mainメソッドの変数numとPrintメソッドのnumは別物であるということです。つまり、**メソッド内で変数を定義した場合、その有効範囲**

は、そのメソッドの中だけになります。メソッドが別ならば同じ名前の変数であってもまったく別物として扱われます。この**有効範囲のこと**を**スコープ**と言います。

もし、変数に有効範囲というものがなく、同じ変数名ならば別々のメソッドにあっても同じものであるというルールだとすると、プログラミングがとてもやりにくくなるのは想像できると思います。「変数を10に設定しているはずなのに、いつのまにか別の値に変更されてしまった」なんてことが頻繁に発生し、バグだらけのプログラムになってしまいます。

もう少し厳密に説明すれば、メソッド内で宣言された変数（これを**ローカル変数**と言います）のスコープのルールは以下のようになります。次ページ図7-8も併せて参照してください。

[ローカル変数のスコープのルール]

1. **その変数が宣言されているブロック内（波括弧{}でくくられた部分）がスコープになる。if文やfor文で{}を省略した場合でも、{}があるものとしてスコープが決まる**
2. **for文のループカウンターのスコープは、for文全体になる。for文の外からは参照できない**
3. **メソッドの仮引数は、そのメソッド内がスコープになる**

上記の「ルール1」がわかるように、まずコンパイルエラーとなる例を示しましょう。PrintEvenOrOddメソッドはMainメソッドが定義されているクラスの中に定義してください。

リスト7-20 変数のスコープの「ルール1」を確認するためのコード（コンパイルエラー）

```
static void PrintEvenOrOdd(int num)
{
    if (num % 2 == 0)
    {
        var str = "偶数";   ← このstrは{}内で有効
    }
    else
    {
        var str = "奇数";   ← このstrも{}内で有効
    }
    Console.WriteLine(str);   ← コンパイルエラー。ここでは、strにアクセスできない！
}
```

このメソッドは、引数で与えられた数値が偶数か奇数かを判定し表示するメソッドです。しかし、変数strは、それぞれの{}ブロックの中だけで有効ですから、ブロックを抜けるとなくなってしまいます。Console.WriteLineの行では、変数strは存在しないので、コンパイルエラーになります。{}を省略した場合でも同様です。

図7-8
ローカル変数のスコープ

1.
```
public void Method()
{
    var methodValue = ……;
    ⋮
    if (……)
    {
        var ifValue = ……;
        while (……)
        {
            var whileValue = ……;
            ⋮
        }
    }
}
```


2.
```
for (var i = 1; i <= 10; i++)
{
    ⋮
}
```


3.
```
public int SampleMethod(int arg1, string arg2, ……)
{
    ⋮
}
```


コンパイルエラーとならないようにするには、以下のように書く必要があります。

リスト7-21
変数のスコープの「ルール1」を確認するためのコード

```
static void PrintEvenOrOdd(int num)
{
    string str;   これで変数strのスコープが広くなった
    if (num % 2 == 0)
    {
        str = "偶数";
```

```
        }
        else
        {
            str = "奇数";
        }
        Console.WriteLine($"{num}は{str}");
    }
```

実行して確認するために、PrintEvenOrOddメソッドを呼び出すコードも示しておきましょう。

```
static void Main()
{
    PrintEvenOrOdd(6);
    PrintEvenOrOdd(25);
}
```


実行結果

```
6は偶数
25は奇数
```

次に「ルール2」の例も示しましょう。まずは、コンパイルエラーになるコードです。実際に試すには、このコードをMainメソッドの中に書いてください。

リスト7-22 変数のスコープの「ルール2」を確認するためのコード（コンパイルエラー）

```
var array = new int[] {5, 8, 4, 9, 5, -3, 6};
for (var i = 0; i < array.Length; i++)
{
    if (array[i] < 0)
    {
        break;   ← ループから脱出する（break;の振る舞いについては、p.117を参照）
    }
}
if (i < array.Length)   ← ループカウンター iは利用できないので、ここでコンパイルエラー
{
    Console.WriteLine($"配列最初のマイナス値は {array[i]}です。");
}
else
{
    Console.WriteLine("配列にマイナス値はありませんでした。");
}
```

このメソッドは、配列の中にマイナスの値があるかどうかを調べています。マイナス値が最初に見つかるとその値を表示しています。

ループカウンターiは、forブロックから抜けるとなくなってしまいますので、ループの外側で変数iを参照することはできません。そのため上記コードはコンパイルエラーとなります。

コンパイルエラーをなくすには、以下のように書く必要があります。

リスト7-23
変数のスコープの「ルール2」を確認するためのコード

```
var array = new int[] {5, 8, 4, 9, 5, -3, 6};
var foundIndex = -1;
for (var i = 0; i < array.Length; i++)
{
    if (array[i] < 0)
    {
        foundIndex = i;   ◀変数iはforループの外では見えないので、foundIndexに代入
        break;
    }
}
if (foundIndex >= 0)   ◀マイナス値が見つからなかった場合、foundIndexは初期値（-1）のまま
{
    Console.WriteLine($"配列最初のマイナス値は {array[foundIndex]}
                                                        ↳です。");
}
else
{
    Console.WriteLine("配列にマイナス値はありませんでした。");
}
```

実行結果

```
配列最初のマイナス値は -3です。
```

ここまで読んで、「変数のスコープってなんだか面倒くさいな。メソッドごとに変数のスコープがあるのは理解できるけど、同じメソッド内ならば、どこでも参照できれば便利なのに」と思ったかもしれません。

そういった面は確かにあります。しかし、この**変数のスコープの細かいルールは、プログラムのミスを減らすために必要**なものです。プログラミングを始めたばかりだとなかなか実感できませんが、**プログラムは修正/追加が繰り返されるのが常です。スコープが短ければ、短時間で修正の影響範囲を見極めることができます**。しかし、変数のスコープが広いと、影響範囲の見極めに時間がかかりますし、安易な変更で思わぬ個所に悪影響が出てしまう場合があるのです。

オブジェクト指向プログラミングを始めるうえでの注意点

この章で、属性（データ）と振る舞い（手続き）を一体化したものがオブジェクトであると説明しました。

しかし、**実際のプログラムでは、属性のみのクラス、振る舞いのみのクラスというケースもあります。**「引数のあるメソッドの定義と呼び出し」で示したBmiCalculatorも、メソッドのみのクラスでした。もし、属性だけのクラスがあったとしたら、別のクラスでそのオブジェクトを操作することになります。**複数のクラスが関連しあい処理を行うのです。「オブジェクト＝データ＋振る舞い」が絶対条件であるとは考えないでください。**

また、**オブジェクト指向プログラミングは、現実世界をそのままプログラミングの世界に写し取る技術でもありません。**もちろん、現実に存在する物はオブジェクトの候補になりますが、現実にある物をそっくりそのままオブジェクトにする必要はありません。**現実世界をそのままソフトウェアで再現するようなイメージを持つと、かえってオブジェクト指向プログラミングがわからなくなってしまいます。**

なお、オブジェクト指向の説明をすると、オブジェクトは自発的に動くようなイメージを持つ人がいますが、そんなこともありません。**オブジェクトはあくまでも受動的なもの**です。誰かに呼び出されることで初めて仕事（振る舞い）をするのです。

確認・応用問題

Q1 **1.** リスト7-1のBookクラスにメモプロパティMemoを追加してください。Memoの型はstring型とします。

2. Bookクラスのすべてのプロパティ（Memoプロパティも含める）の値を表示するメソッドPrintを追加してください。表示する書式は自由に決めてかまいません。

Q2 **1.** 以下の4つのプロパティを持つ従業員を表すEmployeeクラスを定義してください。

- Id：従業員番号（int型）
- FamilyName：従業員の姓（string型）
- GivenName：従業員の名（string型）
- EmailAddress：Emailアドレス（string型）

2. Employeeクラスに、姓と名を連結した値を返すGetFullNameメソッドを定義してください。姓と名の間には半角スペースを1つ入れてください。

3. Employeeクラスのインスタンスを2つ生成し、それぞれのインスタンスに対し、GetFullNameを呼び出し、その戻り値を表示するコードを書いてください。

第 8 章

静的メソッド/静的プロパティ/静的クラス

C#には、staticキーワードを使って定義できる静的メソッド、静的プロパティ、静的クラスというものがあります。これらはインスタンスを生成しなくても利用することが可能です。
これはいったいどういうことなのでしょう？
この章では、これらがどうして必要なのか、その理由も含めて学習していきます。
.NETの中にもたくさんの静的メソッド、静的プロパティ、静的クラスが用意されています。この章を読み、十分納得してこれらのクラスを利用できるようになってください。

8-1 staticとは何なのだろう?

ここまで注意深く読んできた方は、以下のような疑問が湧いているのではないでしょうか?

[疑問点1] Console.WriteLineメソッドやConsole.ReadLineメソッドは、どうして、インスタンスを生成していない(new演算子を使っていない(⇒p.13、p.96など))のに呼び出せるんだろう?
[疑問点2] これまで、Mainメソッドなど、staticキーワードが付いたメソッドが出てきたけど、このstaticってどんな意味があるんだろう?

ここでは、.NETに用意されているDateTime構造体というものを例にとって、その疑問にお答えしようと思います。

構造体はクラスととてもよく似たものです。定義の仕方に若干の違いがありますが、クラスと同様、メソッドやプロパティもありますし、new演算子でインスタンスを生成することも同じです。そのため、現時点では構造体とクラスは同じものであると考えてもらってかまいません*。もちろん、使い方も同じです。DateTime構造体は、上の疑問に答えるのに最適なので選びました。なお、DateTime構造体については、第9章で再度説明します。

*構造体の定義方法やクラスとの違いについては、第11章で説明しています。

8-2 インスタンスプロパティとインスタンスメソッド

C#においては、クラスと同様、**構造体も「型」という位置付け**であり、DateTime構造体は、その名前のとおり日時を扱う型です。そのため、DateTime型と言う場合もあります。

DateTime構造体には、Year、Month、Day、Hour、Minute、Secondなどの日付や時刻に関するプロパティが定義されています。

以下に、Year、Month、Dayの3つのプロパティを使ったDateTime構造体の簡単な使用例を示します。

リスト8-1 インスタンスプロパティへのアクセス例

```
var date = new DateTime(2019, 10, 8); ← インスタンス生成時に「2019年10月8日」の値を渡す
var year = date.Year;
var month = date.Month;
var day = date.Day;
Console.WriteLine("{0}年{1}月{2}日", year, month, day);
```

実行結果

```
2019年10月8日
```

最初の行で、new演算子を使いインスタンスの生成を行っています。このとき、引数（⇒p.211）に年、月、日の値を渡しています*。これにより、DateTimeオブジェクトのYearプロパティ、Monthプロパティ、Dayプロパティに値が設定されます。

*構造体やクラスには、インスタンスを生成するときに、引数として値を設定できるものもあります（⇒p.286）。

プロパティへのアクセス方法は、通常のクラスと同じです。「変数名.プロパティ名」でプロパティにアクセスすることができます。

ここで示したYear、Month、Dayといったプロパティは、**オブジェクト（インスタンス）の変数を通じてアクセス**しています（⇒p.195）。そのため、このようなプロパティを**インスタンスプロパティ**と呼んでいます。第7章で説明したBookクラスのTitle、Authorなどのプロパティもインスタンスプロパティです。

次に、DateTime型のメソッドを呼び出すコードも見てみましょう。

リスト8-2 インスタンスメソッドの呼び出し例

```
var date = new DateTime(2019, 4, 30);  // 2019年4月30日のインスタンスを生成
var date1 = date.AddDays(1);  // 1日後を求める
var date2 = date.AddMonths(6);  // 6カ月後を求める
Console.WriteLine(date1);
Console.WriteLine(date2);
```

実行結果

```
2019/05/01 0:00:00
2019/10/30 0:00:00
```

DateTime型のAddDaysメソッドは、N日後を求めるメソッド、AddMonthsメソッドは、Nカ月後を求めるメソッドです。リスト8-2は、吹き出しにあるとおり、1日後、6カ月後を求めています。AddDaysメソッド、AddMonthsメソッドともに戻り値の型はDateTime型ですので、変数date1、変数date2もDateTime型になります。

先ほどのYearプロパティなどと同様に、これらのメソッド(AddDays、AddMonths)も**オブジェクト(インスタンス)の変数を通じて呼び出しています**。そのため、このようなメソッドを**インスタンスメソッド**と呼んでいます。第7章で説明したBookクラスのPrintメソッドもインスタンスメソッドです。

8-3 静的メソッドと静的プロパティ

次に、DateTime構造体を使って2020年がうるう年かどうかを調べるコードを見てみましょう。IsLeapYearは、戻り値がbool型（⇒p.78）のメソッドで、引数で与えた年がうるう年ならtrueを返し、うるう年でないならfalseを返します。

リスト8-3 静的メソッドの呼び出し例*

*if文の()内のisLeapYearに続く==trueは省略できます（⇒p.111）。

```
var isLeapYear = DateTime.IsLeapYear(2020);   ◀IsLeapYearは静的メソッド
if (isLeapYear)
{
    Console.WriteLine("うるう年です");
}
```

実行結果

```
うるう年です
```

このコードを見て気が付くことは、DateTime型のインスタンスを生成していない点です。new演算子は使われていません。**その代わり、DateTimeの型名を使って、IsLeapYearメソッドを呼び出しています。**

このように**インスタンスを生成せずに利用できるメソッドを静的メソッド（staticメソッド）と言います。**

静的メソッドの呼び出し方は次のとおりです。

書式8-1 静的メソッドの呼び出し方（引数なし）

```
型名.メソッド名()
```

書式8-2 静的メソッドの呼び出し方（引数あり）

```
型名.メソッド名(引数リスト)
```

実は、**これまで利用してきたConsole.WriteLine、Console.Write、Console.ReadLine、String.Format、int.Parseも静的メソッドとして定義されている**のです。**そのため、インスタンスを生成しないで呼び出すことができた**のです。これが、本章冒頭の「**疑問点1**」の答えです。

同様に、**インスタンスを生成せずに利用できるプロパティを静的プロパティ(staticプロパティ)と言います**。

たとえば、DateTime型には、今日の日付を取得するTodayという静的プロパティが存在しています。次のように直接プロパティ名を書くだけで、今日の日付を得ることができます。

リスト8-4 静的プロパティへのアクセス

```
var today = DateTime.Today;  ◀Todayは静的プロパティ、todayはDateTime型
Console.WriteLine($"{today.Year}年{today.Month}月{today.Day}日");
```

実行例

```
2018年11月28日
```

静的プロパティへのアクセスの仕方を書式として示すと、次のようになります。

書式8-3 静的プロパティへのアクセスの仕方

```
型名.プロパティ名
```

8-3-1 静的(static)の意味

ではなぜ、IsLeapYearメソッドは静的メソッドなのでしょうか?

IsLeapYearメソッドがインスタンスメソッドだとしたらどうなのかを考えてみれば、静的メソッドである理由がわかってきます。

IsLeapYearメソッドがインスタンスメソッドとして定義されていた場合に考えられるコード例を2つ示します。1868年から2030年までのうるう年を出力するためのコードです。実際には、どちらもコンパイルエラーになります。

まず、1つ目の例を示します。

リスト8-5 1868年から2030年までのうるう年を出力するつもりのコード(1)

```
✖ for (var year = 1868; year <= 2030; year++)
{
    var date = new DateTime(year, 1, 1);  ◀DateTimeに渡している1月1日には意味がない
    if (date.IsLeapYear())
    {
        Console.WriteLine(year);
    }
}
```

このコードでは、リスト8-1と同様にDateTime構造体のインスタンス生成時に年、月、日の値を渡していますが、このコードのおかしな点は、1月1日という仮の余計な値を渡している点です。

うるう年かどうかを求めるには、年の値（変数year）だけがあればいいわけですから、仮の月と仮の日を必要とするこのコードは、不自然です。インスタンス生成時に年の値だけ渡せばいいのでは？と考えるかもしれませんが、それだと、DateTimeが日時を扱う型であるという根本的な部分が崩れてしまいます。

次に、2つ目の例です。

リスト8-6 1868年から2030年までのうるう年を出力するつもりのコード（2）

```
for (var year = 1868; year <= 2030; year++)
{
    var date = new DateTime();  ◀日時未定のDateTimeオブジェクトを生成
    if (date.IsLeapYear(year))
    {
        Console.WriteLine(year);
    }
}
```

2つ目のコードは、1つ目のコードと比べると余計な引数を与えていませんので、いく分コードが改善されています。

しかし、日時未定の（中身が空っぽの）DateTimeオブジェクトを生成してからでないと、「year年はうるう年ですか？」と尋ねることができないのは不便です。そもそも、オブジェクト指向におけるメソッドというのは、そのオブジェクトが保持している情報をもとに答えを返すという考え方が基本にあります。しかし、空っぽのオブジェクトに対して、そのオブジェクトとは無関係の年について尋ねるのはその考えに反しています。

なぜ、IsLeapYearメソッドがインスタンスメソッドだったと仮定したときのコードはしっくりとこなかったのでしょうか？ それは、「X年がうるう年かどうかを判断する」という処理は、何年何月何日という**個々のインスタンスに依存した処理ではない**からです。もっと、大くくりの日付という**概念に属する機能だから**です（⇒次ページ図8-1）。

そのため、DateTime型のIsLeapYearメソッドは、**インスタンスを生成しなくても使える静的メソッドとして定義してある**のです。

今日の日付を取得するTodayプロパティも同様です。たとえば、2019年10月8日といった特定の日時データを持つオブジェクトに対して、「今日の日付を教えてください」と尋ねるとしたら、どこかおかしいですよね。そのため、Todayプロパティもインスタンスを生成しなくても利用できる静的プロパティになっています。

図8-1
うるう年の判定時の考え方

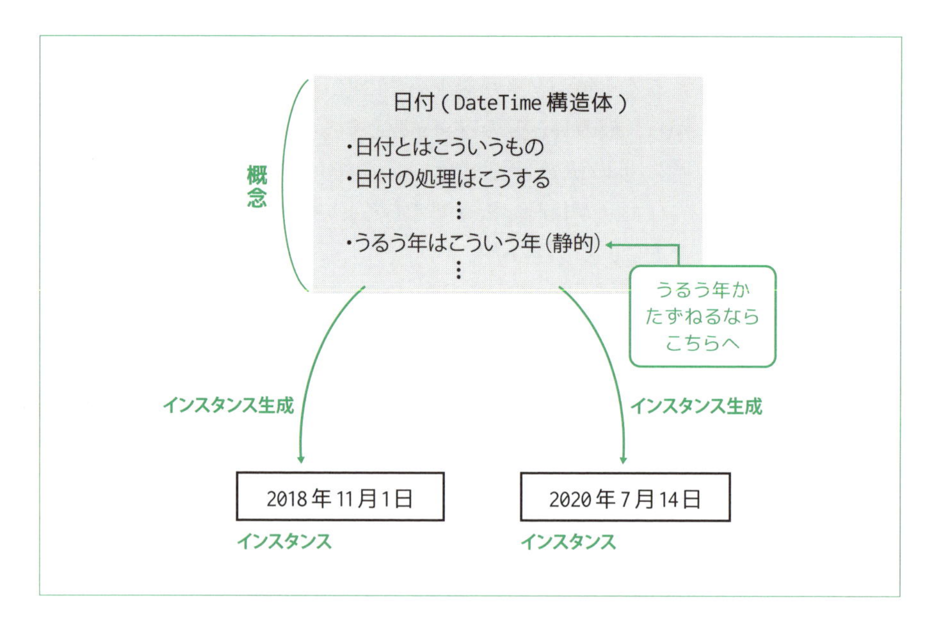

静的プロパティも静的メソッドも「概念」に属しています。これらは、直接インスタンスには関係していないのですから、クラス名、構造体名を指定して呼び出す書き方になっているわけです。

それでは、DateTime型のIsLeapYear静的メソッドを使った正しいコードを示しましょう。

リスト8-7
1868年から2030年までのうるう年を出力するコード

```
for (var year = 1868; year <= 2030; year++)
{
    if (DateTime.IsLeapYear(year)) ◀インスタンスを生成しないでメソッドを呼び出している
    {
        Console.WriteLine(year);
    }
}
```

8-3-2 静的メソッドと静的プロパティを定義してみる

静的メソッド、静的プロパティの意味がわかったところで、静的メソッドと静的プロパティを実際に定義してみましょう。

以下のコードは、前章のp.201リスト7-7のBookクラスの定義を改変したものです。静的メソッドと静的プロパティの動作を確認するためだけのコードとなっていますが、その点はご了承ください。

リスト8-8 静的メソッドと静的プロパティの定義*

＊話を単純化するために、リスト7-7で定義していたPagesプロパティとRatingプロパティは定義していません。

```
class Book
{
    // 静的プロパティ
    public static int Count { get; set; }   ← staticキーワードで静的プロパティを定義

    // 静的メソッド
    public static void ClearCount()   ← staticキーワードで静的メソッドを定義
    {
        Count = 0;
    }

    public string Title { get; set; }
    public string Author { get; set; }

    public void PrintTitle()
    {
        Console.WriteLine("書籍名: {0}", Title);
        Count++;   ← 自分の所属クラスのプロパティなので、Book.Count++; とクラス名を指定する必要はない

        Console.WriteLine(Count);
    }
}
```

Bookクラスに、Countという静的プロパティを定義しています。型名の前に**staticキーワードを付けることで静的プロパティになります**。このプロパティはPrintTitleメソッドが呼ばれた回数を保持します。

このCountプロパティは、Bookインスタンスの数にかかわりなく（インスタンスが1つも生成されていなくても）メモリの中にただ1つだけ存在するプロパティとなります。

なお、Countプロパティは初期値をどこでも指定していませんが、**数値型のプロパティは初期化しなくても初期値は0に設定される**ようになっています。

ClearCountメソッドも、**staticを指定していますので静的メソッドとなり**、インスタンスを生成しなくても利用できます。

PrintTitleメソッドは、staticキーワードを付けていませんので、インスタン

スメソッドです。PrintTitleメソッドの中では、Countプロパティに1を加えています。Countプロパティはメモリの中に1つだけ存在するプロパティですから、どのBookオブジェクトのPrintTitleメソッドを呼んでも、Countプロパティの値が1ずつ増えていくことになります。

以下に、このBookクラスを利用するコード例を示します。

リスト8-9 静的メソッドと静的プロパティを利用する

```
var book1 = new Book { Title = "伊豆の踊子", Author = "川端康成" };
book1.PrintTitle();
var book2 = new Book { Title = "走れメロス", Author = "太宰治" };
book2.PrintTitle();
var book3 = new Book { Title = "銀河鉄道の夜", Author = "宮沢賢治" };
book3.PrintTitle();
Book.ClearCount();
Console.WriteLine(Book.Count);
```

実行結果

```
書籍名: 伊豆の踊子
1
書籍名: 走れメロス
2
書籍名: 銀河鉄道の夜
3
0
```

この結果から、PrintTitleメソッドが呼ばれるたびにCountの値が1ずつ増えているのが確認できます。ClearCountメソッドを呼び出すと、Countの値は0に戻されているのも確認できます。

もし、Countがインスタンスプロパティだった場合は、インスタンスごとに別々にCountプロパティが存在することになりますので、PrintTitleメソッドが何回呼ばれたのかを把握することはできません。

ここまで読んでくれば、本章冒頭の「**疑問点2**」の答えも明らかですね。**staticは、インスタンスを生成しないで利用できることを示すキーワード**ということです。

ちなみに、C#では、**プログラムが開始されるエントリポイント(プログラムが開始される入り口)は、Mainメソッドと決まっています**。そして、この**エントリポイントは静的メソッドでなければならない、という約束**があります。そのため、**Mainメソッドは静的メソッドとして定義**しているのです。

静的クラス

前節では、staticキーワードを使いメソッドやプロパティを静的にすることを学びました。クラスの中には、この**静的メソッド、静的プロパティしか持たないクラス**というものがあります。

たとえば、以下のようなクラスを考えてみましょう。

リスト8-10 静的メソッドだけを持つクラス

```
class ArrayUtils
{
    // 配列内の数値の合計を求める
    public static int Total(int[] numbers)
    {
        var total = 0;
        foreach (var n in numbers)
        {
            total += n;
        }
        return total;
    }

    // 配列内の数値の平均を求める
    public static double Average(int[] numbers)
    {
        var total = Total(numbers);  ◀上記のTotalメソッドを呼び出す
        return (double)total / numbers.Length;
    }
}
```

このArrayUtilsクラスでは、2つのメソッドを定義しています。

Totalメソッドは、配列内の数値の合計を求め、その結果を返しています。この例のように、**メソッドは配列を引数にすることも可能**です。

Averageメソッドは、配列内の数値の平均値を求め、その結果を返しています。

合計を求めるところでは、上記のTotalメソッドを呼び出しています。

このように、同一クラス内のメソッドを呼び出す場合は、メソッド名だけで呼び出すことができます(⇒p.217)。

この2つのメソッドは、staticキーワードが付いていますから静的メソッドです。つまり、ArrayUtilsクラスのインスタンスを生成しなくても利用することができます。以下にそのコード例を示します。

リスト8-11 静的メソッドを利用する

```
var scores = new int[] { 55, 60, 45, 70, 85, 93, 68 };
var total = ArrayUtils.Total(scores);          } 静的メソッドの呼び出し
var average = ArrayUtils.Average(scores);
Console.WriteLine($"合計:{total}, 平均:{average}");
```

実行結果

```
合計:476, 平均:68
```

しかし、はじめのうちは以下のようなコードを書いてしまう可能性があります。

```
✖ var scores = new int[] { 55, 60, 45, 70, 85, 93, 68 };
var utils = new ArrayUtils();   ← この行は本来は不要。utils変数は使われない
var total = ArrayUtils.Total(scores);
var average = ArrayUtils.Average(scores);
Console.WriteLine($"合計:{total}, 平均:{average}");
```

もちろん、これでも正しい結果を表示してくれます。しかし、Totalメソッドも Averageメソッドもutils変数を必要としていませんから、2行目のArrayUtilsクラスのインスタンスを生成するコードはまったくの無駄です。

このような**無駄なコードを防止するには、クラスそのものを静的クラスにしてしまう**ことです。**静的クラスは、インスタンスを生成することができません**。

静的クラスを定義するには、以下のように**classキーワードの前にstaticキーワードを付加**します。なお、**静的クラスでは、すべてのメソッドとプロパティにはstaticキーワードを付けて静的にする必要があります**。

リスト8-12 静的クラスの定義

```
static class ArrayUtils   ← staticキーワードで静的クラスにする
{
    // 配列内の数値の合計を求める
    public static int Total(int[] numbers)
    {
        var total = 0;
```

```
        foreach (var n in numbers)
        {
            total += n;
        }
        return total;
    }

    // 配列内の数値の平均を求める
    public static double Average(int[] numbers)
    {
        var total = Total(numbers);  ◀上記のTotalメソッドを呼び出す
        return (double)total / numbers.Length;
    }
}
```


これで、ArrayUtilsクラスは静的クラスになりましたので、以下のコードはコンパイルエラーになります。

```
✖ var utils = new ArrayUtils();  ◀コンパイルエラー
```

静的クラスでは、インスタンスメソッド/インスタンスプロパティを定義することができません。インスタンスを生成できないのですから当然ですね。

このようにクラスを静的にする（つまり、インスタンスを生成できないクラスにする）ことで、インスタンスを生成してしまう間違いをなくすことができるのです。

この静的クラスの代表的なクラスのひとつが、Console.WriteLineメソッドが定義されている**Consoleクラス**です。Consoleクラスにはインスタンスメソッドやインスタンスプロパティは存在しません。静的クラスですからnew演算子でインスタンスを生成することはできません。

```
✖ var con = new Console();  ◀コンパイルエラー
```

インスタンスメソッドと静的メソッドの両方を持つDateTime型などとは異なり、Consoleクラスなどの静的クラスは、見方を変えると、ただ1つだけのインスタンスがプログラム開始時に生成されているオブジェクトであるという解釈もできます。すでに生成されているConsoleオブジェクトに対して、「指定した文字列をコマンドプロンプト画面に表示してね」「コマンドプロンプト画面から文字列を入力してね」とお願いしていると考えることもできるわけです。

.NETには、このConsoleクラスのほかにも静的クラスがあります。たとえば、第9章で紹介する**Mathクラス**や**Fileクラス**もそのひとつです。

Q & A 静的クラスと通常のクラスはどう使い分ければいい？

Q クラスを定義する際、静的クラスと通常のクラスをどう使い分ければいいのでしょうか？ 全部を静的クラスにしてもいいんじゃないかなと思います。その方が便利そうです。

A 静的クラスは、インスタンスが生成できないクラスです。インスタンスが生成できないということは、どういうことなのかを考えてみましょう。
本書で何度も出てきたBookクラスを静的クラスにしたら何が起こるでしょうか？
同時に複数の本を扱うことができなくなります（前章のp.199リスト7-6を参照してください。複数のBook型のインスタンスを作成していますよね）。従業員クラスや商品クラス、売り上げクラスなどを定義した場合も、複数のオブジェクトを生成できないと不都合が起こるのがわかると思います。
このことからわかるように、静的クラスを定義する頻度はそれほど多くはありません。**ほとんどのクラスは、インスタンスを生成できる通常のクラス**（staticキーワードを付けないクラス）**として定義します。**
どんなときに静的クラスとして定義するのかというひとつの基準としては、**複数のインスタンスを生成し、それぞれに別の状態や値を保持する必要があるのかないのか**ということが挙げられます。それぞれ別の状態や値を保持する必要がなければ、それは静的クラスにする判断材料のひとつになります。
リスト8-12のArrayUtilsクラスの場合は、インスタンスを複数生成したとしてもそれぞれのオブジェクトに別々の状態や値を保持する必要はありませんので、ArrayUtilsクラスを静的クラスにすることは適切です。

Q & A string[] argsって何？

Q Visual Studioが自動生成したソースコードの**Main**メソッドには、**string[] args**という引数が定義されていますが、この引数では何を受け取るのですか？

A string[]からわかることは、文字列の配列を受け取るということですね。argsという名前はargumentsの略です。もちろん引数の名前ですから、argsでなくてもかまいませんが、Javaなどの他の言語も含め、Mainメソッドの引数には、argsという名前を付けるのが一般的です。
では、何を受け取るのかと言えば、プログラム起動時に指定したパラメーターを受け取ることができるのです。
プログラムの名前がArgsSample.exeだとすると、コマンドプロンプトの画面で以下のようにしてプログラムを起動すれば、プログラムに情報を渡すことが可能です。

```
C:¥Sample>ArgsSample red green blue
```

これは、ArgsSample.exeが、C:¥Sampleフォルダにある場合の例です。
次に示すコードで確かめてみましょう。引数の内容を表示するだけの簡単なコードです。何番目の要素を取り出しているかを明確に示すために、この例ではfor文を使っています。

```
static void Main(string[] args)
{
    for (var i = 0; i < args.Length; i++)
    {
        var s = args[i];
        Console.WriteLine($"{i}番目の引数は、{s}です");
    }
}
```

実行結果

```
0番目の引数は、redです
1番目の引数は、greenです
2番目の引数は、blueです
```

確認・応用問題

Q1

1. リスト8-12の`ArrayUtils`クラスに、`int`型の配列の中から最大値を求める`Max`静的メソッドを追加してください。このとき、配列には1つ以上の要素が必ず入っているものと仮定してかまいません。

2. `ArrayUtils`クラスに、`int`型の配列の中から最小値を求める`Min`静的メソッドを追加してください。このとき、配列には1つ以上の要素が必ず入っているものと仮定してかまいません。

3. `Max`メソッド、`Min`メソッドを使うコードを書いて、正しく動作するか確認してください。

Q2 第7章で作成した`BmiCalculator`クラス（⇒p.214リスト7-15）について、次のコードを書いてください。

1. `GetBmi`と`GetBodyType`の2つのメソッドを静的メソッドに変更してください。

2. 上の **1** で変更した`BmiCalculator`クラスを静的クラスに変更してください。

3. p.215リスト7-16で示したコードを新しい`BmiCalculator`クラスに合わせて書き換えてください。

第 9 章

クラスを使いこなそう

C#プログラミングに必要なのは、文法の知識だけではなく、.NETが用意しているさまざまなクラスを使いこなすことです。
この章では、まず、クラスを種類ごとにグループ分けして管理することができる名前空間について学びます。名前空間は、本格的なプログラムの作成には欠かせないものです。
次に、.NETの代表的なクラスの主だったメソッドの使い方について学びます。プログラミングのさまざまな場面で利用できる便利な機能をピックアップしています。

9-1 名前空間

まず、これまで説明を先延ばしにしてきた「名前空間」というものについて説明しましょう。

プログラムが大きくなると、たくさんのクラスが作成されることになります。第7章で述べたように、クラスはオブジェクト指向プログラミングの基本単位で、クラスの名前で他のクラスと区別されます。

そのため、これまで学んできた方法で**たくさんのクラスを作成していく場合、そのクラスの名前を一意*に保つ工夫が必要**になります。複数の開発グループで1つのアプリケーションを開発する場合や、他社が作成したライブラリ*を利用する場合などは、クラス名が重複してしまう可能性が高くなります。ある一定のルールを設けてクラスの名前が衝突しないようにすることもできますが、開発者に大きな負担をかけることになってしまいます。

C#では、このような問題に対応するための仕組みが用意されています。それが**名前空間**（英語ではNamespaceと言います）です。

*「一意」とは、「ただ1つであること」を意味します。プログラミング関連ではよく使われる言葉です。

*ライブラリ（Library）とは、広くさまざまな場面で利用できる便利なプログラムの部品を集めて、1つのまとまりとしたものです。

図9-1 名前空間

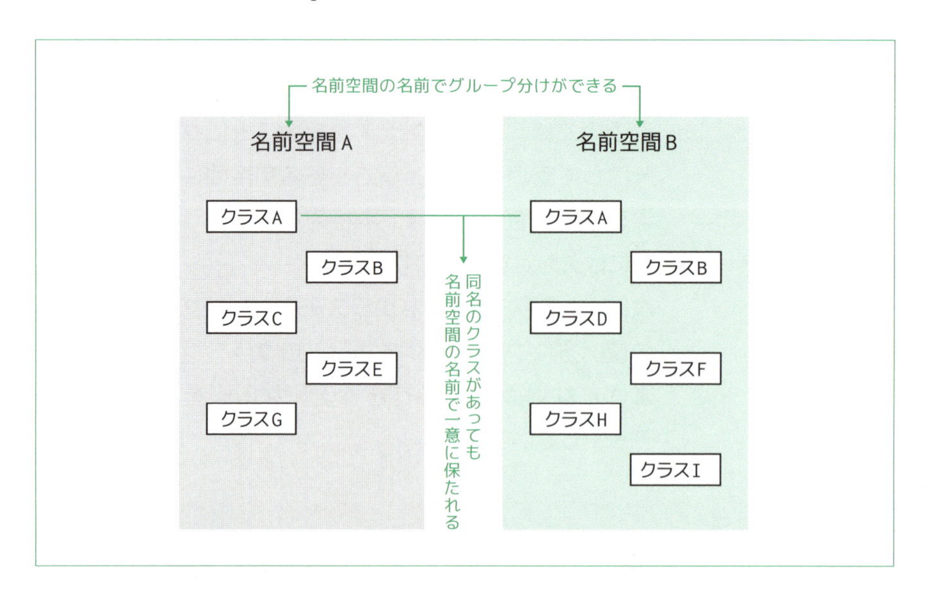

＊第11章で説明する構造体や列挙型などクラス以外の型も、名前空間を使ってグループ分けを行います。

名前空間はクラスをグループ分けするための仕組みと言ってもいいでしょう（⇒前ページ図9-1）。C#では、クラスを定義するときにどのグループに属しているかを指定することができます*。

9-1-1 名前空間を指定してクラスを定義する

＊プロジェクトについては、第1章のp.22および第1-2節で説明しています。

＊名前空間はプログラマーが自由に決めることができますから、Visual Studioが自動生成した名前空間を別の名前に変えることも可能です。

これまでサンプルコードで示してきたクラスは、Visual Studioが自動生成したコードの名前空間の中に書いてきました。このときの名前空間は、プロジェクト名と同じ名前です。MyAppというプロジェクト*を作成した場合は、名前空間もMyAppになります*。

この名前空間は、ドット（.）でつなげて細分化することができます。

たとえば、MyAppというプロジェクトの中で、クラスをグループ分けする場合は、トップレベルのMyAppのほかに、

```
MyApp.Reports
MyApp.Models
```

などと、MyAppとその分類を示す名前をドットでつなげます。

名前空間をドットでつなげて細分化する場合には、プロジェクトの中にReportsやModelsという名前のフォルダーを作成し、その中にソースファイルを配置するのが一般的です。Windowsのエクスプローラーでフォルダーを作成し、ファイルをフォルダーごとに分類するのと同じです。具体的な方法は、p.266のコラム「クラスを別ファイルに定義する」を参照してください。

以下のコードは、名前空間MyApp.Mapの中にLocationクラスを定義した例です。

リスト9-1 名前空間の中にクラスを定義する（1）

```
namespace MyApp.Map
{
    class Location   ◀Locationクラスは、名前空間MyApp.Mapに属している
    {
        public double Latitude { get; set; }  // 緯度
        public double Longitude { get; set; } // 経度
    }
}
```

このように、**namespaceキーワードで名前空間を定義し、その中にクラスを定義**

しています。これで、LocationクラスはMyApp.Mapという名前空間に属しているクラスとして定義されます。

書式9-1
名前空間の定義

```
namespace 名前空間名
{
    ⋮
}
```

一方、次のコードは、MyApp.Drawing名前空間の中に、Locationクラスを定義しています。

リスト9-2
名前空間の中にクラスを定義する（2）

```
namespace MyApp.Drawing
{
    class Location   ← Locationクラスは、名前空間MyApp.Drawingに属している
    {
        public int X { get; set; }  // X座標
        public int Y { get; set; }  // Y座標
    }
}
```

リスト9-1とリスト9-2のLocationクラスは名前は同じですが、片方は地図上の位置を表すクラスで、もう一方は2次元平面（たとえばグラフなど）の座標を表すクラスで、それぞれ別の目的で利用されるクラスです。

この2つのクラスを**1つのソースファイルの中で同時に使う必要性**が出てきたとしましょう。このようなときには、**名前空間名とクラス名をドット（.）でつなげた完全な名前**（**完全修飾名**と言います）**でクラス名を指定**します。これで、この2つのLocationクラスを区別することが可能です。

リスト9-3
完全修飾名でクラスを指定する

```
var mapLocation = new MyApp.Map.Location();
var canvasLocation = new MyApp.Drawing.Location();
```

9-1-2 usingディレクティブ

名前空間名まで含めた完全な名前でクラス名を指定することで、名前の衝突を避けることができることはわかりましたが、クラス名が衝突することはそう頻繁に起こることではありません。それにもかかわらず、**名前空間名まで含めた完全修飾名でクラスを指定するのは面倒**です。たくさんのクラスを使用するプログラムでは、名前空間名をタイプするのも大変です。ソースコードもちょっとゴチャゴチャした感じになり、読みにくくなってしまいます。そのためにあるのが、**usingディレクティブ**（⇒p.38）です。

たとえば、先ほどのLocationクラスを例にとると、MyApp.Map.LocationクラスとMyApp.Drawing.Locationクラスを同時に使うのは、一部のソースファイルの中だけであり、ほとんどのソースファイルでは2つのクラスを同時には使わないと仮定しましょう。その場合には、以下のようにusingディレクティブを使うと、クラス名だけで、該当するクラスを利用できるようになります。

リスト9-4 usingディレクティブを利用する

```
using MyApp.Map;  ◀ MyApp.Map名前空間を利用する

namespace MyApp
{
    class Program
    {
        static void Main()
        {
            var mapLocation = new Location();  ◀ 名前空間を指定しなくても MyApp.Map.Locationクラスを利用できる
                ⋮
        }
    }
}
```

先頭の行がusingディレクティブで、**usingキーワードの右側に名前空間名を指定します**。上記のusingディレクティブの場合は、「このソースコードでは、MyApp.Map名前空間にあるクラスを使いますよ」ということを宣言しているのです。

usingディレクティブで、MyApp.Mapを指定していますから、Mainメソッドの中で利用しているLocationクラスは、MyApp.Map.Locationクラスです。

なお、リスト9-4のProgramクラスは、MyApp名前空間に属することになります。

usingディレクティブが何かわかれば、これまで呪文のように書いていた以下のusingディレクティブも意味が理解できるようになります。今までのコードを見返してみてください。

```
using System;
```

この行は、「このソースコードでは、System名前空間にあるクラスを使いますよ」ということを宣言しているのです。

usingディレクティブがない場合、次のように名前空間名も含めてクラスを指定する必要があります（Consoleクラス（⇒p.239）は、System名前空間に属しています）。

```
namespace Example
{
    class Program
    {
        static void Main()
        {
            System.Console.WriteLine("Hello! C# world.");
        }
    }
}
```


しかし、usingディレクティブを使えば、Systemという名前空間名を省略できるのです。

```
using System;

namespace Example
{
    class Program
    {
        static void Main()
        {
            Console.WriteLine("Hello! C# world.");
        }
    }
}
```

ただし、これは、「Systemという名前を省略できる」ということであり、**usingディレクティブを書かないとConsoleクラスが使えない、ということではない**ので注意してください。前述のように、名前空間名を加えて指定すれば使うことができます。

usingディレクティブは、1つのソースにいくつでも書くことができます。たとえば、.NETでは、

System

System.Collections.Generic;

System.Linq;

System.Text;

System.IO;

といったたくさんの名前空間があり、その中に、さまざまなクラスが定義されています。たとえば、System名前空間に属しているクラスと、System.Text名前空間に属しているクラスを利用する場合には、次のように2つのusingディレクティブをソースコードの先頭に記述します。

```
using System;
using System.Text;
```

以降、本書では特別の理由のない限りnamespaceキーワードによる名前空間の指定は省略しています。本書で定義するクラスはすべてProgramクラスの名前空間と同じ名前空間に属しているものとして読んでください。

以降では、.NETに用意されているクラス/構造体の中から、よく利用されるクラス/構造体を4つほどピックアップし、その使い方を名前空間とともに紹介していきましょう。

9-2 Stringクラスを使ってみる

Stringクラスは文字列を表すクラスで、.NETのSystem名前空間に定義されています。実は**C#のstring型（文字列型）はこのStringクラスの別名**となっています（大文字、小文字の違いに注意してください）。C#のstring型と.NETのStringクラスはまったく同じもので、Stringクラスに定義されているメソッドとプロパティは、string型でもそのまま利用することが可能です。

9-2-1 Stringクラスのインスタンスを生成する

上で述べたように、C#のstring型とStringクラスは同じものですので、以下のどの書き方をしても、Stringクラスのインスタンスを生成することができます。

リスト9-5 Stringクラスのインスタンスを生成する書き方3例

```
string str1 = "ようこそ、C#の世界へ";
```

```
String str2 = "ようこそ、C#の世界へ";
```

```
var str3 = "ようこそ、C#の世界へ";
```

上のコードの3つの変数は、すべてStringクラス（string型）のインスタンスになります。

インスタンスの生成には、new演算子を使うと説明してきましたが、**文字列では、new演算子を使わなくても、Stringクラス（string型）のインスタンスが生成されます。**

9-2-2 文字列の文字数を取得する

文字列の文字数を得るには、StringクラスのLengthプロパティを参照します(⇒p.76)。

リスト9-6 文字列の文字数を取得する

```
var str = "ようこそ、C#の世界へ";
var length = str.Length; ◀Lengthプロパティで文字数を参照できる
Console.WriteLine($"{length}文字です");
```

実行結果

```
11文字です
```


9-2-3 部分文字列を取り出す

StringクラスのSubStringメソッドを使うと、文字列の一部分(部分文字列)を取り出すことができます。SubStringでは、第1引数*に部分文字列の開始位置、第2引数に取得する文字数を指定します。

*最初の引数を第1引数、次の2番目の引数を第2引数……と呼んでいます。

配列と同じように、開始位置は0です。そのため、str.Substring(0, 3)と書けば、先頭から3文字分を取り出すことができます。

以下に例を示します。結果からわかるように、オリジナルの文字列は変更されません。

リスト9-7 部分文字列を取り出す

```
var str = "オブジェクト指向";
var sub1 = str.Substring(0, 6); ◀開始位置0から6文字を取り出して新たな文字列を得る
var sub2 = str.Substring(6, 2); ◀開始位置6から2文字を取り出して新たな文字列を得る
Console.WriteLine(str);
Console.WriteLine(sub1);
Console.WriteLine(sub2);
```

実行結果

```
オブジェクト指向
オブジェクト
指向
```

9-2-4 前後の空白文字を取り除く

StringクラスのTrimメソッドを使うと、文字列の前後の空白を取り除くことができます。以下の結果からわかるように、オリジナルの文字列は変更されません。

リスト9-8 前後の空白文字を取り除く

```
var str = "  オブジェクト指向   ";
var str2 = str.Trim();  ◀文字列の前後の空白を取り除く
Console.WriteLine($"[{str}]");
Console.WriteLine($"[{str2}]");
```

実行結果

```
[  オブジェクト指向   ]
[オブジェクト指向]
```

9-2-5 文字列内の英字を大文字/小文字にする

StringクラスのToUpperメソッドを使うと、文字列内の英字をすべて大文字にすることができます。

リスト9-9 文字列内の英字を大文字にする

```
var str = "Microsoft";
var str2 = str.ToUpper();  ◀大文字に変更する
Console.WriteLine(str2);
```

実行結果

```
MICROSOFT
```

小文字に変換するToLowerメソッドもあります。

リスト9-10 文字列内の英字を小文字にする

```
var str = "HTML File";
var str2 = str.ToLower();  ◀小文字に変更する
Console.WriteLine(str2);
```

実行結果

```
html file
```

9-2-6 文字列の一部を置き換える

StringクラスのReplaceメソッドを使うと、文字列の一部を、指定した別の文字列に置き換えることができます。

Replaceメソッドの第1引数には置換される文字列、第2引数には置換する文字列を指定します。たとえば、ある文字列の中の"staticメソッド"を"静的メソッド"に置き換えるには、以下のようなコードを書きます。

リスト9-11 文字列の一部を置き換える

```
var str = "インスタンスを生成せずに利用できるメソッドをstaticメソッドと
                                                  ↳言います。";
var str2 = str.Replace("staticメソッド", "静的メソッド"); ◀一部の文字列を置き換え
Console.WriteLine(str2);
```

実行結果

```
インスタンスを生成せずに利用できるメソッドを静的メソッドと言います。
```


9-2-7 指定した部分文字列が存在するかどうかを調べる

Containsメソッドを使うと、指定した部分文字列が文字列内に存在するかどうかを調べることができます。

リスト9-12 指定した部分文字列が存在するかどうかを調べる

```
var str = "インスタンスを生成せずに利用できるメソッドを静的メソッドと
                                                  ↳言います。";
if (str.Contains("静的メソッド"))
{
    Console.WriteLine("文字列の中に「静的メソッド」が含まれています。");
}
```

Containsメソッドの戻り値はbool型（⇒p.78）です。trueならば指定した文字列は含まれます。falseならば含まれません。

実行結果

```
文字列の中に「静的メソッド」が含まれています。
```

9-2-8 文字列を指定した文字で分割する

Splitメソッドを使うと、文字列を指定した文字で分割することができます。分割した結果は文字列の配列になります。

次の例は、本のタイトルと著者名をカンマで区切った文字列を、タイトルと著者名に分割するコードです。

リスト9-13 文字列を指定した文字で分割する(1)

```
var str = "銀河鉄道の夜,宮沢賢治";
var items = str.Split(',');  ◀カンマで分割する。itemsはstringの配列（string[]）になる
Console.WriteLine("Title: {0}", items[0]);
Console.WriteLine("Author: {0}", items[1]);
```

実行結果

```
Title: 銀河鉄道の夜
Author: 宮沢賢治
```

次のようなコードを書けば、文字列からBookオブジェクトを生成することができます。以下では、p.191リスト7-1のBookクラスを利用しています。

リスト9-14 文字列を指定した文字で分割する(2)

```
var str = "吾輩は猫である,夏目漱石";
var items = str.Split(',');  ◀カンマで分割する
var book = new Book
{
    Title = items[0],  ◀"吾輩は猫である"がTitleプロパティに代入される
    Author = items[1],  ◀"夏目漱石"がAuthorプロパティに代入される
};
Console.WriteLine($"{book.Title}, {book.Author}");
```

実行結果

```
吾輩は猫である, 夏目漱石
```

9-3 Mathクラスを使ってみる

System名前空間に定義されている**Mathクラス**には、**数値を操作するためのよく使われる機能が定義されています**。Mathクラスは静的クラスであり、すべてのメソッドが静的メソッドになっています。

9-3-1 絶対値を求める

Mathクラスの**Absメソッド**を**使うと、数値の絶対値を得ることができます**。

リスト9-15 絶対値を求める(1)

```
var abs1 = Math.Abs(150);
var abs2 = Math.Abs(-320);
Console.WriteLine(abs1);
Console.WriteLine(abs2);
```

実行結果

```
150
320
```

小数点付きの数値（decimal型やdouble型（⇒p.71～72））についても絶対値を求めることができます。

リスト9-16 絶対値を求める(2)

```
var abs3 = Math.Abs(-5.67M);
var abs4 = Math.Abs(-1.414);
Console.WriteLine(abs3);
Console.WriteLine(abs4);
```

実行結果

```
5.67
1.414
```

変数abs3はdecimal型、変数abs4はdouble型となります。

9-3-2 どちらか大きい/小さい値を求める

2つの数のうちどちらか大きい方の数を求めるには、**Math.Maxメソッド**を使います。

リスト9-17 どちらか大きい方の数を求める

```
var value1 = 340;
var value2 = 500;
var max = Math.Max(value1, value2);
Console.WriteLine(max);
```

実行結果

```
500
```

ちなみに、Maxメソッドを使ったコードは、以下のコードと同等のコードになります。

```
var value1 = 340;
var value2 = 500;
int max;  ← 初期値がないので、intと型を明示する必要がある
if (value1 < value2)
{
    max = value2;
}
else
{
    max = value1;
}
```

このif文を使ったコードの場合、一目で何をやっているかを理解するのは難しいですが、Math.Maxを使えば、すぐにわかります。

Math.Minメソッドを使うと、2つの数のうちどちらか小さい方の数を求めることができます。

リスト9-18
どちらか小さい方の数を求める

```
var value1 = 340;
var value2 = 500;
var min = Math.Min(value1, value2);
Console.WriteLine(min);
```

実行結果

```
340
```

More Information

条件演算子で条件文を簡潔に

2つの値のうち大きい方の値を求める説明で、以下のようなコードを示しました。

```
int max;  初期値がないので、intと型を明示する必要がある
if (value1 < value2)
{
    max = value2;
}
else
{
    max = value1;
}
```

このコードは、**条件演算子**（三項演算子とも言われます）を使うことで、簡潔に書くことが可能です。条件演算子では、?と:の2つの記号を使います。

書式9-2
条件演算子

条件式 ? 式1 : 式2

条件式がtrueのときは、式1が示す値になり、条件式がfalseの場合には、式2の値になります。この条件演算子を使って書き換えたのが次のコードです。

```
int max = (value1 < value2) ? value2 : value1;
```

この1行のコードで、value1 < value2が成り立ったときはvalue2の値を、そうでなければvalue1の値をmax変数に代入することができます。慣れないと呪文のようなコードに見えてしまいますが、とても有用な文法ですので、ぜひ覚えるようにしてください。

9-3-3 小数点以下を切り捨てる/切り上げる

Math.Floorメソッド、**Math.Ceilingメソッド**を使うことで、小数点以下を切り捨て、切り上げすることができます。

Floorは「床」、Ceilingは「天井」という意味があるということを思い浮かべることができれば、メソッドの名前とその機能を覚えることができますね。

リスト9-19 小数点以下を切り捨てる/切り上げる

```
var n = 3.7;
var floor = Math.Floor(n); ◀小数点以下を切り捨て
var ceiling = Math.Ceiling(n); ◀小数点以下を切り上げ
Console.WriteLine($"{floor}, {ceiling}");
```

リスト9-19の出力は、以下のようになります。

実行結果

```
3, 4
```

9-3-4 小数点以下を四捨五入する

Math.Roundメソッドを使うと、小数点以下を四捨五入することができます。以下に示すようにRoundメソッドには、第2引数を受け取るものと、受け取らないものの2種類のメソッドがあります。一般的な四捨五入を行う場合には、第2引数にMidpointRounding.AwayFromZeroを指定します。引数を指定しなかった場合は、「偶数丸め」と呼ばれる丸め*処理が行われます。

*「丸め」とは、切り捨てや切り上げ処理をして、数値を一定の桁内におさめることです。

リスト9-20 小数点以下を四捨五入する

```
var r1 = Math.Round(6.4, MidpointRounding.AwayFromZero); ◀四捨五入
var r2 = Math.Round(6.4); ◀偶数丸め
Console.WriteLine($"{r1}, {r2}");
var r3 = Math.Round(6.5, MidpointRounding.AwayFromZero); ◀四捨五入
var r4 = Math.Round(6.5); ◀偶数丸め
Console.WriteLine($"{r3}, {r4}");
var r5 = Math.Round(6.6, MidpointRounding.AwayFromZero); ◀四捨五入
```

```
var r6 = Math.Round(6.6);  偶数丸め
Console.WriteLine($"{r5}, {r6}");
```

実行結果

```
6, 6
7, 6
7, 7
```

実行結果の2行目に注目してください。結果が違っています。ここが、一般的な四捨五入と偶数丸めの違いです。

偶数丸めは、「銀行型丸め」「銀行丸め」「最近接丸め」とも呼ばれています。四捨五入に似た丸め処理を行いますが、端数がちょうど0.5のときは、結果が偶数となる方へ丸める方法です。2.5ならば2へ、3.5ならば4に丸められます。1.5や2.5や3.5といったちょうど中間に当たる値を常に五入してしまうと、大量のデータを扱うような場合に、値が大きい方にブレてしまいます。これを防ぐための丸め処理です。

9-4 DateTime構造体を使ってみる

DateTime構造体は、すでに第8章で「静的」ということを説明するために紹介しましたが、ここでもう少し詳しい使い方を説明しましょう。**DateTime構造体は、日付と時刻を扱うプログラミングでは欠かせないもの**となっています。DateTime構造体もSystem名前空間に定義されています。

9-4-1 現在の日時を取得する

Nowプロパティを使うことで、現在の日時を得ることができます。

リスト9-21 現在の日時を取得する

```
var now = DateTime.Now;  ◀現在の日時を取得する
Console.WriteLine("{0}年", now.Year);
Console.WriteLine("{0}月", now.Month);
Console.WriteLine("{0}日", now.Day);
Console.WriteLine("{0}時", now.Hour);
Console.WriteLine("{0}分", now.Minute);
Console.WriteLine("{0}秒", now.Second);
```

実行例

```
2018年
11月
28日
13時
58分
17秒
```

今日の日付だけを得たい場合は、Todayプロパティを使います。Todayプロパティでは、時刻に関するプロパティは0で初期化されます。

プログラムで日時を扱いたいのか、日にちを扱いたいのかで、TodayとNowを使い分けてください。

リスト9-22 今日の日付を取得する

```
var today = DateTime.Today;  今日の日付を取得する
Console.WriteLine("{0}年", today.Year);
Console.WriteLine("{0}月", today.Month);
Console.WriteLine("{0}日", today.Day);
Console.WriteLine("{0}時", today.Hour);
Console.WriteLine("{0}分", today.Minute);
Console.WriteLine("{0}秒", today.Second);
```

実行例

```
2018年
11月
28日
0時
0分
0秒
```

9

9-4-2 N日後/N日前を得る

AddDaysメソッドを使うことで、N日後を得ることができます。

リスト9-23 N日後を得る

```
var date1 = new DateTime(2020, 9, 10);
var date2 = date1.AddDays(10);  10日後の日付を求める
Console.WriteLine($"{date2.Year}年{date2.Month}月{date2.Day}日");
```

実行結果

```
2020年9月20日
```

AddDaysでは、マイナス値を引数に渡すことで、N日前を求めることもできます。

リスト9-24 N日前を得る

```
var date1 = new DateTime(2020, 9, 3);
var date2 = date1.AddDays(-7);  7日前の日付を求める
Console.WriteLine($"{date2.Year}年{date2.Month}月{date2.Day}日");
```

実行結果

```
2020年8月27日
```

9-4-3 書式を指定して日付を文字列に変換する

ToStringメソッドは、その名のとおり「文字列へ(変換する)」メソッドです。**このメソッドを使うと、書式を指定して日付を文字列に変換することができます。**書式の指定は、ToStringメソッドの引数に文字列として与えます。

リスト9-25 日付を文字列に変換する(1)

```
var date = new DateTime(2019, 4, 3, 19, 8, 53);
var s1 = date.ToString("d");
var s2 = date.ToString("D");
var s3 = date.ToString("f");
var s4 = date.ToString("F");
Console.WriteLine(s1);
Console.WriteLine(s2);
Console.WriteLine(s3);
Console.WriteLine(s4);
```

実行結果

```
2019/04/03
2019年4月3日
2019年4月3日 19:08
2019年4月3日 19:08:53
```

ここでは、DateTimeのインスタンスを生成するのに、年、月、日、時、分、秒の6つの値を引数に渡しています。

引数の"d"、"D"、"f"、"F"が、どのような形式で文字列化するのかという書式を表しています。引数に指定する書式を表9-1に記します。

表9-1 日付、時刻の書式指定(1)

書式指定	表示
"d"	短い形式の日付の表示
"D"	長い形式の日付の表示
"f"	短い形式の日付と時刻の表示
"F"	長い形式の日付と時刻の表示

より細かく任意の指定をすることもできます。

リスト9-26 日付を文字列に変換する(2)

```
var date = new DateTime(2019, 4, 3, 19, 8, 53);
var s5 = date.ToString("yyyy年MM月dd日(ddd) HH時mm分ss秒");
```

```
var s6 = date.ToString("yy年M月d日(ddd) H時m分s秒");
var s7 = date.ToString("yy年M月d日(ddd) tth時m分s秒");
var s8 = date.ToString("yyyy/MM/dd HH:mm");
var s9 = date.ToString("yy/M/d H:m");
Console.WriteLine(s5);
Console.WriteLine(s6);
Console.WriteLine(s7);
Console.WriteLine(s8);
Console.WriteLine(s9);
```

実行結果

```
2019年04月03日(水) 19時08分53秒
19年4月3日(水) 19時8分53秒
19年4月3日(水) 午後7時8分53秒
2019/04/03 19:08
19/4/3 19:8
```


引数の中のyyyy、MMなどの英字で、DateTimeのどのプロパティを文字列化するのかを指定しています。表9-2に代表的な書式指定を示します。

表9-2 日付、時刻の書式指定(2)

書式指定	表示
yyyy	年　西暦4桁
yy	年　西暦の下2桁
MM	月　2桁固定。1～9のときは、先頭に0が付加される
M	月
dd	日　2桁固定。1～9のときは、先頭に0が付加される
d	日
HH	時(24時間形式)　2桁固定。1～9のときは、先頭に0が付加される
H	時(24時間形式)
hh	時(12時間形式)　2桁固定。1～9のときは、先頭に0が付加される
h	時(12時間形式)
mm	分　2桁固定。1～9のときは、先頭に0が付加される
m	分
ss	秒　2桁固定。1～9のときは、先頭に0が付加される
s	秒
ddd	曜日
tt	午前または午後

9-5 Fileクラスを使ってみる

System.IO名前空間に定義されている**Fileクラス**（静的クラス）を使い、**テキストファイルを読み書きする方法**について説明します。テキストファイルの読み書きができるようになると、プログラミングの幅も広がります。

Fileクラスを利用するには、usingディレクティブを用い、using System.IO;と指定しておきます。

9-5-1 テキストファイルを作成する

File.WriteAllLines静的メソッドを使うと、文字列配列（string[]）に設定されている複数行の文字列をファイルに書き出すことができます。

リスト9-27 テキストファイルを作成する

```
var lines = new string[]
{
    "祇園精舎の鐘の声、諸行無常の響きあり。",
    "娑羅双樹の花の色、盛者必衰の理をあらはす。",
    "奢れる人も久しからず、ただ春の夜の夢のごとし。",
    "猛き者もつひにはほろびぬ、ひとへに風の前の塵に同じ。"
};
File.WriteAllLines("C:¥¥temp¥¥祇園精舎.txt", lines);
```

File.WriteAllLinesメソッドは静的メソッドですので、インスタンスを生成しないで利用できるメソッドです（⇒p.231）。第1引数にファイルパス*を、第2引数に、ファイルに書き出したい文字列の配列を渡します。

なお、ファイルパスの文字列の指定で、"C:¥¥temp¥¥祇園精舎.txt"とパスの区切り文字である¥記号が2つ連続していることに注意してください。これは、第2

＊ファイルパス（file path）とは、ファイルにたどり着くための経路のことです。pathには、英語で道、通路という意味があります。

章で説明したとおり、文字列リテラルの中では¥記号は特別な意味を持っているからです（⇒p.75）。そのため、¥¥と書くことで¥記号そのものを表します。

このコードを実行すると、"C:¥temp"フォルダーに、"祇園精舎.txt"ファイルが作成されます。実行する前に、Cドライブの直下にtempフォルダーを作成しておいてください。

なお、"C:¥¥temp¥¥祇園精舎.txt"という記述は、**先頭に@記号を付けた逐語的文字列という記法を使うと、読みやすくすることができます**。以下に逐語的文字列を使ったコードを示します。

```
File.WriteAllLines(@"C:¥temp¥祇園精舎.txt", lines);
```

逐語的文字列の中では¥記号が特殊な意味を持たないため、ファイルパスを書く際によく利用されます。

9-5-2 テキストファイルを読み込む

テキストファイルを読み込むには、File.ReadAllLines静的メソッドを使います。引数にファイルパスを渡すと、読み込んだ内容が文字列配列（string[]）として返ってきます。

リスト9-28 テキストファイルを読み込む

```
var lines = File.ReadAllLines(@"C:¥temp¥祇園精舎.txt");
foreach (var line in lines)
{
    Console.WriteLine(line);
}
```

lines変数は、文字列の配列（string[]）です。これを、foreach文を使って1行ずつ取り出し、Console.WriteLineで表示しています。結果は以下のとおりです。

実行結果

```
祇園精舎の鐘の声、諸行無常の響きあり。
娑羅双樹の花の色、盛者必衰の理をあらはす。
奢れる人も久しからず、ただ春の夜の夢のごとし。
猛き者もつひにはほろびぬ、ひとへに風の前の塵に同じ。
```

クラスを別ファイルに定義する

作成するプログラムの規模が大きくなってくると、1つの.csファイル内にすべての処理を書いたのでは、コードを理解するのが大変になってきます。複数人数で開発する場合は、そもそも1つの.csファイルでプログラムを書くこと自体が非現実的です。

そのため、**通常は、クラス単位にファイルを分けて開発する**ことになります。

Visual Studioで既存のプロジェクトにクラスを追加する場合の手順を以下に示します。

1. ソリューションエクスプローラーで、プロジェクトを右クリックします（⇒図9-2）。

2. ポップアップメニューで［追加］－［クラス］を選択します。

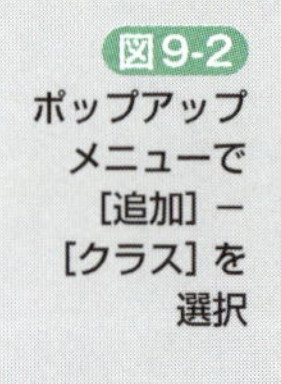

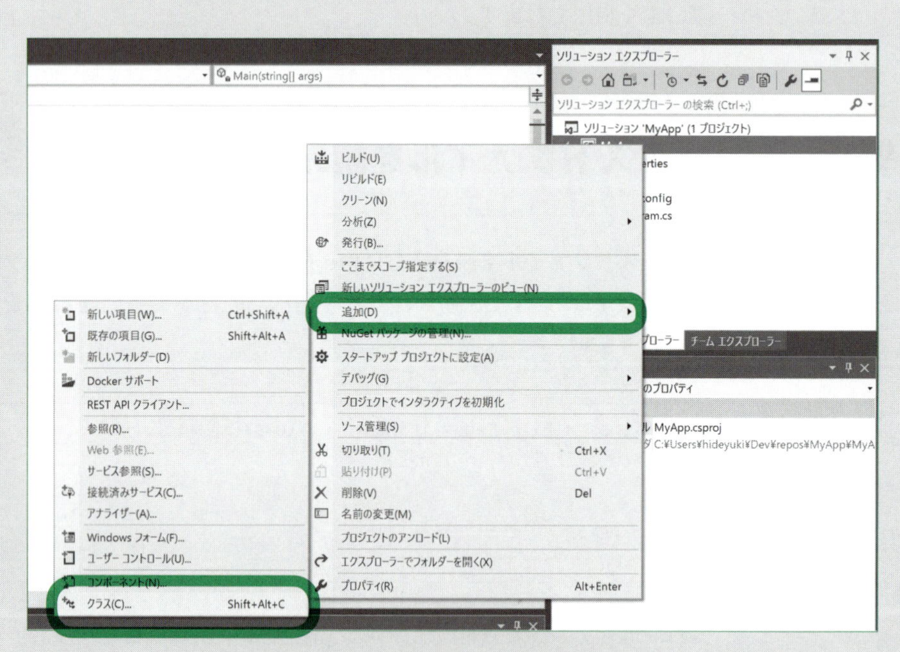

3. 新しい項目の追加ダイアログで、名前を入力し、［追加］ボタンを押します。たとえば、Bookクラスを追加したい場合には、「Book.cs」を入力して［追加］ボタンを押します（⇒図9-3）。

図9-3 「クラス名.cs」を入力して［追加］ボタンを押す

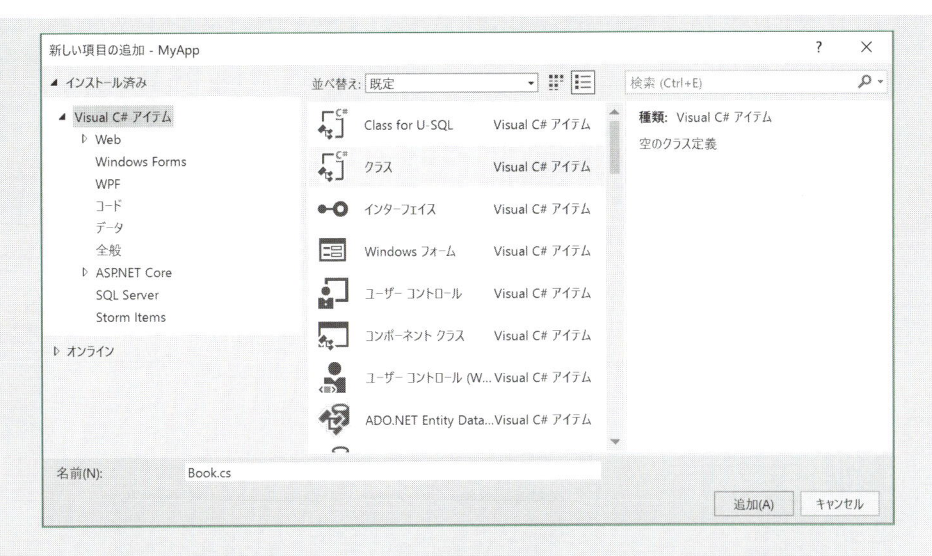

4.プロジェクトに、Book.csといったファイルが追加され、そのファイルの入力画面になります。

5.追加されたファイルには以下のようなコードがすでに記述してありますので、必要なメソッド、プロパティなどを定義し、クラスを完成させます。

リスト9-29 新規に追加されたクラス*

*名前空間名はプロジェクト名と同じになります。この例では、プロジェクトMyAppにBookクラスを追加した場合です。

```
using System;
using System.Collections.Generic;
using System.Linq;
using System.Text;
using System.Threading.Tasks;

namespace MyApp
{
    class Book
    {
    }
}
```

よく利用される5つの名前空間がusingされている

フォルダーを作成し、その下にソースファイルを置きたい場合の手順は以下のとおりです。

1.ソリューションエクスプローラーで、プロジェクトを右クリックします。

2.ポップアップメニューで［追加］－［新しいフォルダー］を選択します（⇒次ページ図9-4）。

図9-4 [追加] − [新しいフォルダー] を選択する

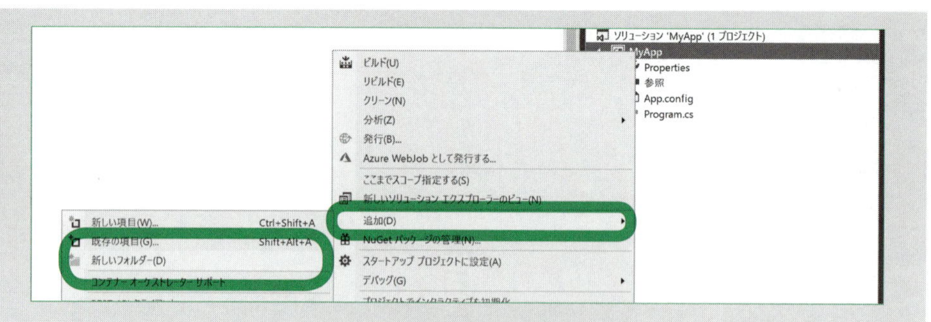

3.ソリューションエクスプローラーにフォルダーが追加されますので、ここでフォルダー名を入力します（⇒図9-5）。

図9-5 フォルダー名を入力する

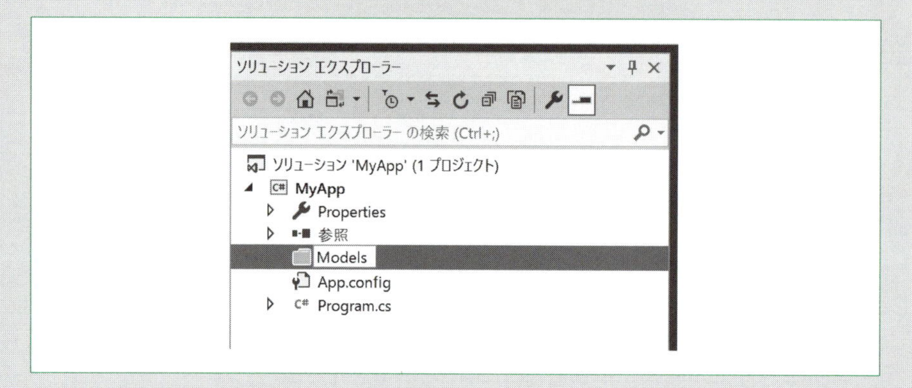

4.追加したフォルダーを右クリックします。

5.ポップアップメニューで［追加］－［クラス］を選択します。

6.新しい項目の追加ダイアログで、名前を入力し、［追加］ボタンを押します。たとえば、Bookクラスを追加したい場合には、「Book.cs」を入力して［追加］ボタンを押します。

7.プロジェクトに、Book.csが追加され、そのファイルの入力画面になります。

8.追加されたファイルにはリスト9-29のようなコードがすでに記述してありますので、必要なメソッド、プロパティなどを定義し、クラスを完成させます。
名前空間名は「プロジェクト名.フォルダー名」となります。たとえば、プロジェクト名を"MyApp"、フォルダー名を"Models"、クラス名を"Book"とした場合は、"MyApp.Models"が名前空間になります。この名前空間の中にBookクラスが定義されます。

確認・応用問題

Q1 **1.** キーボードから小数点付きの数値を2つ入力し、小さい方を表示してください。このとき、必ず、`Math.Min`メソッドを使ってください。

2. キーボードから入力した小数点付きの数値を、`Math.Floor`メソッドと`Math.Ceiling`メソッドを使い、小数点以下を切り捨て、切り上げした値を求め、表示してください。空の行を入力するまでこれを繰り返してください。

Q2 `DateTime`構造体を利用した次のコードを書いてください。

1. `DateTime`構造体には、指定した年月の日数を返す静的メソッド`DaysInMonth`が存在します。引数は、年（`int`型）と月（`int`型）の2つです。このメソッドを使えば、2020年2月が何日あるかを知ることができます。このメソッドを使ったコードを書いてください。

2. `DateTime.Parse`静的メソッドを使うと、文字列の日付を`DateTime`型に変換することができます。
この`Parse`メソッドを使い、キーボードから入力した文字列を日付に変換し、その曜日を出力してください。

[DateTime.Parseの例]

```
var date1 = DateTime.Parse("2020/6/19");
var date2 = DateTime.Parse("2020年6月19日");
```

Q3 「9-5：Fileクラスを使ってみる」で作成したテキストファイル"**祇園精舎**.txt"を読み込んで以下の処理をするコードを書いてください。

1. **祇園精舎**.txtファイルのテキストが全部で何文字あるかを調べ、その結果を表示してください。句読点（、。）も文字としてカウントしてください。

2. **祇園精舎**.txtファイルのそれぞれの行を読点（、）で分割し、分割した文字列をすべて（全部で8行）表示してください。このとき、読点（、）は表示しなくてかまいません。なお、読点で分割するには、`String`クラスの`Split`メソッドを使ってください。

第10章

クラスについて掘り下げる

オブジェクト指向プログラミングの基本単位であるクラスには、まだ説明していない機能がいろいろとあります。
メソッドには、**オーバーロード**といわれる機能や**省略可能な引数**といった便利な機能があります。
また、オブジェクトを初期化するための特殊なメソッドである**コンストラクター**というものもあります。プロパティにも高度な機能を持たせることができるようになっています。
この章で、もう少し詳しくクラスについて学んでいきましょう。

10-1 メソッドはどんな型でも返せる

10-1-1 配列を返すメソッド

これまで例として挙げたメソッドでは、int型やstring型を返すメソッドを定義してきましたが、第9章で説明したFile.ReadAllLinesメソッドのように配列（配列も型の一種です）を返すメソッドを定義することもできます。

その例を示します。p.238のリスト8-12で示したArrayUtilsクラスに新たなメソッドを追加しています。

リスト10-1
配列を返すメソッド

```
static class ArrayUtils
{

          ⋮

    public static int[] GetArray(int count)   ◀ int[]を指定して配列を返す静的メソッドを定義
    {
        var array = new int[count];
        for (var i = 0; i < count; i++)
        {
            var line = Console.ReadLine();
            array[i] = int.Parse(line);
        }
        return array;   ◀ int型の配列を返す
    }
}
```

このメソッドは、キーボードから入力した数値を配列（int[]）に入れ、その配列を返しています。配列に入れるデータの数は、引数countで受け取っています。

メソッドの中では、まず、int型の配列（要素数はcount）のインスタンスを生成し、array変数に代入しています。その後、countの回数分繰り返し処理を行っています。繰り返し処理の中では、Console.ReadLine()でキーボードからデータを取得し、それをint型に変換し、配列に順に代入しています。繰り返し処理が終わると、array変数（int型の配列）を返しています。

このメソッドは、クラス内のプロパティやフィールドを利用しないメソッドですので、staticを指定して静的メソッドにしています。

このGetArrayメソッドを呼び出す側のコード例を示します。

リスト10-2
配列を返すメソッドを呼び出す

```
var nums = ArrayUtils.GetArray(5);  ◀変数numsの型はint[]
// nums配列内の要素の合計を求める
var total = 0;
foreach (var x in nums)
{
    total += x;
}
Console.WriteLine($"合計: {total}");
```


このコードは、1行目で、ArrayUtils.GetArrayメソッドを呼び出してint型の配列を得ています。2行目以降では、コメントにあるように、foreach文を使ってこの配列内の要素の合計を求めています。

実行例

```
10⏎  ◀数値を5回入力すると、合計が表示される
5⏎
9⏎
12⏎
20⏎
合計: 56
```

このような配列を返すメソッドが定義できることで、複数の値をいっぺんに返すことができるようになります。int型やstring型のような単純な型では不可能なことです。

10-1-2 オブジェクトを返すメソッド

リスト10-1では、配列を返す例を示しましたが、**C#ではどのような型のデータもメソッドの戻り値とすることができます**。DateTime構造体はもちろん、**自分で作成したクラスのオブジェクトなども戻り値にすることができます**。

次に示すのは、リスト7-7のBook型（⇒p.201）を戻り値にしたメソッドの例です。

リスト10-3 クラスのオブジェクトを返すメソッド

```
public static Book MakeBookObject()   ◀Book型を返すメソッド
{
    Console.Write("書籍名⇒");
    var title = Console.ReadLine();
    Console.Write("著者名⇒");
    var author = Console.ReadLine();
    Console.Write("ページ数⇒");
    var pages = Console.ReadLine();
    var book = new Book
    {
        Title = title,
        Author = author,
        Pages = int.Parse(pages),
        Rating = 3
    };
    return book;   ◀Bookオブジェクトを返す
}
```

このメソッドは書籍名と著者名、ページ数を入力してもらい、その情報をもとに作成したBookオブジェクトを返しています。評価（Ratingプロパティの値）は既定値の3を代入しています。

MakeBookObjectメソッドは、Mainメソッドのあるクラスに追加してください。

このメソッドを呼び出す側のコードをお見せしましょう。

リスト10-4 クラスのオブジェクトを返すメソッドを呼び出す

```
static void Main(string[] args)
{
    var book1 = MakeBookObject();
    var book2 = MakeBookObject();
```

```
    book1.Print();
    book2.Print();
}
```

MakeBookObjectメソッドを2回呼び出し、Bookオブジェクトを2つ生成しています。そして、それぞれのPrintメソッドを呼び出して、Bookオブジェクトの内容を表示しています。

実行例

```
書籍名⇒銀河鉄道の夜↵
著者名⇒宮沢賢治↵
ページ数⇒357↵
書籍名⇒潮騒↵
著者名⇒三島由紀夫↵
ページ数⇒213↵
■銀河鉄道の夜
  宮沢賢治  357ページ  評価: 3
■潮騒
  三島由紀夫  213ページ  評価: 3
```

10-2 メソッドのオーバーロード（多重定義）

C#では、**仮引数**（⇒p.211）**が異なってさえいれば、同じ名前のメソッドを複数定義することができます**。これをメソッドの**オーバーロード**（overload）と言います。日本語では**多重定義**とも訳されます。

実は、**.NETのクラスにも、このオーバーロード機能を使って定義されたメソッドがたくさん存在します**。これまで何度となく利用してきたConsole.WriteLineもそのひとつです。

オーバーロードの利点について、以下の例で考えてみましょう。

```
Console.WriteLine(100);
```

```
Console.WriteLine("こんにちは");
```

```
Console.WriteLine("昨日の最高気温は{0}度でした", temperature);
```

この3つのメソッドは、引数の型や引数の数が違っています。引数の異なる複数のWriteLineメソッドが、Consoleクラスには定義されているのです。

もし、次のようにメソッド名が別々だったら、覚えるのもコードを入力するのも大変ですよね。

```
✕ Console.WriteLineInt(100);
```

```
✕ Console.WriteLineString("こんにちは");
```

```
✕ Console.WriteLineFormat("昨日の最高気温は{0}度でした", temperature);
```

そして、このオーバーロード機能を使えば、私たちプログラマーが作成するメソッドにおいても、同じ名前のメソッドを複数定義することができるのです。

このオーバーロード機能のおかげで、**クラスを利用する側はたくさんのメソッド名を使い分ける必要がなくなりますし、クラスを定義する側にとっても、どんなメソッド名にするか考える手間が省けるのです**。

それでは、オーバーロード機能を使って、同じ名前のメソッドを2つ定義してみましょう。p.238の「リスト8-12：静的クラスの定義」で定義したArrayUtilsクラスにdouble型の配列を引数に受け取るTotalメソッドを追加してみました。int型の配列を引数に受け取るTotalメソッドは、すでに定義済みのものです。

リスト 10-5
メソッドのオーバーロード（多重定義）

```
static class ArrayUtils
{
    // ①int型の配列内の数値の合計を求める
    public static int Total(int[] numbers)
    {
        var total = 0;
        foreach (var n in numbers)
        {
            total += n;
        }
        return total;
    }

    // ②double型の配列内の数値の合計を求める
    public static double Total(double[] numbers)   ◀同じメソッド名で引数が異なる
    {
        var total = 0.0;
        foreach (var n in numbers)
        {
            total += n;
        }
        return total;
    }

     ⋮
}
```

ここには、2つの引数の異なるTotalメソッドが定義されています。ひとつは、int型の配列を受け取り、もうひとつはdouble型の配列を受け取ります。

メソッドをオーバーロードするのはとても簡単です。**単に引数の異なるメソッドを同じ名前で定義するだけ**です。overloadのようなキーワードは不要です。

この2つのメソッドを呼び出すコードを以下に示します。

リスト 10-6
オーバーロードしたメソッドを呼び出す

```
var scores = new int[] { 55, 60, 45, 70, 85, 93, 68 };
var total = ArrayUtils.Total(scores);   ①のTotalメソッドが呼ばれる
Console.WriteLine(total);

var scores2 = new double[] { 5.9, 9.6, 12.4, 8.0, 7.9 };
var total2 = ArrayUtils.Total(scores2);   ②のTotalメソッドが呼ばれる
Console.WriteLine(total2);
```

実行結果

```
476
43.8
```

1つ目のTotalメソッドの呼び出しは、引数がint[]型ですから、①のTotalメソッドが呼び出されます。2つ目のTotalメソッドの呼び出しは、引数がdouble[]型ですから、②のTotalメソッドが呼び出されます。C#のコンパイラーは、引数の型と引数の数を見て、どちらのメソッドを呼んだら良いかを自動で判断してくれます。

10-3 メソッドの省略可能な引数

これまで示してきた引数を受け取るメソッドは、呼び出すときにはすべての引数を指定する必要がありました。しかし、**省略可能な引数という機能を使うと、呼び出すときに一部の引数を省略することができます**。省略可能な引数を使えば、呼び出し時の手間を省くことが可能になります。

省略可能引数を指定するには、以下のように**仮引数に既定値を設定します**。

リスト 10-7
省略可能な仮引数

```
public void ExampleMethod(int required,
                                  ↳string optionalStr = "default string")
{
    ⋮
}
```

この例では、太字の部分が省略可能な引数を宣言している個所です。引数optionalStrを省略したときの値（既定値）が"default string"であることを示しています。引数requiredには規定値を指定していませんから、必須引数となります。**仮引数は、必須引数、省略可能な引数の順に定義する必要があります**。

省略可能な仮引数の宣言の仮引数だけを抜き出すと、書式は以下のようになります。

書式 10-1
省略可能な仮引数の部分の宣言

仮引数の型 仮引数の名前 = 既定値

ExampleMethodは以下の２種類の呼び出しが可能になります。

```
ExampleMethod(12);   ← 引数を省略
```

```
ExampleMethod(12, "Hello");
```

呼び出しの際、**引数を省略した場合は、引数の既定値が使われます**。ですから、1つ目の呼び出しは、

```
ExampleMethod(12, "default string");
```

と書いたのと同じことになります。

では、具体的なコードを見てみましょう。

リスト10-8 省略可能な引数を持つメソッドの定義(1)

```
class Person
{
    public string FirstName { get; set; }
    public string LastName { get; set; }

    public string AddTitle(string title = "様")  ◀titleは省略可能な引数
    {
        return $"{LastName}{FirstName} {title}";
    }
}
```

AddTitleは、氏名に敬称を付加するメソッドで、省略可能な引数を利用しています。仮引数titleには、引数が省略されたときの既定値(ここでは"様")が指定されています。

引数titleは省略可能ですので、以下のような2種類の呼び出しができます。

リスト10-9 省略可能な引数を持つメソッドの呼び出し(1)

```
var person = new Person
{
    FirstName = "隆之",
    LastName = "森本"
};
var name1 = person.AddTitle("先生");  ◀①引数を省略せず、"先生"を指定
var name2 = person.AddTitle();  ◀②引数を省略して呼び出す
Console.WriteLine(name1);
Console.WriteLine(name2);
```

①の場合、name1には、"森本隆之 先生"が代入されます。

②のAddTitleメソッドの呼び出しでは引数が省略されていますので、既定値である"様"が渡されたと見なされます。そのため、name2には、"森本隆之 様"が代入されます。

実行結果は以下のようになります。

実行結果

```
森本隆之 先生
森本隆之 様
```

あくまでも省略可能な引数の使い方を示すためのコードになりますが、別の例も示しましょう。引数が3つで、省略可能な引数が2つの場合です。

リスト 10-10
省略可能な引数を持つメソッドの定義(2)

```
static class ArrayUtils
{
    public static void SetValue(int[] array, int value = 0, int inc = 0)
    {
        for (var i = 0; i < array.Length; i++)
        {
            array[i] = value;
            value += inc;
        }
    }

     ⋮
}
```

valueの省略値は0、incの省略値は0

このSetValueメソッドは、引数で与えた値（仮引数value）で配列を初期化するメソッドです。最後の仮引数incは、値をいくつずつ増やすかを指定します。たとえば、引数valueに0、引数incに1を与えた場合は、0、1、2、3、4 ……と配列に値が設定されます。引数incを省略したときには、incの既定値は0ですので、配列は同じ値（仮引数valueの値）で満たされます。

なお、最初に説明したように、メソッドの引数は、必須引数、省略可能引数の順に宣言する必要があります。そのため、以下のように**必須の引数を最後に宣言することはできません**。コンパイルエラーになります。

```
✖ public static void SetValue(int value = 0, int inc = 0, int[] array)
```

このメソッドを呼び出す側は、引数の組み合わせによってリスト10-11に示した①〜③の3種類の呼び出し方法が選べます。

リスト 10-11
省略可能な引数を持つメソッドの呼び出し(2)

```
// ①配列の要素を 0、10、20、30、40 …… に設定する
var array = new int[10];
ArrayUtils.SetValue(array, 0, 10);
```

```
// ②配列のすべての要素を1に設定する
var array = new int[10];
ArrayUtils.SetValue(array, 1);
```

```
// ③配列のすべての要素を0に設定する
var array = new int[10];
ArrayUtils.SetValue(array);
```

①の呼び出しは、3つの引数をすべて指定した場合です。引数は省略していません。

②の呼び出しは、3番目の引数を省略した場合です。以下のコードと同じ意味になります。

```
ArrayUtils.SetValue(array, 1, 0);
```

③の呼び出しは、2番目と3番目の引数を省略した場合です。以下のコードと同じ意味になります。

```
ArrayUtils.SetValue(array, 0, 0);
```

省略可能な引数を指定したメソッドは、Visual Studioのインテリセンスで表示されるメソッド構文にも、図10-1のように[]で囲まれて省略値が表示されます。これにより、コードの入力時にその省略値を確認することができます。

図10-1 省略可能な引数を指定したメソッドのインテリセンスでの表示

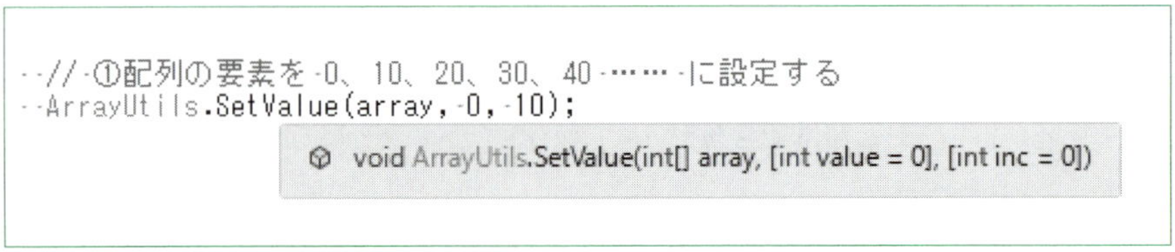

```
  // ①配列の要素を 0、10、20、30、40 …… に設定する
  ArrayUtils.SetValue(array, 0, 10);
        void ArrayUtils.SetValue(int[] array, [int value = 0], [int inc = 0])
```

なお、省略可能な引数は、次で説明するコンストラクターでも利用可能です。

10-4 コンストラクターを使いこなす

10-4-1 コンストラクターの定義方法

クラスには、「コンストラクター」と呼ばれる特殊なメソッドがあります。**コンストラクター**（組み立てる者/作成する者といった意味です）**とは、new演算子でインスタンスが生成されるときだけ**（⇒p.194）**呼び出される特殊なメソッドです。インスタンスを初期化するメソッドだと考えてもらえばよい**でしょう。

コンストラクターは、**通常のメソッド同様、プログラマーが自由に定義することができます**。インスタンス生成時に処理させたい初期化コード（主にプロパティの初期化）をコンストラクターに書いておけば、new演算子でインスタンスを生成するときに実行させることができます。コンストラクターもメソッドの一種ですので、定義方法も通常のメソッドとほぼ同じですが、通常のメソッドとは以下の2つの違いがあります。

[コンストラクターのメソッドとの違い]

- **コンストラクターの名前は、クラス名と同じものにする**
- **コンストラクターでは戻り値の型を指定しない**

すべてのクラスは必ずコンストラクターを持っています。コンストラクターを定義しなかった場合は、引数のない既定のコンストラクターが自動的に作成されます。この既定のコンストラクターにより、クラスの定義に沿った初期化がされるようになっています。

Bookクラス（コンストラクターが定義されていないクラス）のインスタンスを生成する以下のコードを見てください。

```
var book = new Book();
```

Bookクラスにはコンストラクターが定義されていない。
そのため、自動作成された既定のコンストラクターが呼ばれる

new演算子の後が、Book()と、メソッド呼び出しと同じ書き方になっていますね。実は、**これがコンストラクターの呼び出し**なのです（コンストラクターの名前はクラス名と同じ）。

new演算子でインスタンスを生成するときのBook()が、**コンストラクターという特殊なメソッド呼び出し**だとわかれば、**クラス名の後ろに()を付ける必要がある**（⇒p.194、p.204）ことに納得していただけたかと思います。

それでは、コンストラクターの定義方法について具体的に見ていくことにしましょう。

今度は、ちょっと気分を変えて、コンピューターの中でペットを飼育するアプリを作成していると仮定します。

まずは、ペットを表すクラスを定義し、そこにペットに共通の属性（プロパティ）を定義します。その後、プロパティを初期化するコンストラクターも定義して、いろいろなペットのインスタンスを生み出してみましょう。

話を単純にするために、Name（名前）、Mood（機嫌度）、Energy（エネルギー値）の3つのプロパティを持つクラスとします。

リスト10-12
最初に考えたクラス（プロパティのみ）

```
class VirtualPet
{
    // ペットの名前
    public string Name { get; set; }

    // ペットの機嫌を示す（値が大きいと機嫌が良い）
    public int Mood { get; set; }

    // ペットの元気度を示す（エネルギーの値で元気かどうかを判断）
    public int Energy { get; set; }
}
```

このクラスに、引数を受け取らないコンストラクターを追加し、Name、Mood、Energyの3つのプロパティに、自動的に値を設定するようにしてみましょう。

リスト10-13
コンストラクターの定義（コンストラクターで初期状態を設定）

```
class VirtualPet
{
    // ペットの名前
    public string Name { get; set; }

    // ペットの機嫌を示す（値が大きいと機嫌が良い）
    public int Mood { get; set; }
```

```
    // ペットの元気度を示す（エネルギーの値で元気かどうかを判断）
    public int Energy { get; set; }

    // コンストラクターの定義
    public VirtualPet()  ◀コンストラクターの名前はクラス名と同じにする
    {
        Name = "エイミー";
        Mood = 5;
        Energy = 100;
    }
}
```

背景に色を付けた部分がコンストラクターを定義している個所になります。

10-4-2 コンストラクターの呼び出し

それでは、このコンストラクターを使ってVirtualPetオブジェクトを生成するコードを書いてみます。

リスト10-14 コンストラクターの呼び出し

```
var mypet = new VirtualPet();  ◀インスタンス生成時にコンストラクターが呼び出される
Console.WriteLine($"Name: {mypet.Name}");
Console.WriteLine($"Mood: {mypet.Mood}");
Console.WriteLine($"Energy: {mypet.Energy}");
```

実行結果

```
Name: エイミー
Mood: 5
Energy: 100
```

new VirtualPet()でインスタンスを生成すると、VirtualPetコンストラクターが呼び出されます。実行結果から、コンストラクターが呼び出され、プロパティに値が設定されているのがわかります。

10-4-3 引数のあるコンストラクター

上の例では、VirtualPetのNameの初期値は常にエイミーになります。この場合は、ユーザーが後から名前を変更できるようなコードを追加することになるでしょう。

しかし、アプリによっては、初期値は必ずユーザーが指定した名前にしたいという場合もあるでしょう。そのような場合は、**引数を持たせ、ユーザーが引数を介して名前を設定できるコンストラクターを定義できます。**

リスト10-15 引数のあるコンストラクター

```
class VirtualPet
{
    // ペットの名前
    public string Name { get; set; }
    // ペットの機嫌を示す（値が大きいと機嫌が良い）
    public int Mood { get; set; }
    // ペットの元気度を示す（エネルギーの値で元気かどうかを判断）
    public int Energy { get; set; }

    // コンストラクターの定義
    public VirtualPet(string name)   ←コンストラクターにも引数を指定できる
    {
        Name = name;   ←仮引数nameがNameプロパティに代入される
        Mood = 5;
        Energy = 100;
    }
}
```

VirtualPetのインスタンスを生成するコードは以下のようになります。

リスト10-16 引数のあるコンストラクターの呼び出し

```
Console.Write("名前を入力してください⇒");
var name = Console.ReadLine();
var mypet = new VirtualPet(name);   ←引数を指定したコンストラクターが呼び出される
Console.WriteLine($"Name: {mypet.Name}");
Console.WriteLine($"Mood: {mypet.Mood}");
Console.WriteLine($"Energy: {mypet.Energy}");
```

実行例

```
名前を入力してください⇒リサ⏎
Name: リサ
Mood: 5
Energy: 100
```
「リサ」という入力を受け取って初期化

10-4-4 コンストラクターの利点

リスト10-12のようにVirtualPetクラスにコンストラクターを定義しなかった場合は、呼び出す側のリスト10-16は次のように書く必要があります。

```
Console.Write("名前を入力してください⇒");
var name = Console.ReadLine();
var mypet = new VirtualPet
{
    Name = name,
    Mood = 5,
    Energy = 100
};
Console.WriteLine($"Name: {mypet.Name}");
Console.WriteLine($"Mood: {mypet.Mood}");
Console.WriteLine($"Energy: {mypet.Energy}");
```
初期設定のコードを書かないといけない

もちろん、これでもやりたいことは書けるわけですが、コンストラクターを定義すれば、VirtualPetクラスを**利用する側のコードがスッキリする**のがわかると思います。

なお、リスト10-15のように引数付きのコンストラクターを定義したときには、引数を指定しない以下のようなコードはコンパイルエラーになります。

```
✕ var mypet = new VirtualPet();
```
これはコンパイルエラー

引数付きのコンストラクターが定義されたVirtualPetクラスのインスタンスを生成するときには、以下のように引数ありのコンストラクターを使う必要があります。

```
var mypet = new VirtualPet(name);
```

これにより、**初期化漏れを防ぐことができますので、実際のプログラミングでは、大きなメリット**になります。

10-4-5 コンストラクターのオーバーロード（多重定義）

オーバーロード（多重定義）の機能（⇒p.276）**はコンストラクターにも利用することが可能**です。それを確かめてみましょう。

次のコードは、Person クラスに2つのコンストラクターを定義した例です。

リスト10-17 コンストラクターのオーバーロード

```
class Person
{
    public string FirstName { get; set; }
    public string LastName { get; set; }

    public Person()  ◀引数のないコンストラクターを定義
    {
        FirstName = "";
        LastName = "";
    }

    public Person(string firstName, string lastName)  ◀コンストラクターをオーバーロードして、引数を渡せるようにする
    {
        FirstName = firstName;
        LastName = lastName;
    }
}
```

このように定義すれば、以下のどちらのコードでもPersonオブジェクトを生成することができます。

リスト10-18 オーバーロードしたコンストラクターの呼び出し

```
var person1 = new Person();
```

```
var person2 = new Person("勇太", "佐々木");
```

もちろんこの例では、1つ目のコードでは名前が設定されませんので、オブジェクトを生成した後に名前を設定するコードを書く必要があります。

実は、第9章のDateTime構造体のインスタンス生成で、オーバーロードされたコンストラクターを使った例をすでに示しています(⇒p.261～262リスト9-23～リスト9-26)。

```
var date1 = new DateTime(2020, 9, 10);
```

```
var date2 = new DateTime(2019, 4, 3, 19, 8, 53);
```

さらに、ミリ秒まで指定できる以下のような呼び出し方法も用意されています。

```
var date2 = new DateTime(2019, 4, 3, 19, 8, 53, 500);
```

このように、コンストラクターをオーバーロードすることで、さまざまな方法でインスタンスを生成することが可能になります。**クラス/構造体の利用者は、コンストラクターの中から一番適切なものを選んでインスタンスを生成すれば良い**のです。もし、たとえばミリ秒まで指定するコンストラクターしか用意されていないとすると、DateTime構造体でのインスタンス生成はとても面倒くさいものになっていたはずです。

10-5 プロパティの高度な使い方

10-5-1 プロパティに特別な動作を加える

第7章で定義したBookクラス（p.191リスト7-1）に再度登場してもらいましょう。Bookクラスは以下のような定義でした。

```
class Book
{
    public string Title { get; set; }
    public string Author { get; set; }
    public int Pages { get; set; }
    public int Rating { get; set; }
}
```

このBookクラスのRatingプロパティは評価を示すプロパティですが、1、2、3、4、5の5つの値だけを保持したいとします。

しかし、以下のようなコードを実行してもエラーにはなりません。

```
var book = new Book();
book.Rating = 500;   ← Ratingプロパティにはどんな整数でも代入できてしまう
```

この値を、1、2、3、4、5の5つの値に限定したい場合はどうすれば良いでしょうか？

C#のプロパティでは、単なる値へのアクセスではなく、**代入時、取得時の動作を独自に定義することができます**。この機能を使い、代入時に0以下ならば1に、6以上ならば5に設定するように、Ratingプロパティの機能を変更してみます。

Ratingプロパティの定義を少しずつ書き換えることで、最終的なコードにたどり着きたいと思います。

STEP 0

まずは、書き換える前のコードを再度示します。Ratingプロパティだけに焦点を当てたいので、それ以外のコードは省略します。

リスト10-19 プロパティに動作を加える（STEP 0）

```
class Book
{
    ⋮
    public int Rating { get; set; }
    ⋮
}
```

STEP 1

リスト10-19を以下のように書き換えます。

リスト10-20 プロパティに動作を加える（STEP 1）

```
class Book
{
    ⋮
    int _rating;                 ← フィールドの定義

    public int Rating            ← プロパティの定義
    {
        get                      ← getアクセサーの定義
        {
            return _rating;      ← 参照時にこのコードが実行される
        }
        set                      ← setアクセサーの定義
        {
            _rating = value;     ← 代入時にこのコードが実行される
        }
    }
    ⋮
}
```

ずいぶんと行数が増えてしまいましたが、STEP 0のリスト10-19で示したコードと機能的にはまったく同じコードです。STEP 1のリスト10-20のコードの省略形がSTEP 0（リスト10-19）のコードだと考えてください。

実は、C#が世に出た当初は、このSTEP 1（リスト10-20）で示したプロパティの書き方しか許されていませんでした。しかし、STEP 1のコードはあまりにも冗長であり、プロパティの数が増えると似たようなコードを大量に書かなくてはいけません。そのため、C#のバージョンアップ時に、STEP 0で示した書き方ができるようになったという経緯があります。

それでは、このSTEP 1のコードを少し詳しく見ていきましょう。

まず、以下のコードに注目してください。

```
int _rating;
```

この**クラスの中**（かつメソッド、プロパティの外側）**で定義された変数を<u>フィールド</u>と呼んでいます**。変数ですからプログラマーが自由に名前を付けることができます。ここでは、通常のローカル変数やプロパティと明確に区別できるように先頭にアンダースコア（_）を付けています。

フィールドは、**インスタンス生成時に確保されるオブジェクトの中に存在する変数**です。この**フィールドは、定義されたクラスの中だけからアクセスできる変数で、クラスの外からはアクセスすることはできません**。

続いて、Ratingプロパティの定義について見ていきましょう。

最初は、getの定義です。このget{ …… }を**getアクセサー**と言います。これは、この**クラスの利用側がプロパティの値を取得（get）するための機能**です。

```
get
{
    return _rating;  ◀プロパティの値を取得するときにこのコードが実行される
}
```

次のようにRatingプロパティにアクセスされたときに、getアクセサーの中が実行されます。

```
var rating = book.Rating;
```

つまり、このコードでRatingプロパティが参照されると、getアクセサー内に処理が移り、return _rating;が実行され、_ratingフィールドの値が返ります。そして、その戻り値が変数ratingに代入されることになります。

次に、**setアクセサー**の定義です。これは、**プロパティに値が代入されるときに**

呼び出されるコードです。これは、この**クラスの利用側が値を設定(set)するための機能**です。

```
set
{
    _rating = value;  代入時にこのコードが実行される
}
```

どこにも定義していない**value**という変数が出てきましたが、これは、**代入される値を示す特別なキーワード**です。つまり、

```
book.Rating = 5;
```

というコードが実行されたときには、値5がvalueに代入されて、_rating = value;が実行されます。これにより、_ratingフィールドに、値5が代入されることになります。

ちなみに、今までにもたくさん出てきた以下の書き方のプロパティを**自動実装プロパティ**と言います。

```
public int Rating { get; set; }
```

このコードをコンパイルすると、STEP 1(リスト10-20)と同等のコードに変換されるのです。

STEP 2(最終STEP)

プロパティのsetアクセサーやgetアクセサーは一種のメソッドであり、その中には通常のメソッドと同様に複数の文を書くことができます。

STEP 2では、setアクセサーにコードを追加して、0以下ならば1に、6以上ならば5に値を設定する機能を追加してみます。

リスト10-21 プロパティに動作を加える(STEP 2)

```
class Book
{
    ⋮
    int _rating;

    public int Rating
```

```
    {
        get
        {
            return _rating;
        }
        set  ◀getアクセサー、setアクセサー内は、メソッドと同様、複数行の処理が書ける
        {
            if (value <= 1)  ◀1以下の値はすべて1をセット
            {
                _rating = 1;
            }
            else if (value >= 6)  ◀6以上の値はすべて5をセット
            {
                _rating = 5;
            }
            else
            {
                _rating = value;
            }
        }
    }
    ⋮
}
```

valueの値（代入される値）により場合分けをして、必ず1から5の値が_ratingフィールドに代入されるようにしています。

このコードの追加により、以下のように書いたとしても、_ratingフィールドには、5が代入されることになります。

```
book.Rating = 10;
```

これで、Ratingプロパティの値は、1から5の整数であることが保証されたことになります。

なお、_ratingフィールドは、クラスの外側からはアクセスすることができません。そのため、

```
✖ book._rating = 10;
```

のようなコードを書くとコンパイルエラーになります。

10-5-2 読み取り専用プロパティ

C#では、**代入のできない読み取り専用のプロパティを定義することができます**。次のようなクラスが定義されていたとします。

```
class Person
{
    // 名
    public string FirstName { get; set; }
    // 姓
    public string LastName { get; set; }
}
```

FirstNameとLastNameはそれぞれ単独で利用するときもありますし、LastNameとFirstNameを繋げた姓名を利用したいときもあります。たとえば、次のようなGetFullNameメソッドを定義してもよいでしょう。


```
class Person
{
    // 名
    public string FirstName { get; set; }
    // 姓
    public string LastName { get; set; }
    // 姓名を返す
    public string GetFullName()
    {
        return LastName + FirstName;
    }
}
```

GetFullNameを利用するコード例を示します。

```
var person = new Person
{
    LastName = "渡部",
    FirstName = "智史"
};
```

```
var name = person.GetFullName();
```

これでname変数には、"渡部智史"が代入されます。

これでもなんの問題もありませんが、次のように書けた方が楽だと思いませんか？

```
var name = person.FullName;
```

このように書ければ、FirstNameプロパティ、LastNameプロパティへのアクセスと同様の書き方になるのでコードに統一感も出ますね。

それには、以下のようにPersonクラスにFullNameプロパティを定義します。

リスト10-22 読み取り専用プロパティ(1)

```
class Person
{
    // 名
    public string FirstName { get; set; }
    // 姓
    public string LastName { get; set; }
    // 姓名
    public string FullName  ◀getアクセサーだけを持ったプロパティ
    {
        get { return LastName + FirstName; }
    }
}
```

FullNameプロパティにはgetアクセサーしかありません。このような**getアクセサーだけを持つプロパティを定義することで、プロパティを読み取り専用*にすることができます。**

* Stringクラスの Lengthプロパティ(⇒p.251)も読み取り専用になっています。

読み取り専用プロパティですので、以下のようなコードはコンパイルエラーになります。

```
✖ var person = new Person();
person.FullName = "渡部智史";  ◀代入ができないのでコンパイルエラーになる
```

10-5-3 もうひとつの読み取り専用プロパティ

読み取り専用プロパティには、もうひとつの書き方があります。以下のクラスは、VirtualPetのNameプロパティを読み取り専用にしたコードです。

リスト10-23
読み取り専用プロパティ(2)

```
class VirtualPet
{
    public string Name { get; private set; }
    public int Mood { get; set; }
    public int Energy { get; set; }

    // コンストラクター
    public VirtualPet(string name)
    {
        Name = name;
        Mood = 5;
        Energy = 100;
    }
}
```

setの前にprivateを指定していることでgetだけが公開される。つまり、読み取り専用になる

Nameプロパティの**set**キーワードの前に、**private**キーワードを付けることで読み取り専用にしています。もちろん、**クラスの内側では代入することが可能ですので、コンストラクターの中では引数で与えられた値を代入することができます。**privateキーワードは、外に公開しないという意味ですから、これでNameプロパティへの代入ができなくなります。

```
var pet = new VirtualPet("エイミー");
pet.Name = "リサ";
```

✕ 代入できないのでコンパイルエラーになる

このように、privateキーワードを使った読み取り専用プロパティは、**最初に値を設定したらそれ以降値を変更したくない場合に利用できます。**

なおC# 6.0以降では、プロパティを読み取り専用にする際のprivate set;を省略することができます。ただしこの場合は、プロパティに値を設定できるのはコンストラクター内に限られます。private set;を指定した場合は、コンストラクター以外の通常のメソッド内でも値を設定することができます。

10-5-4 プロパティの初期化

VirtualPetクラス(⇒リスト10-15)では、コンストラクターで、Moodプロパティ、Energyプロパティの初期値を代入していましたが、C#のバージョン6.0で追加された機能を使うと、より簡単に初期値を設定することができます。

リスト10-24
プロパティの初期化

```
class VirtualPet
{
    public string Name { get; private set; }
    public int Mood { get; set; } = 5;          ◀プロパティの値を5で初期化
    public int Energy { get; set; } = 100;      ◀プロパティの値を100で初期化

    // コンストラクター
    public VirtualPet(string name)
    {
        Name = name;
    }
}
```

このように、**プロパティの定義の後に「= *値*;」と続けることで、初期値を設定することができます。**

第8章などでも触れましたが、プロパティの初期値を指定しなかった場合は、数値型のプロパティは0で初期化される*ようになっています。

*数値型は0で初期化されます。参照型(第11章で説明)の場合はnull(第11章で説明)に初期化されます。

Q & A なぜ、privateとpublicを使い分けなければいけないの?

Q なぜ、**private**と**public**を使い分けなければいけないのでしょうか? 全部**public**にしておけば、いろいろと融通が利いて良さそうな気がします。

A 確かにデータを公開することで、いつでもどこでも参照や変更が可能になり便利かもしれません。しかし、便利な反面、多くのデメリットがあります。
私たちが日頃利用しているさまざまな電気製品類は、ほぼ例外なく内部の構造にアクセスできないようになっています。
たとえば、電気製品のボタンやスイッチは利用者が直接操作できるようになっていますが、誰も、内部回路に電気信号を直接送って家電製品を動かしたりはしませんよね。内部の構造にアクセスするのは、修理のときなど特別な場合だけです。
オブジェクト指向プログラミングにもこの考えを持ち込んだのが、public/privateキーワードによるデータの公開/非公開の制御です。クラスを利用する側の人に見せるものにはpublicキーワードを付け、見せたくないものにはprivateキーワードを付けて非公開にする――こうすることで、クラス内のデータの安全性を高めることができるのです。
この考えをオブジェクト指向の用語で、**情報隠蔽**と言います。**情報隠蔽はカプセル化**（⇒p.187）**を実現するための重要な要素**となっています。
情報隠蔽と言うと何か悪いことを隠しているようなイメージがありますが、オブジェクト指向プログラミングにおいては、良い意味で使っている言葉です。**情報隠蔽はしっかりとやることが重要**です。
C#のプログラムでは、**公開するデータはプロパティとし、非公開にするデータはフィールドにするのが一般的で、また、そうすることが強く推奨されています。**フィールドに対して、publicキーワードを用いて、

```
public int _rating;
```

とすれば、クラスの外に公開することもできますが、そのようなことは**やってはいけません。**なお、本書ではフィールド定義はアクセス修飾子を省略しています。**省略時は非公開（private）**になります。
C#を習い立てのプログラマーにとっては、似たようなプロパティとフィールドをどう使い分けたら良いのか悩んでしまうかもしれませんが、**公開するならばプロパティ、非公開にするならフィールド**と覚えておいてください。

確認・応用問題

Q1 以下のSaleクラスには、3つのプロパティが定義されています。このプロパティを「リスト10-20：プロパティに動作を加える（STEP 1）」で示した旧式の書き方に変更してください。

```
class Sale
{
    public string ProductName { get; set; }
    public int UnitPrice { get; set; }
    public int Quantity { get; set; }
}
```

Q2 p.238のArrayUtilsクラスに、int型の配列の中の最小値を求めるGetMinメソッドを書いてください。GetMinメソッドには、省略可能な引数isPositive（bool型）を定義してください。引数isPositiveの値により、GetMinメソッドの動作は以下の表のように変わります。配列には1つ以上の要素があることを前提にしてかまいません。

isPositive	動作
true	配列内の整数の数の中から最小値を求める（0以下の数は判断の対象から外す）
false	配列内のすべての数の中から最小値を求める（引数が省略されたときの動作）

Q3 p.286のVirtualPetクラスにMoodUpメソッドとMoodDownメソッド（引数なし、戻り値なし）を追加してください。MoodUpメソッドが呼ばれるとMoodプロパティの値が1つ上がり、MoodDownメソッドが呼ばれるとMoodプロパティの値が1つ下がるものとします。ただし、Moodの値は1から10までとし、それ以外の値にはならないものとします。
MoodUp/MoodDownメソッドが追加できたら、Moodプロパティを読み取り専用にしてください。

Q4 **1.** p.201リスト7-7のBookクラスに、書籍名と著者名を引数に取るコンストラクターを定義してください。

2. このコンストラクターを使ってインスタンスを生成するコードを書いてください。

3. 生成したインスタンスに対し、Printメソッドを呼び出すコードを書いてください。

第11章

値型と参照型

C#で扱うデータにはすべて型があります。これまで学んだ、C#に組み込まれたintやdouble、stringなどの型はもちろん、.NETに定義済みのクラスも型のひとつですし、プログラマーが定義するクラスも型のひとつです。
これらC#の型はすべて値型か参照型のどちらかに分類されます。
この章の前半では、まだ説明をしていない構造体と列挙型の扱いについて説明します。両者ともint型などと同じ値型に分類されるものです。
後半では、値型と参照型の特徴や違い、取り扱い上の注意点などについて見ていきます。

11-1 構造体

第8章でDateTime構造体の説明をした際に、クラスと構造体は同じようなものであると説明しました（⇒p.228）が、実は構造体とクラスとでは大きな違いがあります。

それは、**クラスは参照型であるのに対し、構造体は値型である**という点です。

参照型と値型がどのように違うのかは、この章の「11-3：値型と参照型」で説明しますが、ここでは、その前に、構造体そのものについて見ていきましょう。機能的には、クラスとほとんど違いがないことがわかっていただけると思います。

11-1-1 構造体の定義方法

構造体はクラスと同様、プログラマーが定義することも可能です。構造体を定義するには、classキーワードの代わりに**structキーワードを使います**。

構造体の書式は以下のとおりです。構造体もクラスと同じく型の一種ですので、**名前空間の中に書きます**。

また、クラスと同様、**プロパティ、メソッド、コンストラクター、フィールド**を**定義できます**。

書式 11-1
構造体の定義

```
struct 構造体名
{
    構造体の本体   ← クラスと同様、プロパティ、メソッド、コンストラクター、フィールドが定義できる
}
```

構造体の例として、ここでは、トランプのカードを表すCard構造体を定義してみましょう。構造体もクラスと同様、ファイルを分けて定義するのが普通です。通

常、Card.csファイルを作成し、そこにCard構造体を定義します。

リスト11-1
構造体を定義する

```
// Card構造体
struct Card  ◀structキーワードで構造体を定義
{
    // プロパティ
    public char Suit { get; private set; }   }◀SuitとNumberは読み取り専用プロパティ
    public int Number { get; private set; }  }

    // コンストラクター
    public Card(char suit, int number)
    {
        Suit = suit;  ◀コンストラクターでSuitとNumberの値を初期化
        Number = number;
    }

    // メソッド
    public void Print()  ◀構造体にもメソッドを定義できる
    {
        var s = "";
        switch (Suit)
        {
            case 'H':
                s = "ハート";
                break;
            case 'D':
                s = "ダイヤ";
                break;
            case 'S':
                s = "スペード";
                break;
            case 'C':
                s = "クラブ";
                break;
        }
        Console.WriteLine($"{s} {Number}");
    }
}
```

ご覧のとおり、**構造体では、クラスのclassキーワードがstructに変わっただけで、それ以外はクラスの定義と同じ**であることがわかります。コンストラクターは構造体の名前と同じ名前にします。

Card構造体には、カードの種類（ハート、ダイヤ、スペード、クラブ）を表す

Suitプロパティとカードの数字を表すNumberプロパティを持っています。単純化するために、ジョーカーは無視します。

Suitプロパティには、'H'、'D'、'S'、'C'が値として入り、それぞれハート、ダイヤ、スペード、クラブを意味するものとします。

SuitプロパティとNumberプロパティは、読み取り専用のプロパティとし、コンストラクターでのみ値を設定できるものとしています。読み取り専用のプロパティの書き方はp.295〜297を参照してください。

11-1-2 構造体を使ってみる

構造体はクラスと同じように扱えます。ここで、Card構造体を利用する例を見てみましょう。

リスト11-2 構造体を利用する

```
var card = new Card('H', 8);   ◀構造体もnew演算子でインスタンスを生成する
card.Print();
if (card.Suit == 'D')
{
    Console.WriteLine("ダイヤです");
}
else
{
    Console.WriteLine("ダイヤではありません");
}
```

実行結果

```
ハート 8
ダイヤではありません
```

このように構造体は、インスタンスの生成、プロパティの参照、メソッドの呼び出しと、どれもクラスと同じように利用することができます。

Q & A 自分で型を定義する場合はクラスと構造体のどちらを使う？

Q クラスと構造体があるのは理解できましたが、自分で型を定義する場合はクラスと構造体のどちらを使ったら良いのでしょうか？

A **クラスを定義してください。**

プログラミングを始めたばかりで構造体を定義する場面はほとんどないと言ってよいでしょう。初めのうちは、構造体を使うのは、.NETに定義されているDateTime型などを利用するときだけと言っても過言ではありません。ですから、構造体を利用する立場として、動作がクラスとどう違うのかを理解することが重要になります。動作の違いは、「11-3：値型と参照型」で説明しています。

なお、マイクロソフト社では、どのようなときに構造体を定義すべきかのガイドラインを示していますが、高度な内容であり本書が扱う範囲を越えるためここでは省略します。

11-2 列挙型

列挙型はint型などと同様、**値型のグループに属する**型です。

列挙型は**有限個のデータを持つ集合***を扱う場合に便利**です。たとえば、メダルの金、銀、銅を扱いたい場合や、トランプカードのクラブ、スペード、ハート、ダイヤ、を扱いたい場合などです。

*集合とは、あるカテゴリに属するものの集まりのことです。

列挙型を利用すると、これら（スペードやハートなど）のひとつひとつに名前を付けることができます。これによりコードの可読性を高め、バグを防ぐことができます。

百聞は一見にしかず、さっそく具体例を見ていきましょう。

11-2-1 .NETの列挙型を使ってみる

たとえば、週の曜日を表す変数を宣言したいとします。この変数に格納するのは日曜日から土曜日の7つの値だけです。こういった場合に列挙型を利用できます。

週の曜日を表す列挙型は、すでに.NETにDayOfWeekという名前で定義されています。DayOfWeek列挙型は、Sunday、Monday、Tuesday、Wednesday、Thursday、Friday、Saturdayの7つの名前（**識別子**）を持ちます。利用する際には、DayOfWeek.Sundayのように、**列挙型名と識別子をドット（.）でつなげます**。

このDayOfWeek型を利用するとどのようなメリットがあるのか、見ていきましょう。

以下に、DayOfWeek型を使った簡単なコードを示します。

リスト11-3 列挙型を利用する

```
var week = DayOfWeek.Sunday;      // DayOfWeekは列挙型
if (week == DayOfWeek.Friday)     // DayOfWeekという列挙型の名前も必要
{
```

```
    Console.WriteLine("金曜日です");
}
else
{
    Console.WriteLine("金曜日ではありません");
}
```

weekはDayOfWeek型の変数で、日曜日を表すDayOfWeek.Sundayで初期化しています。

次の行のif文で、week変数の値がDayOfWeek.Friday（金曜日）かどうかを調べて、結果を表示しています。

week変数はDayOfWeek型ですので、4などの数値を代入することはできません。たとえば、以下のコードはコンパイルエラーになります。

```
✕ DayOfWeek week = 4;  ◀DayOfWeek型の変数には4は代入できないので、コンパイルエラー
```

week変数に**代入できるのは**、DayOfWeekで**定義された**SundayからSaturdayまでの7つの**値だけ**です。それ以外の値は代入することができません。これにより**誤った値が紛れ込むことがなくなりますので、コードの安全性を高めることが可能**になります。

また、数値を使う以下のようなコードに比べ、**読みやすさも向上**します。

```
✕ int week = 0;
if (week == 5)  ◀5が何を意味するのかわかりにくい
{
    Console.WriteLine("金曜日です");
}
else
{
    Console.WriteLine("金曜日ではありません");
}
```

上のコードを読んで、数値の0が日曜日、数値の5が金曜日を表しているとはすぐにはわかりませんよね。それに比べて、DayOfWeek型を使ったコードは、すぐにコードの意味を理解することができます。

11-2-2 列挙型の定義方法

では、今度は独自の列挙型を定義してみましょう。

列挙型を定義するには、enumキーワードを使います。

書式11-2
列挙型の定義

```
enum 列挙型の名前
{
    識別子1,
    識別子2,
    識別子3,
     ⋮
}
```

列挙型もクラスと同様、型の一種ですので、名前空間の中に定義します。

先ほどのCard構造体では、カードの種類を表すのにchar型を使っていましたが、カードの種類を表すCardSuit列挙型を定義し、Card構造体を書き換えてみます。

まずは、CardSuit列挙型の定義です。

リスト11-4
列挙型を定義する

```
enum CardSuit    ◀ enumキーワードで列挙型を定義
{
    Club,
    Spade,
    Heart,
    Diamond
}
```

enumキーワードを使い、CardSuit型を定義しています。{}ブロックの中で、CardSuitの各要素の名前を定義しています。

なお、**列挙型の実体はint型で値型**です。つまり、実行されるときは、列挙型の識別子はint型として扱われます。CardSuit列挙型の場合、CardSuit.Clubは0、CardSuit.Spadeは1、CardSuit.Heartは2、CardSuit.Diamondは3として扱われます。

定義する際は以下のように実際の数値（数値リテラル（⇒p.73））を指定することもできます。値を省略したときは、0から順に指定されたものと見なされます。そのため、リスト11-4とリスト11-5は、まったく同じ定義として扱われます。

リスト11-5
列挙型を定義する（値を明示）

```
enum CardSuit
{
    Club = 0,
    Spade = 1,
    Heart = 2,
    Diamond = 3
}
```

このような定義をしたとしても、**実際の値がint型の値であるというだけで、ソースコード上では列挙型の変数に整数を代入したり、整数と比較することはできません。**

このCardSuit列挙型を使い、リスト11-1のCard構造体を再定義してみます。

リスト11-6
列挙型をプロパティに持つ構造体

```
// CardSuit列挙型の定義
enum CardSuit
{
    Club,
    Spade,
    Heart,
    Diamond
}

// Card構造体の定義
struct Card
{
    public CardSuit Suit { get; private set; }  ◀SuitはCardSuit型のプロパティ
    public int Number { get; private set; }

    public Card(CardSuit suit, int number)  ◀第1引数ではCardSuit型を受け取る
    {
        Suit = suit;
        Number = number;
    }

    public void Print()
    {
        var s = "";
        switch (Suit)
        {
            case CardSuit.Heart:
                s = "ハート";
                break;
```

```
                case CardSuit.Diamond:
                    s = "ダイヤ";
                    break;
                case CardSuit.Spade:
                    s = "スペード";
                    break;
                case CardSuit.Club:
                    s = "クラブ";
                    break;
            }
            Console.WriteLine($"{s} {Number}");
        }
}
```

このCard構造体を利用するコードは以下のようになります。

リスト11-7 列挙型をプロパティに持つ構造体を利用する

```
var card = new Card(CardSuit.Heart, 8);
card.Print();
if (card.Suit == CardSuit.Diamond)
{
    Console.WriteLine("ダイヤです");
}
else
{
    Console.WriteLine("ダイヤではありません");
}
```

実行結果

```
ハート 8
ダイヤではありません
```

CardSuit列挙型を利用するようにしたことで、Card構造体は**安全性が高まっています**。

char型を利用していた元のCard構造体では、以下のような間違ったコードを書いても、文法的には誤りではないためコンパイルエラーにはなりませんし、実行時にもエラーにはなりません。

```
✕ var card = new Card('h', 8);   ← ハートのつもり。正しくは'H'
  if (card.Suit == '♣')          ← クラブのつもり。正しくは'C'
      ⋮
```

一方、CardSuit列挙型を使ったCard構造体では、以下のコードはコンパイルエラーになりますので、間違いにすぐに気が付くことになります。

```
var card = new Card('H', 8);  ←ハートのつもり。正しくはCardSuit.Heart
if (card.Suit == 3)  ←ダイヤのつもり。正しくはCardSuit.Diamond
    ⋮
```

int型やchar型などの組み込み型（⇒p.69）を使った方が気軽にコードが書けますから、CardSuit列挙型を定義することは面倒に感じるかもしれません。しかし、プログラムの規模が大きくなると、コードの意味を理解するのが大変になりますし、時間もかかってしまいます。また、間違いにもなかなか気が付きません。そのため、**取りうる値の範囲が決まっていてそれぞれに名前が付けられる場合は、列挙型を定義する**ようにしてください。

11-3 値型と参照型

それでは、章のはじめの方で名前だけ出しておいた「値型」と「参照型」について説明しましょう。

C#のすべての型は、値型か参照型のどちらかに分類されます。たとえば、int型やdouble型、構造体は値型で、string型や配列は参照型です。またクラスも参照型に分類されます（⇒表11-1）。

表11-1 値型と参照型の代表的な型

型の種類	代表的な型
値型	int、double、decimal、char、bool、構造体、列挙型
参照型	string、配列、クラス

第6章で配列について説明した際にも説明しましたが、配列の変数は、メモリ上に配置されたデータのアドレス（番地）を保持しています（⇒p.169）。つまり、**変数はデータの場所を指し示している**わけです。この**指し示している値のことを参照**と言います（⇒図11-1）。**参照型はこの参照を利用した型**です。

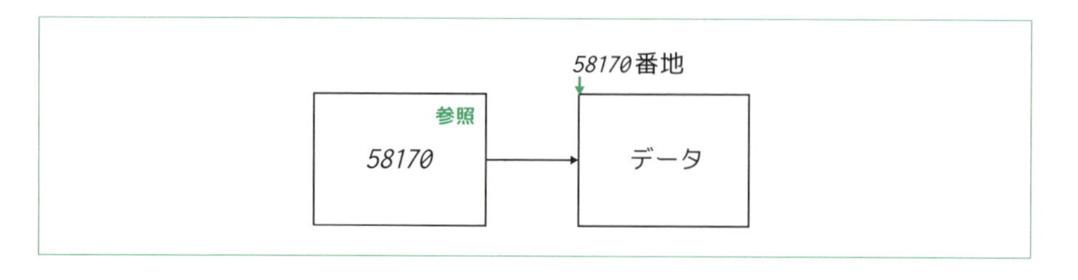

図11-1 参照とデータ

それぞれの特徴は以下のとおりです。

[値型の特徴]

- 変数を宣言すると、値そのものが格納される領域がメモリ上に用意される
- 変数に値を代入するときは、値そのものが代入される

- メソッドの引数に渡される場合は、値の複製が作られ、その複製が渡される

[参照型の特徴]

- 変数を宣言すると、インスタンスへの参照が格納される領域が用意される
- 変数に値を代入する場合は、インスタンスへの参照が代入される
- メソッドの引数に渡される場合は、インスタンスへの参照が渡される

11-3-1 値型のデータの持ち方

値型の変数がどのようにデータを保持しているのか、再度確認しておきましょう。たとえば、int型の変数を宣言/初期化した場合には、メモリ上には図11-2のようなイメージでデータが用意されます。

```
int num = 10;
```


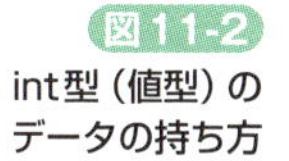

int型（値型）の
データの持ち方

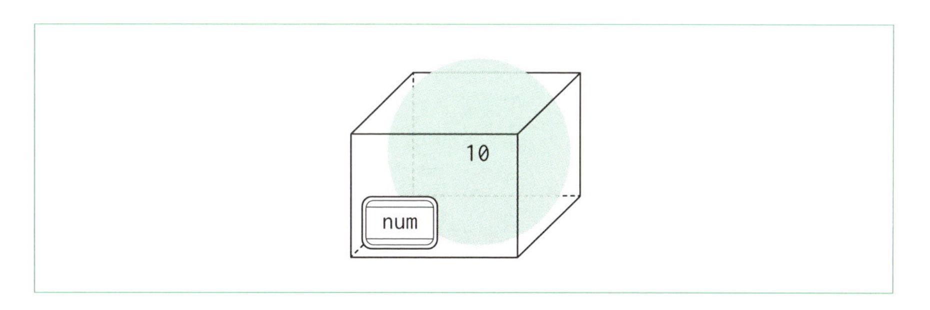

numという**名前が付けられた場所に数値**の10**が格納**されています。これは、理解しやすい単純な値の持ち方ですね。

構造体は値型なので、以下のコードで生成したCardオブジェクトは、次ページ図11-3のようなイメージでメモリ上にデータが格納されます。

```
var card = new Card(CardSuit.Spade, 4);
```

図11-3
Card構造体（値型）のデータの持ち方

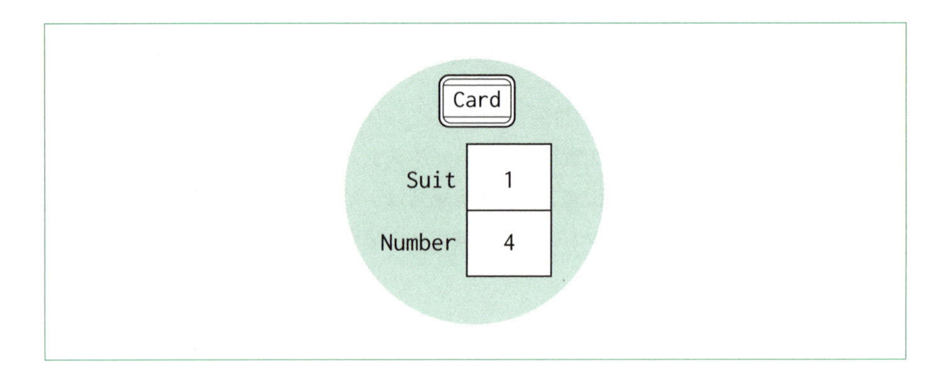

11-3-2 参照型のデータの持ち方

一方、参照型は値型とは異なり、**変数とは別のところに実際のデータが格納**されます。たとえば、文字列（p.312で説明したように、これも参照型です）の場合はメモリ上に図11-4のようにデータが用意されます。

```
string hello = "C# world";
```

図11-4
string型（参照型）のデータの持ち方

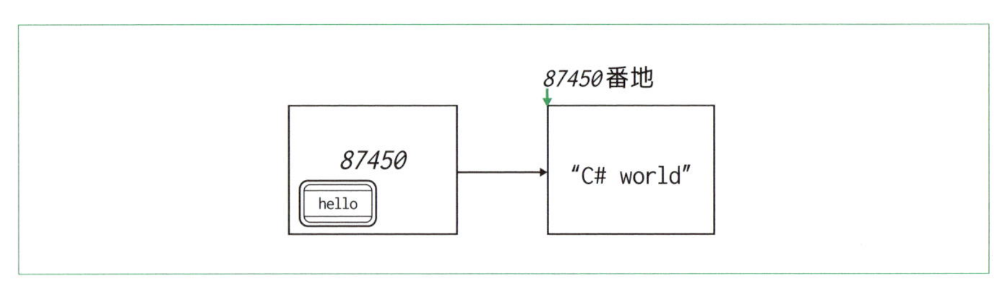

helloという名前が付けられた場所とは別の場所に、"C# world"の文字列（オブジェクト）が格納され、その文字列への**参照（メモリに割り振られた番地）が、変数helloに格納されます**。たとえば、87450番地に"C# world"の文字列が格納されていた場合には、hello変数には、番地（参照）を示す87450が格納されます。

Bookクラス（p.191リスト7-1）のオブジェクトの場合も見てみましょう。

```
var book = new Book
{
    Title = "吾輩は猫である",
```

```
        Author = "夏目漱石",
        Pages = 610,
        Rating = 4
    };
```

BookクラスのTitleとAuthorは、string型（参照型）ですので、別に文字列の領域が確保され、その参照（オブジェクトのアドレス）がTitle、Authorに格納されています（⇒図11-5）。PagesとRatingはint型（値型）ですので、変数の領域に数値が格納されます。

図11-5 Bookクラス（参照型）のデータの持ち方

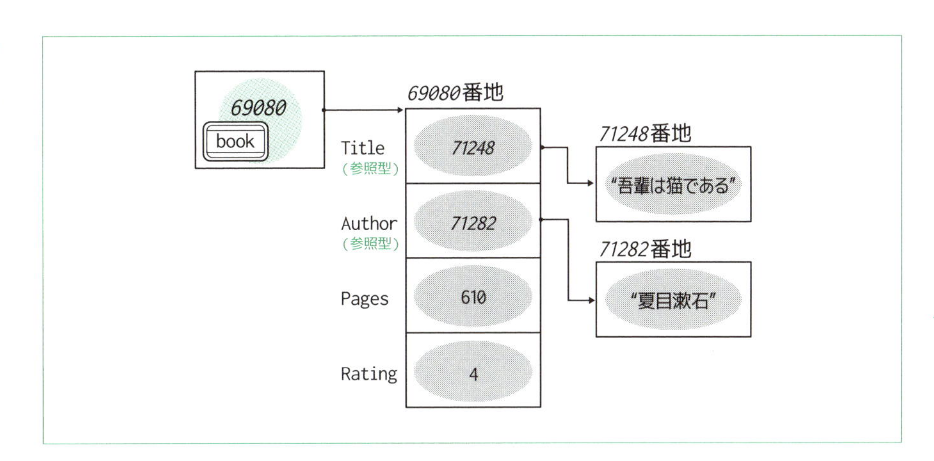

11-3-3 値型と参照型の違い

値型と参照型とでデータの持ち方が違っていることはわかりましたが、その違いはプログラムの動きにどのような影響を与えるのでしょうか？ 値型と参照型の違いを以下のコードで確かめてみます。

まずは、値型（構造体）の例を見てみましょう。

説明のために、先ほどのCard構造体を少し変更し、SuitとNumberは書き換え可能なプロパティとしました。この変更はあくまでも説明のためです。現実世界でもトランプカードの数字やマークが途中で変わることはありませんので、本来はSuitとNumberは読み取り専用にするのが妥当です。

リスト11-8
値型と参照型の違い
（値型の場合）

```
class Program
{
    static void Main()
    {
        var cardA = new Card(CardSuit.Spade, 4);
        var cardB = cardA;   ◀ cardAをcardBに代入（コピー）
        cardA.Number = 12;   ◀ cardAの番号を変更
        Console.WriteLine($"CardA: Suit:{cardA.Suit},
                                          ↳Number:{cardA.Number}");
        Console.WriteLine($"CardB: Suit:{cardB.Suit},
                                          ↳Number:{cardB.Number}");
    }
}

enum CardSuit
{
    Club, Spade, Heart, Diamond   ◀ 識別子は、このように1行に書くこともできる
}

struct Card
{
    public CardSuit Suit { get; set; }  ┐
    public int Number { get; set; }     ┘ ◀ 確認のため、読み書き可能なプロパティに変更

    public Card(CardSuit suit, int number)
    {
        Suit = suit;
        Number = number;
    }
}
```

上のコードのMainメソッドを見てください。

まず、5行目で変数cardAをCard構造体のインスタンス（スペードの4）で初期化しています。6行目でcardAをcardBに代入しています。この時点では、cardAとcardBは同じスペードの4です。そして7行目で、cardA.Numberの値を12に変更しています。

結果は以下のようになります。

実行結果

```
CardA: Suit:Spade, Number:12
CardB: Suit:Spade, Number:4
```

結果を見てもらえばわかるように、cardBの内容は、cardAの変更に影響を受けていません。特におかしなところはありませんね(⇒図11-6)。

図11-6
値型の動作

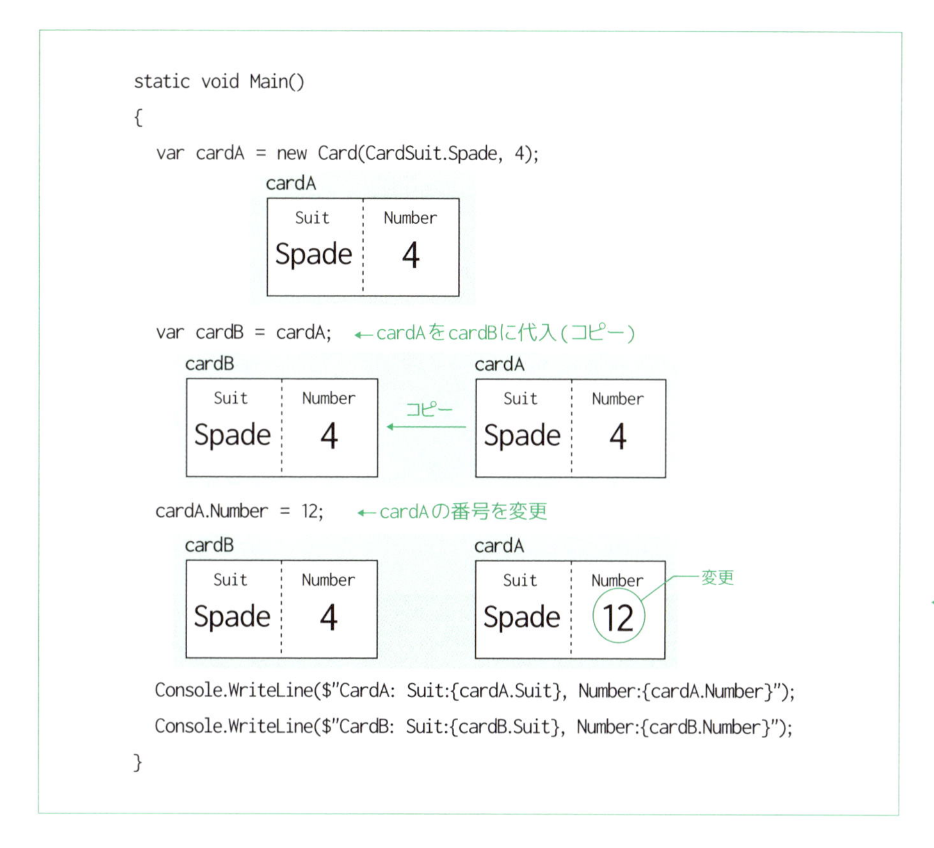

では、Card構造体(値型)をCardクラス(参照型)に変更した以下のコードはどうでしょうか？ Card構造体の定義をCardクラスに変更しただけで、それ以外は変更はありません。

リスト11-9
値型と参照型の違い(参照型の場合)

```
class Program
{
    static void Main()
    {
        var cardA = new Card(CardSuit.Spade, 4);
        var cardB = cardA;  ◀cardAをcardBに代入(コピー)
        cardA.Number = 12;  ◀cardAの番号を変更
        Console.WriteLine($"CardA: Suit:{cardA.Suit},
                                             ↳Number:{cardA.Number}");
        Console.WriteLine($"CardB: Suit:{cardB.Suit},
```

```
                                          ↳Number:{cardB.Number}");
    }
}

enum CardSuit
{
    Club, Spade, Heart, Diamond
}

class Card  ◀構造体（値型）をクラス（参照型）に変えて動作を確認してみる
{
    public CardSuit Suit { get; set; }
    public int Number { get; set; }

    public Card(CardSuit suit, int number)
    {
        Suit = suit;
        Number = number;
    }
}
```

実行結果

```
CardA: Suit:Spade, Number:12
CardB: Suit:Spade, Number:12
```

結果を見てみると、驚いたことにcardA.Numberしか変更していないのに、cardB.Numberの値も12に変更されています。

しかし、変数cardBにcardAを代入した直後のメモリの状態を考えれば、なぜこのような結果になったのかがわかります（⇒図11-7）。これは、クラスを使ったプログラムの動きを理解するうえでとても重要なことですので、ぜひ理解してください。

この場合、変数cardBにcardAを代入するということは、変数cardAに格納されているCardオブジェクトへの参照が、変数cardBに代入されるということです。

この状態で、

```
cardA.Number = 12;
```

が実行されると、CardオブジェクトのNumberの値が、12に変更されます。

つまり、cardBも同じCardオブジェクトを指し示していますから、cardB.Numberの値も12になるわけです。このように、**参照型の変数を別の変数に代入する場合は、十分な注意が必要**です。

図 11-7
参照型の動作

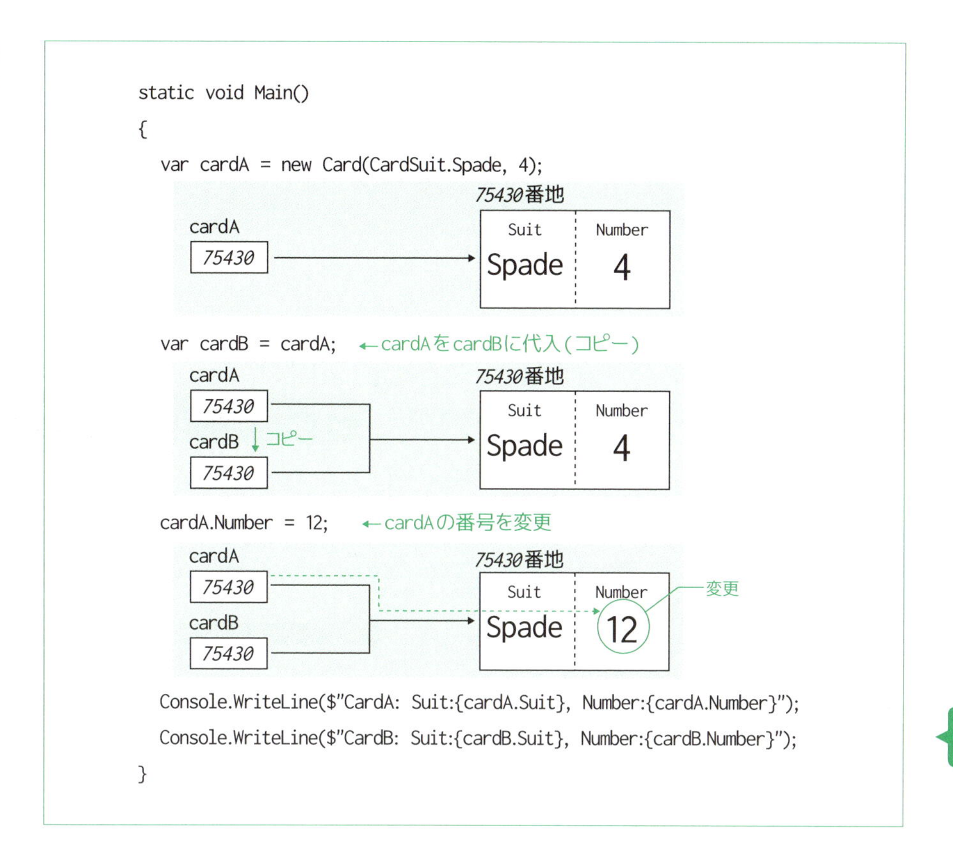

11-3-4 値型をメソッドに渡した場合の動作

メソッドでは、int型などの組み込み型のほかに、構造体やクラスなど、**どのような型でも引数にできます。**構造体（値型）やクラス（参照型）が引数になった場合は、先ほど見てきた変数への代入と同様、**その動きの違いを頭に入れておくことが大切**です。

これまでの説明が理解できれば、値型をメソッドに渡したときと、参照型をメソッドに渡したときの動きの違いも理解できるでしょう。

まずは、値型をメソッドに渡したときの動作を見ていきましょう。

次に示すコードには、ChangeToAceというメソッドが定義されています。このメソッドでは、引数で受け取ったCard構造体のNumberプロパティの値を変更しています*。

＊現実世界ではトランプのカードが別のカードに変化することはありませんから、プログラミングにおいてもトランプのカードの値を変更するようなコードを書くことは控えた方が良いでしょう。ChangeToAceメソッドはあくまでも、値型と参照型の違いを説明するために定義したメソッドであるとご理解ください。

Mainメソッドでは、Card構造体のオブジェクトをChangeToAceメソッドに渡し、ChangeToAceメソッドを呼び出す前と後とでCard構造体オブジェクトの値が変化するかどうかを確認しています。

リスト11-10
値型をメソッドに渡したときの動作

```
class Program
{
    static void Main()
    {
        var king = new Card(CardSuit.Spade, 13);
        Console.WriteLine($"Suit:{king.Suit}, Number:{king.Number}");
        ChangeToAce(king);  ← ChangeToAceメソッドにCardオブジェクトを渡し、メソッド内でCardオブジェクトのプロパティを変更する

        Console.WriteLine($"Suit:{king.Suit}, Number:{king.Number}");
    }

    private static void ChangeToAce(Card card)  ← 構造体（値型）を受け取るメソッド
    {
        card.Number = 1;  ← 構造体オブジェクトの値を変更
    }
}

enum CardSuit
{
    Club, Spade, Heart, Diamond
}

struct Card  ← Cardは構造体（値型）
{
    public CardSuit Suit { get; set; }
    public int Number { get; set; }

    public Card(CardSuit suit, int number)
    {
        Suit = suit;
        Number = number;
    }
}
```

実行結果

```
Suit:Spade, Number:13
Suit:Spade, Number:13
```

結果を見ていただければわかるとおり、ChangeToAceメソッドで値型である構造

体のプロパティを変更しても呼び出し元のking.Numberは13のまま変わりません。

これは、**構造体（値型）の値をメソッドの引数に渡す場合は、オブジェクトの参照ではなく、オブジェクトそのものがコピーされてメソッドに渡る**からです。変更されるのはコピーされた方です。これは、今までのint型などの変数の扱い（⇒p.90）と同じですね。コピーされたオブジェクトは、メソッドが終わると消えてしまいます。

Cardオブジェクトの内容がメモ用紙に写され、その紙がChangeToAceメソッドに渡されたと考えればよいと思います。メモ用紙の方のNumberの個所を1に書き換えているわけですから、元のオブジェクトのNumberはそのままということになります（⇒図11-8）。

図11-8 値型をメソッドに渡す

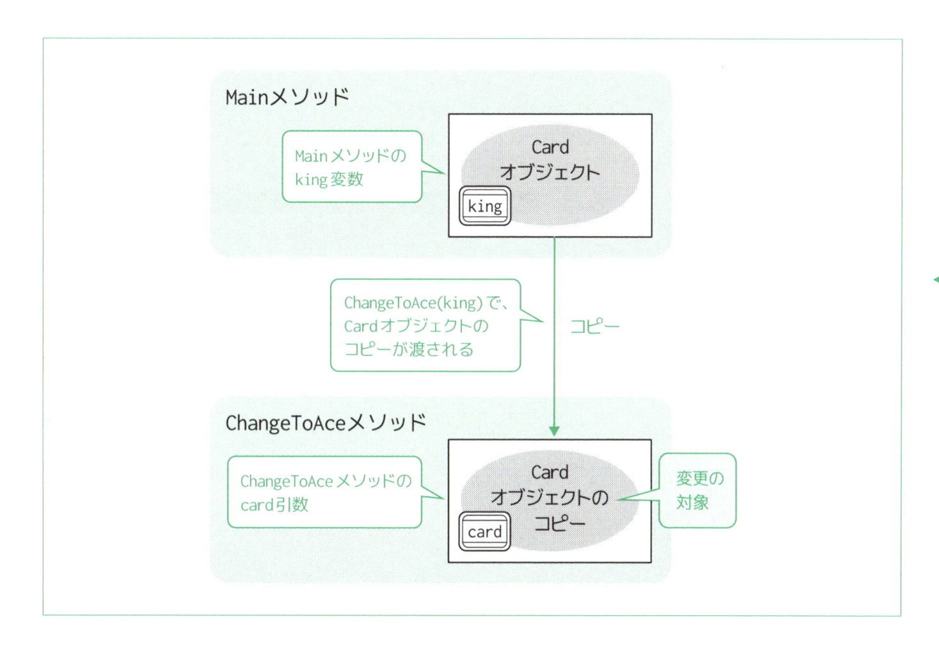

11-3-5 参照型をメソッドに渡した場合の動作

それでは、クラス（参照型）をメソッドに渡した場合の動作も確認しましょう。先ほど示したコードのCard構造体の定義をクラスに変更しました。

リスト11-11 参照型をメソッドに渡したときの動作

```
class Program
{
```

```
    static void Main()
    {
        var king = new Card(CardSuit.Spade, 13);
        Console.WriteLine($"Suit:{king.Suit}, Number:{king.Number}");
        ChangeToAce(king);
        Console.WriteLine($"Suit:{king.Suit}, Number:{king.Number}");
    }

    private static void ChangeToAce(Card card)  ◀クラス（参照型）を引数で受け取る
    {
        card.Number = 1;
    }
}

enum CardSuit
{
    Club, Spade, Heart, Diamond
}

class Card  ◀class（参照型）に変えて動作を確認してみる
{
    public CardSuit Suit { get; set; }
    public int Number { get; set; }

    public Card(CardSuit suit, int number)
    {
        Suit = suit;
        Number = number;
    }
}
```

実行結果

```
Suit:Spade, Number:13
Suit:Spade, Number:1
```

ChangeToAceメソッドの仮引数cardには、Mainメソッドの変数kingの値（Cardオブジェクトへの参照）が渡されます。つまり、Mainメソッドのking変数の指すオブジェクトと、ChangeToAceメソッドの仮引数cardが指すオブジェクトは同じオブジェクトなのです（⇒図11-9）。

図11-9
参照型を
メソッドに渡す

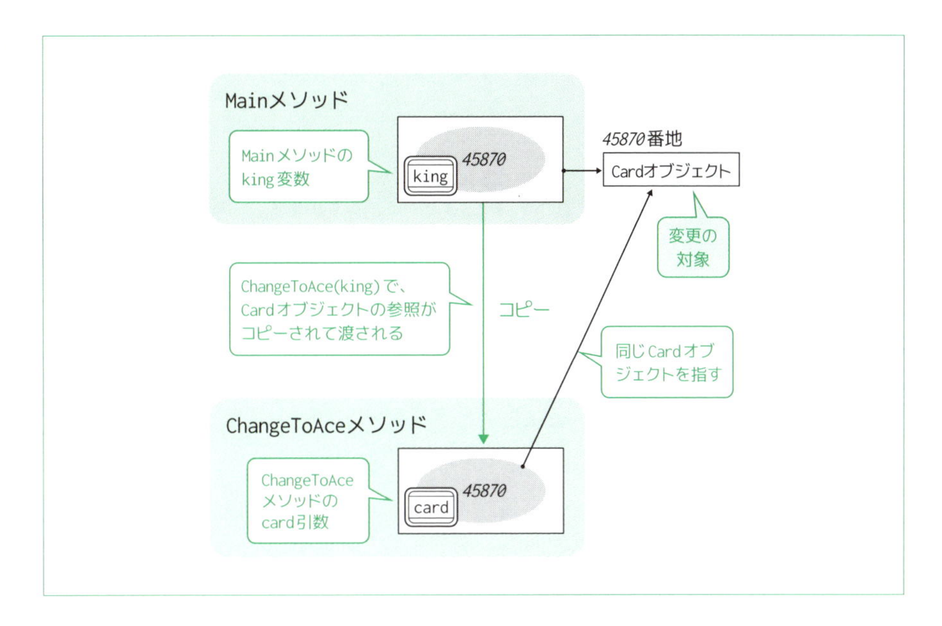

そのため、ChangeToAceメソッドでNumberプロパティの値を変更するということは、Mainメソッドのking変数の指すオブジェクトのNumberプロパティの値を変更するということになります。

メソッドの引数がクラスの場合には、このような点に注意を払っていないと、思わぬバグに泣くことになります。このような問題を起こさないためには、**メソッドの中で引数の値を変更しないことが一番**です。

なお、**メソッドの戻り値で、値型を返す場合と参照型を返す場合においても**、これまで説明してきたことが当てはまります。**値型ではオブジェクトのコピーが返り、参照型ではオブジェクトの参照が返ります**。

11-4 参照先がないことを表すnull

C#には、**null**(ヌル/ナル)というキーワードがあります。

たとえば、Cardクラスの変数に対して

```
Card card = null;
```

と書くと、Cardクラスのcardオブジェクトは空であること、つまり、変数cardが指し示すオブジェクトがないことを示すことができます。

このnullは「無あるいは空」を意味するキーワードです。**後で述べる方法をとらない限り、参照型（クラス型、配列型、string型）の変数に対してのみnullは使用できます。**

参照型の変数では、変数の中にはオブジェクトへの参照が格納されていることを思い出してください。**nullは、参照するオブジェクトが存在しない状態**です（⇒図11-10）。

図11-10
nullの状態

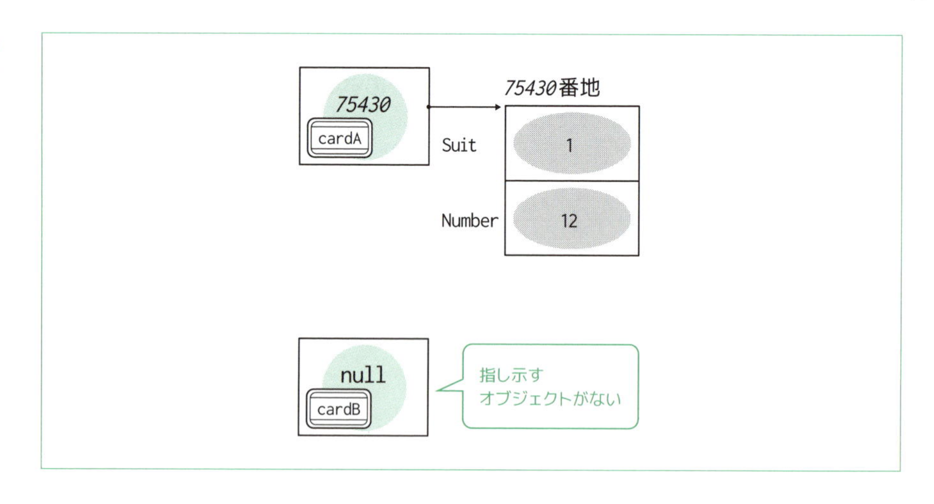

p.191のリスト7-1で示したBookクラスを使って、nullを使った簡単な利用例を示しましょう。

リスト11-12
nullキーワードを利用する

```
class Program
{
    static void Main()
    {
        var book = GetBook();
        if (book == null)  ◀nullかどうかでGetBookが成功したかどうかを判断
        {
            Console.WriteLine("Bookオブジェクトは生成できませんでした");
        }
        else
        {
            Console.WriteLine($"{book.Title}  {book.Author}");
        }
    }

    private static Book GetBook()
    {
        var line = Console.ReadLine();
        var items = line.Split(',');  ◀Splitメソッドについてはp.254参照
        if (items.Length != 2)
        {
            return null;  ◀入力したデータが正しくない場合はnullを返す
        }
        var book = new Book
        {
            Title = items[0],
            Author = items[1],
        };
        return book;
    }
}
```

実行例(1)

```
吾輩は猫である - 夏目漱石⏎
Bookオブジェクトは生成できませんでした
```

実行例(2)

```
吾輩は猫である,夏目漱石⏎
吾輩は猫である  夏目漱石
```

GetBookメソッドは、"吾輩は猫である,夏目漱石"のような本のタイトルと著者

名がカンマで区切られた文字列を入力してもらい、その情報から生成したBookオブジェクトを返すメソッドです。正しい形式で入力されなかった場合は、nullを返しています。

Mainメソッドでは、GetBookメソッドを呼び出し、戻り値がnullかどうかで処理を分岐させています。

nullは、オブジェクトが生成されなかった状態や、指定した条件に合うオブジェクトが見つからなかった状態を表すときによく利用されます。

11-4-1 値型でnullを使うには？

上で、nullは、特別な方法をとらない限り、参照型についてだけ利用できると説明しました。

int型のような値型では、

のような記述はできません。コンパイルエラーになってしまいます。

しかし、int型の変数にデータがまだ入力されていないことを示すのに、nullを使いたいケースもあります。

絶対にマイナス値がない場合には、

```
int number = -1;
```

などとして、-1をnullの代わりに使用することもできますが、常に利用できる方法ではありません。

このようなときのために、**値型でnullを扱うための特別な記法が用意されています。**

値型でnullを扱うには、次に示すように、**?を型名の後ろに付けるだけ**です。

```
int? number = 123;
double? weight = 87.6;
```

型名に続けて?を付けるとnull許容型になる

この?の付いた型を**null許容型**（Nullable Type）と呼びます。null許容型の変数を宣言する場合は、varキーワードは利用できません。必ず型名を指定する必要があります。

null許容型の変数は、次のようにnullを代入したり、nullと比較したりすることが可能になります。

```
if (number == null)
{
    weight = null;
}
```

このnull許容型の値を、本来のintやdoubleに変換したい場合には、以下のようにキャストをするか、

```
var n = (int)number;
var w = (double)weight;
```

null許容型の特別なプロパティValueを使う必要があります。

```
int n = number.Value;    ← Valueプロパティで値を取り出せる
double w = weight.Value;
```


注意しなくてはいけないのは、numberやweightの値がnullのときに、上記コード（キャストのコードを含む）を実行すると、実行時にエラーが発生してしまうことです。そのため、intやdoubleといった**本来の型に変換する前に、以下のように、nullではないことを確認する必要があります。**

```
if (number != null)    ← Valueプロパティで値を取り出す前に、nullではないことを確認
{
    int n = number.Value;
      ⋮
}
```

また、nullかどうかの判断は、**HasValueプロパティ**を使い、次のように書くこともできます。

```
if (number.HasValue)
{
```

```
    int n = number.Value;
     ︙
}
```

null許容型は、頻繁に使うものではありません。特に数値項目がnullかどうかを常に気にかけながらコードを書くのは大変です。また、算術演算を行う場合は、内部でいったん通常の値型に変換が行われ、計算が終わったらnull許容型に再変換が行われますので、処理速度にも影響を与えます。そのため、値型の入力項目で**入力が省略されたのか、値が入力されたのかの判断を行いたいときなど、特別な場合にのみ利用**してください。

名前の重要性

プログラミングにおいては、正しく動くものを作成することはとても大切ですが、それと同じくらい大切なのが、変数やメソッドのネーミング（名前を付けること）です。

たとえば、以下のコードを読んでみてください。

```
class ArrayUtils
{
    public static int FuncA(int[] a)
    {
        var i = 0;
        foreach (var n in a)
        {
            i += n;
        }
        return i;
    }

    public static double FuncB(int[] a)
    {
        var r = FuncA(a);
        return (double)r / a.Length;
    }
}
```

このコードは、第8章のリスト8-10（⇒p.237）で示したコードの変数名やメソッド名を変更したものです。このコードを見ても、何かを計算していることはわかりますが、それが何かはすぐにはわかりません。

このメソッドは、20行にも満たない短いコードだからまだよいですが、もっと複雑なコードの場合は、このような意味のない名前を付けていると、理解不能なコードになってしまいます。プログラムというのは1回作ったら終わりではなく、何回もレベルアップしていくのが普通です。そのため、意味不明な名前が付けられていると、どこをどうしたら、機能を追加できるのか、動作を変更できるのか理解するのに多くの時間を要してしまいます。そのようなことのないように、ぜひわかりやすい名前を付けるよう心がけてください。

確認・応用問題

Q1 DateTime構造体には、DayOfWeek型のDayOfWeekプロパティがあります。あなたの生まれた日が日曜日かどうかを判定するコードを書いてください。

Q2 **1.** 性別を表すGender列挙型を定義してください。Gender列挙型には、男性を表すMaleと女性を表すFemaleの2つの値があるものとします。

2. 第10章のリスト10-22（⇒p.296）に掲載したPersonクラスに、Gender列挙型のプロパティを追加してください。

3. 上の **2** のPersonクラスの引数ありコンストラクターに、性別を示す第3引数genderを追加してください。

Q3 **1.** リスト11-10（値型バージョン）のChangeToAceメソッドで、引数cardのSuitの値を変更したら、どういった結果になるか確認してください。

2. リスト11-11（参照型バージョン）のChangeToAceメソッドで、引数cardのSuitの値を変更したら、どういった結果になるか確認してください。

3. リスト11-10（値型バージョン）のChangeToAceメソッドで、以下のように、引数cardに新たに生成したCardオブジェクトを代入したら、どういった結果になるか確認してください。なぜ、そうなるのかも考えてください。

```
private static void ChangeToAce(Card card)
{
    card = new Card(CardSuit.Club, 1);
}
```

4. リスト11-11（参照型バージョン）のChangeToAceメソッドで、引数cardに新たに生成したCardオブジェクトを代入したら、どういった結果になるか確認してください。なぜ、そうなるのかも考えてください。

第 12 章

リストクラスとLINQ

.NETには、配列のように複数の要素を入れることができて、より便利に使えるクラスが用意されています。それがList<T>クラスです。List<T>クラスは、配列よりも守備範囲が広く、複数のデータを扱う場面でよく利用されます。
この章の前半ではこのList<T>クラスの利用方法について説明します。
後半では、C#の特徴的な機能であるLINQについて説明します。LINQを使うことで、List<T>や配列を操作するためのコードがより簡潔に書けるようになります。

12-1 List<T> クラス

配列はとても便利なデータ構造（⇒p.159）ですが、初期化時に要素数を指定しなければいけないという大きな制約があります。そのため、以下のようなコードは実行時にエラーになってしまいます。

```
var numbers = new int[] { 0, 1, 2, 3, 4 };
numbers[5] = 5;   ◀配列の最後に値を追加したいが……
```

List<T> クラスはこのような配列の欠点を補ってくれる便利なクラスです。

なお、**配列のように同じ型の要素を複数個集めたものをコレクションと言います。List<T> クラスもコレクションの一種**です。本書では、配列とリストしか紹介できませんが、.NETにはほかにもコレクションと呼ばれる型が定義されています*。

* Stack<T>、Queue<T>、HashSet<T>、Dictionary<TKey, TValue>などがあります。

12-1-1 List<T> のインスタンスを生成する

さっそく、List<T> クラスの使い方を見てみましょう。

List<T> クラスはSystem.Collections.Generic名前空間にあるので、以下のように、usingディレクティブ（⇒p.247）でSystem.Collections.Generic名前空間を指定します。

```
using System.Collections.Generic;
```

List<T> クラスのインスタンス生成は、次のように書きます。

```
var lines = new List<string>();   // string型の値を格納できるリストを生成
```

＊<>の中に型名を指定してインスタンスを生成するクラスを**ジェネリッククラス**と言います。

これまでのクラスと異なる点は、<>の中に、型名を指定しているところです＊。上の例では、string型を指定していますので、変数linesには文字列を複数格納することができます。次のように書けば、変数numbersにint型のデータを格納できます。

```
var numbers = new List<int>();
```

List<T> クラスのインスタンスをここでは**リスト**と呼ぶことにします。

12-1-2 リストを初期化する

リストも配列同様、**変数の宣言と同時に初期化することができます**。以下にその例を示します。

リスト12-1 リストを宣言と同時に初期化する＊

＊"こんばんは"の後ろのカンマ(,)は、文法上あってもなくても正しいコードとなります。

```
var lines = new List<string>
{
    "おはよう",
    "こんにちは",
    "こんばんは",
};
```

これで、3つの文字列を要素に持つリストが生成され、lines変数に代入されます。

インスタンス生成時にリストに入れる要素が何もないときには、以下のようにリストのインスタンスを生成するだけです。これで、要素の数が0個のリストが生成されます。

```
var lines = new List<string>();
```

12-1-3 リストに要素を追加する

リストに要素を追加するには、**Addメソッド**を使います。**Addメソッドを使うと、リストの最後に要素を追加することができます。これは配列にはなかった機能**です。

リスト12-2
リストに要素を追加する

```
var lines = new List<string>
{
    "おはよう",
    "こんにちは",
    "こんばんは",
};
lines.Add("おやすみ");  ← Addメソッドで要素を追加
lines.Add("さようなら");
```

"こんばんは"の後ろに、"おやすみ"と"さようなら"を追加しています。これでlinesには5つの文字列が入っていることになります。

12-1-4 リストから要素を取り出す

リストから要素を取り出す方法は、配列と同じです。リスト12-2の後に、リスト12-3のように書けば、"おはよう"が、str変数に代入され、その値がコマンドプロンプトの画面に出力されます。

リスト12-3
インデックスを指定して要素を取り出す

```
var str = lines[0];
Console.WriteLine(str);
```

foreach文（⇒p.171）**を使えば、リストからすべての要素を取り出すことができます。**これも配列と同じです。

リスト12-4
リスト内のすべての要素を順に取り出す

```
var lines = new List<string>();
lines.Add("おはよう");
lines.Add("こんにちは");
```

```
lines.Add("こんばんは");
lines.Add("おやすみ");
foreach (var s in lines)  ← 配列と同様、foreachで要素を順に取り出せる
{
    Console.WriteLine(s);
}
```

実行結果

```
おはよう
こんにちは
こんばんは
おやすみ
```

12-1-5 リストの要素数を知る

リストの要素数を知るには Count プロパティを使います。 配列では要素数はLengthプロパティで取得できましたが、リストではCountプロパティを使います。リスト12-2に下記2行を追加して実行すれば、5がコマンドプロンプトの画面に出力されます。

リスト12-5 リストの要素数を知る

```
var count = lines.Count;  ← リストに格納されている要素の数を取得する
Console.WriteLine(count);
```

12-1-6 リストから要素を削除する

リストから要素を削除するには、RemoveAt メソッドを使います。 RemoveAtメソッドは、引数で指定したインデックスの要素を削除します。配列と同様、インデックスは0番目から始まります。**要素の削除機能は配列にはありません。**

リスト12-6 リストから要素を削除する

```
var lines = new List<string>();
lines.Add("おはよう");
lines.Add("こんにちは");
lines.Add("こんばんは");
```

```
lines.Add("おやすみ");
lines.RemoveAt(2);  ← linesから2番目の要素を削除
foreach (var s in lines)
{
    Console.WriteLine(s);
}
var count = lines.Count;
Console.WriteLine($"要素数:{count}");
```

実行結果

```
おはよう
こんにちは
おやすみ
要素数:3
```

この例では、2番目の"こんばんは"の要素をリストから削除しています（⇒図12-1）。削除後は、削除された以降の要素が前に詰まり、要素数は3になります。

図12-1 リストの要素の削除前と削除後*

*実際には、文字列は参照型であるため、もう少し複雑な構造になりますが、理解しやすいように単純化しています。

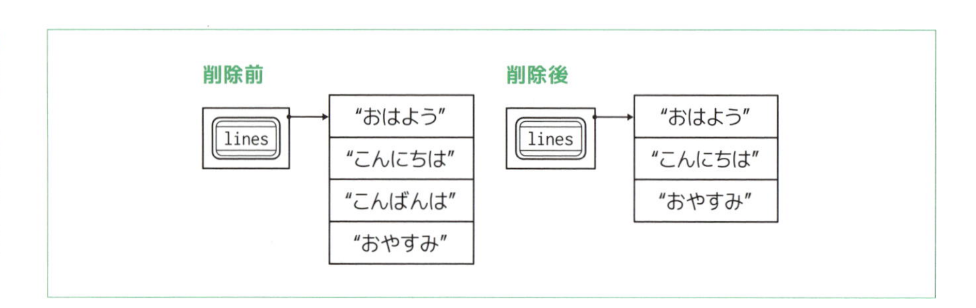

12-1-7 リストからすべての要素を削除する

Clearメソッドを使うとすべての要素を削除できます。これも**配列では実現することのできない操作**です。リスト12-2に下記2行を追加して実行してみてください。

リスト12-7 リストからすべての要素を削除する

```
lines.Clear();
Console.WriteLine($"要素数:{lines.Count}");
```

実行結果

```
要素数:0
```

12-1-8 クラスのオブジェクトを要素に持つリスト

List<T>クラスは、int型やstring型のほかに、**独自に定義したクラスのオブジェクトを要素に持つこともできます**。もちろん、構造体や列挙型も要素に持つことができます。ここではクラスの例を示します。

以下のようなBookクラスが定義されていたとします。

リスト12-8
Bookクラス

```
class Book
{
    public string Title { get; set; }
    public string Author { get; set; }
    public int Pages { get; set; }
    public int Rating { get; set; }
    public Book(string title, string author, int pages, int rating)
    {
        Title = title;
        Author = author;
        Pages = pages;
        Rating = rating;
    }
}
```

このBookクラスのオブジェクトを要素に持つリストの例を示しましょう。

リスト12-9
クラスのオブジェクトを要素に持つリストを扱う

```
var books = new List<Book>();  ◀Book型のリストを生成
var book1 = new Book("吾輩は猫である", "夏目漱石", 610, 4);  ◀1冊目のBook型オブジェクトを生成
books.Add(book1);  ◀1冊目を追加。Addメソッドについてはp.334参照
var book2 = new Book("人間失格", "太宰治", 212, 5);
books.Add(book2);  ◀2冊目を追加
foreach (var book in books)
{
    Console.WriteLine($"{book.Title} {book.Author} {book.Rating}");
}
```

実行結果

```
吾輩は猫である 夏目漱石 4
人間失格 太宰治 5
```

なお、Bookインスタンスの生成と要素のリストへの追加は、以下のようにまと

めてしまうことも可能です。

リスト12-10 インスタンスの生成と同時にリストに要素を追加する

```
books.Add(new Book("吾輩は猫である", "夏目漱石", 610, 4));
books.Add(new Book("人間失格", "太宰治", 212, 5));
```

要素数の取得、要素の削除など、List<string>で示した機能はすべて利用することができます。

Q & A 配列とリストの使い分けはどうしたら良い？

Q 配列を使わなくてもリストで間に合うように思うのですが、この2つはどのように使い分ければ良いのでしょうか？

A これまで見てきたように配列でできることは、すべてリストでもできます。そのため、List<T>だけで、配列を一切使わずに済ませてしまうことも可能です。
この2つの使い分けはなかなか難しい問題ですが、**通常はList<T>、要素の追加、削除をしない（させたくない）場合は配列**と使い分ければ良いでしょう。

12-2 LINQ を使ってみよう

12-2-1 LINQとは？

LINQとは「Language Integrated Query」の略で、「言語に統合されたクエリ」と訳されています。クエリとは「問い合わせ」といった意味で、何らかの回答を求めてコンピューターに質問する操作のことだと思ってください。

LINQはコレクションの操作を統一的に行えるように開発された機能で、このLINQを使うことで、**これまでよりも短く簡単なコードで、List<T>や配列の操作が可能**になります。そのため、多くの開発者から支持されている機能です。

LINQでは、どんな場合でもオリジナルのコレクションは変更しないという特徴があります。これによりデータの安全性が保証されています。これはとても重要なことです。LINQを使えば、「自分の読んだすべての本の情報が、booksリストに入っていたはずなのに、いつの間にか本の冊数が減っていた」なんてことを防ぐことができるのです。

LINQとはどんな感じなのかをつかんでもらうために、まずはLINQを使った代表的なコードを見てみましょう。

リスト12-11 LINQを使ってリストを操作する

```
using System;
using System.Collections.Generic;  ◀List<T>を使うのに必要
using System.Linq;  ◀LINQを使うのに必要

namespace Example
{
    class Program
    {
        static void Main()
        {
```

12

```
            var nums = new List<int> { 12, 56, 75, 8, 12, 95, 32, 85, 24,
                                                                    ↳49 };
            var query = nums.Where(x => x >= 50);  ◀WhereはLINQが用意するメソッド
            foreach (var n in query)
            {
                Console.WriteLine(n);
            }

        }
    }
}
```

実行結果

```
56
75
95
85
```

LINQを使うには、**System.Linq名前空間をusingディレクティブで指定する**必要があります。また、**System.Collections.Generic名前空間は、List<T>を利用するのに必要な名前空間**です。

上のコードで利用している**Whereメソッド**はLINQが提供するメソッドで、**条件に一致した要素を抜き出します**。このWhereメソッドでnumsに格納された要素の中から、50以上の数を抜き出しています。

さらにLINQの便利なところは、**配列に対しても同じコードで**50以上の数を**抜き出すことができる**ことです。Mainメソッドの中を、配列を使ったコードに書き換えたのが以下のコードです。

リスト12-12 LINQを使って配列を操作する

```
var nums = new int[] { 12, 56, 75, 8, 12, 95, 32, 85, 24, 49 };
var query = nums.Where(x => x >= 50);  ◀配列に対してもWhereメソッドが使える
foreach (var n in query)
{
    Console.WriteLine(n);
}
```

配列を初期化している個所以外は、まったく同じコードになっていることに注目してください。

12-2-2 Whereメソッドとラムダ式

それでは、前掲のリスト12-11のLINQを使っている部分について、もう少し詳しく見ていきましょう。

```
var query = nums.Where(x => x >= 50);
```

これがLINQを使っている部分です。**Where**がLINQのメソッドで、前述のように、コレクションから条件に一致した要素を抜き出します。

Whereメソッドの引数は、以下のように今までとは違った書き方になっています。

```
x => x >= 50
```

この部分を**ラムダ式**と言います。**最初のxにはvarや型の指定がありませんが変数を表しています。この変数にはコレクションの各要素が入ります。=>はラムダ演算子と言い、その右側に式を書きます。**この例では、x >= 50がその式の部分です。この式で要素が50以上かどうかという条件を示しています。慣れないとわかりにくく感じるかもしれませんが、それほど複雑なものではありません。

つまり、

```
var query = nums.Where(x => x >= 50);
```

は、「numsの中から、値が50以上のものを抜き出して、その結果をqueryに入れてください」という意味になります。

ラムダ式の一般的な形式は以下のとおりです。

書式12-1 ラムダ式

```
変数 => 処理
```

ラムダ演算子（=>）の**左側の変数名はプログラマーが自由に決めることができます**。通常の変数ではあまり短い名前は何を意味しているのかわかりにくいので好まれませんが、ラムダ式の場合はその有効範囲が短いことから1文字の変数名（上の例ではx）も使われています。

ラムダ演算子（=>）の**右側には通常は式を書きますが、波括弧{}を使って文を書**

くこともできます。

リスト12-11のLINQを使ったコードをforeach文を使ったコードと比較してみましょう。

リスト12-13 foreachを使って配列を操作する

```
var nums = new List<int> { 12, 56, 75, 8, 12, 95, 32, 85, 24, 49 };
foreach (var x in nums)
{
    if (x >= 50)
    {
        Console.WriteLine(x);
    }
}
```

foreachを使ったコードも悪くはありませんが、LINQのコードに比べて少し複雑さが増しています。

LINQは、書き方に慣れるまでは戸惑うことも多いと思います。しかし、ラムダ式の書き方に慣れてしまえば、何をやっているかがすぐにコードから読み取れるようになります。Whereメソッドが現れたら「コレクションから条件に一致した要素を取り出すんだな」ということがわかりますし、引数のラムダ式を見れば、その条件がわかります。

これを理解できれば、30未満の数を抜き出すコードや偶数だけ抜き出すコードも書くことができますね。

```
// 30未満の数を抜き出す
var query = nums.Where(x => x < 30);
```

```
// 偶数だけを抜き出す
var query = nums.Where(x => x % 2 == 0);
```

%は割り算の余りを求める演算子（⇒p.85）ですので、2で割った余りが0（つまり、偶数）の要素を抜き出すことができます。

int型のコレクションを例にWhereメソッドを使ったコードを示しましたが、他の型のコレクションに対しても使うことができます。今度は文字列のコレクションでWhereメソッドを使ってみましょう。

リスト12-14 文字列のコレクションに対して LINQを使う

```
var words = new List<string>
{
    "effect", "access", "condition", "sign", "profit", "line", "result"
};
var query = words.Where(x => x.Length == 6);  ◀長さ6の文字列だけ取り出す
foreach (var word in query)
{
    Console.WriteLine(word);
}
```

実行結果

```
effect
access
profit
result
```

このコードは、wordsの中から6文字からなる単語を抜き出している例です。このコレクションの要素の型はstringですから、ラムダ式の変数xの型もstringになります。Lengthは文字列の長さ（文字数）を求めるプロパティです。

List<Book>のように自分が定義したクラスのオブジェクトを要素に持つコレクションに対してもLINQは利用できます。リスト12-8のBookクラスのオブジェクトが複数格納されているList<Book>（⇒リスト12-9、12-10）に対してWhereメソッドを使ったコードを示します。

リスト12-15 クラスのコレクションに対して LINQを使う

```
var books = new List<Book>();
books.Add(new Book("人間失格", "太宰治", 212, 5));
books.Add(new Book("女生徒", "太宰治", 279, 4));
books.Add(new Book("吾輩は猫である", "夏目漱石", 610, 4));
books.Add(new Book("こゝろ", "夏目漱石", 378, 5));
books.Add(new Book("銀河鉄道の夜", "宮沢賢治", 357, 3));
books.Add(new Book("伊豆の踊子", "川端康成", 201, 3));
var query = books.Where(x => x.Author == "夏目漱石");  ◀著者が夏目漱石の書籍だけ取り出す
foreach (var book in query)
{
    Console.WriteLine($"{book.Title} {book.Author} {book.Rating}");
}
```

実行結果

```
吾輩は猫である 夏目漱石 4
こゝろ 夏目漱石 5
```

今度はコレクションの要素の型はBookですから、ラムダ式の変数xの型はBook型になります。上のコードでは、Authorプロパティが"夏目漱石"であるBookオブジェクトを抜き出しています。

Whereメソッドの使い方は理解してもらえたでしょうか？

LINQではWhereメソッド以外にも便利なメソッドがたくさん用意されています。その中から使用頻度の高いメソッドを、以降でいくつか紹介しましょう。

12-2-3 Selectメソッド

Selectメソッドは、コレクションの各要素を別の値に変換するメソッドです。

Selectメソッドを使うと、具体的にどんなことができるのか、その例をいくつか示しましょう。

リスト12-16 Selectメソッドを使ったコード(1)

```
var nums = new int[] { 1, 2, 3, 4, 5, 6, 7, 8, 9 };
var query = nums.Select(x => x * 2);  各要素を2倍する
foreach (var n in query)
{
    Console.WriteLine(n);
}
```

実行結果

```
2
4
6
8
10
12
14
16
18
```

このコードは、コレクションの各要素を2倍にするコードです。Whereメソッドの場合は、ラムダ式で与えるのは条件式でしたが、**Selectメソッドでは、コレクション内の各要素を別のデータに変換するための式を書きます**。

もうひとつ、Selectメソッドの例を見てみましょう。ここまでの説明を参考に、どういう処理なのか、読んでみてください。

リスト12-17
Selectメソッドを使ったコード(2)

```
var words = new List<string>
{
    "effect", "access", "condition", "sign", "profit", "line", "result"
};
var query = words.Select(x => x.Length);  各要素の長さを求める
foreach (var length in query)
{
    Console.WriteLine(length);
}
```

実行結果

```
6
6
9
4
6
4
6
```

この例では、コレクション内の単語の文字列の長さを求めています。

Whereメソッドと同様に、リスト12-8のBook型のコレクションに対しても利用できます。以下のコードは、BookオブジェクトのリストからすべてのbookオブジェクトのTitle(本のタイトル)を取り出しています。

リスト12-18
Selectメソッドを使ったコード(3)

```
var books = new List<Book>();
books.Add(new Book("人間失格", "太宰治", 212, 5));
books.Add(new Book("女生徒", "太宰治", 279, 4));
books.Add(new Book("吾輩は猫である", "夏目漱石", 610, 4));
books.Add(new Book("こゝろ", "夏目漱石", 378, 5));
books.Add(new Book("銀河鉄道の夜", "宮沢賢治", 357, 3));
books.Add(new Book("伊豆の踊子", "川端康成", 201, 3));
var query = books.Select(x => x.Title);  各書籍のタイトルを取り出す
foreach (var title in query)
{
    Console.WriteLine(title);
}
```

実行結果

```
人間失格
女生徒
吾輩は猫である
こゝろ
銀河鉄道の夜
```

```
伊豆の踊子
```

12-2-4 OrderByメソッド/OrderByDescendingメソッド

OrderByメソッドを使うと、**コレクション内のデータを指定した順番で取り出す**ことができます。いわゆる**並べ替え(Sort)の処理**です。

ここでは、int型、string型、Book型のコレクションを例にとり、そのコードを示しましょう。

まずは、int型の例です。

リスト12-19 OrderByメソッドを使ったコード(1)

```
var nums = new List<int> { 4, 6, 7, 1, 3, 9, 2, 5, 8 };
var query = nums.OrderBy(x => x); ←小さい順に並べ替える
foreach (var n in query)
{
    Console.WriteLine(n);
}
```

実行結果

```
1
2
3
4
5
6
7
8
9
```

実行結果からわかるように、値の小さい順(昇順)に並べ替えています。**x => xが並べ替えのキー***を指定するラムダ式です。この例では、**xそのものが並べ替えのキーになります**。つまり、4や6といったnumsの各要素そのものが並べ替えのキーになります。

＊「キー」は、並べ替えの判断基準になる値のことを言います。たとえば、社員を生年月日順に並べ替える場合は、その生年月日がキーです。

Selectメソッド同様、オリジナルのコレクション内の順番は変更されません。

大きい順(降順)に並べ替えたい場合は、**OrderByDescendingメソッド**を使います。

```
var query = nums.OrderByDescending(x => x); ◀大きい順に並べ替える
```

string型、Book型のコードも示します。何をやっているのかをご自身で読み解いてみてください。

リスト12-20 OrderByメソッドを使ったコード(2)

```
var words = new List<string>
{
    "effect", "access", "condition", "sign", "profit", "line", "result"
};
var query = words.OrderBy(x => x);
foreach (var word in query)
{
    Console.WriteLine(word);
}
```

実行結果

```
access
condition
effect
line
profit
result
sign
```

上の例では、OrderByメソッドを使い、文字列をアルファベット順に並べ替えています。

次の例はどうでしょうか？

リスト12-21 OrderByDescendingメソッドを使ったコード

```
var books = new List<Book>();
books.Add(new Book("人間失格", "太宰治", 212, 5));
books.Add(new Book("女生徒", "太宰治", 279, 4));
books.Add(new Book("吾輩は猫である", "夏目漱石", 610, 4));
books.Add(new Book("こゝろ", "夏目漱石", 378, 5));
books.Add(new Book("銀河鉄道の夜", "宮沢賢治", 357, 3));
books.Add(new Book("伊豆の踊子", "川端康成", 201, 3));
var query = books.OrderByDescending(x => x.Pages);
foreach (var book in query)
{
    Console.WriteLine($"{book.Title} {book.Author} {book.Pages}");
}
```

実行結果

```
吾輩は猫である 夏目漱石 610
こゝろ 夏目漱石 378
銀河鉄道の夜 宮沢賢治 357
女生徒 太宰治 279
人間失格 太宰治 212
伊豆の踊子 川端康成 201
```

このコードはOrderByDescendingメソッドを使い、ページ数の多い順に並べ替えています。

12-2-5 複数のLINQメソッドを連結させる

LINQでは複数のメソッドを連結させることもできます。

たとえば、評価が5以上の本のタイトルを取り出すコードを考えてみましょう。まず、評価が5以上のものを取り出す必要がありますから、Whereメソッドを使うことになりますね。その後に、Selectメソッドを使えば、その本のタイトルを取り出すことができます。

これをコードにしたものを以下に示します。

リスト12-22 LINQのメソッドを連結させる(1)

```
var books = new List<Book>();
books.Add(new Book("人間失格", "太宰治", 212, 5));
books.Add(new Book("女生徒", "太宰治", 279, 4));
books.Add(new Book("吾輩は猫である", "夏目漱石", 610, 4));
books.Add(new Book("こゝろ", "夏目漱石", 378, 5));
books.Add(new Book("銀河鉄道の夜", "宮沢賢治", 357, 3));
books.Add(new Book("伊豆の踊子", "川端康成", 201, 3));
var query = books.Where(x => x.Rating == 5)   ◀Rating == 5の書籍を抜き出し……
                 .Select(x => x.Title);   ◀そのタイトルを取り出す
foreach (var title in query)
{
    Console.WriteLine(title);
}
```

2つ目以降のメソッドは、単に先頭にドット(.)を付けてつなげるだけです。**文の終わりを示すセミコロン(;)は、最後の丸閉じ括弧の後だけに付けます。**この点にも注意してください。

実行結果

```
人間失格
こゝろ
```

もうひとつ例を示しましょう。

次のコードは、数値の入ったコレクションを大きい順に並べ替え、その先頭の要素3つを取り出しています。

リスト12-23 LINQのメソッドを連結させる(2)

```
var nums = new List<int> { 4, 6, 7, 1, 3, 9, 2, 1, 5, 8 };
var query = nums.OrderByDescending(x => x)  ◀大きい順に並べ替え……
                .Take(3);  ◀先頭の3つを取り出す
foreach (var n in query)
{
    Console.WriteLine(n);
}
```

実行結果

```
9
8
7
```

TakeメソッドもLINQのメソッドです。その名のとおり、**先頭から指定した個数を取り出す**メソッドです。**Takeメソッドの引数はラムダ式ではなく通常のint型**です。

2つのメソッドを連結する例を示しましたが、3つ以上のメソッドを連結させることもできます。

以下のコードを見てください。

リスト12-24 LINQのメソッドを連結させる(3)

```
var books = new List<Book>();

  ⋮  ◀ここでbooksにリスト12-22と同様のBookオブジェクトを追加

var query = books.Where(x => x.Rating >= 4)  ◀Rating >= 4の書籍を抜き出し……
                 .Select(x => x.Author)  ◀その著者を取り出し……
                 .Distinct();  ◀重複を排除する
foreach (var author in query)
{
    Console.WriteLine(author);
}
```

実行結果

```
太宰治
夏目漱石
```

まず、Whereメソッドで、評価が4以上の本を取り出しています。その後、Selectメソッドを使い、その結果の中から著者名（Author）を取り出します。

最後の**Distinctメソッドはコレクションの中から重複した要素を削除する**メソッドです。このDistinctメソッドを使うことで、重複を排除した著者名の一覧を取り出すことができます。このDistinctメソッドのように引数のないメソッドもあります。

12-2-6 その他のLINQのメソッド

LINQにはこれまで紹介したほかにもたくさんのメソッドが用意されています。残念ながら本書ではすべてのメソッドを紹介することはできませんが、利用頻度の高いと思われるメソッドをもう少し紹介します。

Sum メソッド

Sumメソッドは合計を求めるメソッドです。

リスト12-25 Sumメソッドを使ったコード（1）

```
var nums = new List<int> { 1, 2, 3, 4, 5, 6, 7, 8, 9 };
var sum = nums.Sum();  ◀合計を求める
Console.WriteLine(sum);
```

実行結果

```
45
```

引数にラムダ式を指定する例も挙げましょう。以下に示すコードは、ページ数の合計を求めています。

リスト12-26 Sumメソッドを使ったコード（2）

```
var books = new List<Book>();

  ⋮  ◀ここでbooksにリスト12-22と同様のBookオブジェクトを追加
```

```
var sum = books.Sum(x => x.Pages);   ページ数の合計を求める
Console.WriteLine(sum);
```

実行結果

```
2037
```

Maxメソッド

Maxメソッドは最大値を求めるメソッドです。

リスト12-27 Maxメソッドを使ったコード(1)

```
var nums = new List<int> { 1, 2, 3, 4, 5, 6, 7, 8, 9 };
var max = nums.Max();   最大値を求める
Console.WriteLine(max);
```

実行結果

```
9
```

同様に、引数にラムダ式を指定する例です。以下に示すコードは、最大のページ数を求めています。

12

リスト12-28 Maxメソッドを使ったコード(2)

```
var books = new List<Book>();

⋮   ここでbooksにリスト12-22と同様のBookオブジェクトを追加

var max = books.Max(x => x.Pages);   最大のページ数を求める
Console.WriteLine(max);
```

実行結果

```
610
```

Anyメソッド

Anyメソッドは条件を満たす要素がコレクションに含まれているかどうかを判断します。条件を満たす要素がコレクションにあればtrueが返ります。条件を満たす要素がコレクションになければfalseが返ります。

リスト 12-29
Anyメソッドを使ったコード

```
var nums = new List<int> { 1, 2, 3, 4, 5, 6, 7, 8, 9 };
var any = nums.Any(x => x < 0);  マイナス値があるか調べる
Console.WriteLine(any);
```

実行結果

```
False
```

上のコードは、マイナス値が含まれているかどうかを判断しています。numsはすべて正の数ですので、any変数には、falseが代入されます。なお、Console.WriteLineでbool型の値を出力すると、trueはTrueへ、falseはFalseへと先頭が大文字に変換されて出力されます。

First/Last メソッド

Firstメソッドは最初の要素、Lastメソッドは最後の要素を返します。

リスト 12-30
First/Lastメソッドを使ったコード

```
var nums = new List<int> { 1, 2, 3, 4, 5, 6, 7, 8, 9 };
var first = nums.First();  最初の要素を取り出す
var last = nums.Last();  最後の要素を取り出す
Console.WriteLine(first);
Console.WriteLine(last);
```

実行結果

```
1
9
```

ToArray/ToList メソッド

実は、SelectメソッドやWhereメソッドOrderByメソッドなどが返すデータの型は、配列やList<T>ではありません。

たとえば、以下のコードのqueryの型は、int[]ではありません。

```
var nums = new int[] { 12, 56, 75, 8, 12, 95, 32, 85, 24, 49 };
var query = nums.Where(x => x <= 10);
```

同様に、以下のquery変数もList<string>ではありません。

```
var words = new List<string>
{
    "effect", "access", "condition", "sign", "profit", "line", "result"
};
var query = words.OrderBy(x => x);
```

戻り値はIEnumerable<T>という型[*]になります。この型は**foreach構文に対応しており、要素を先頭から1つずつ取り出すことが可能**です。これまで見てきたLINQの各メソッド（Where、Select、OrderBy、Sumなど）は、正確にはこのIEnumerable<T>に対して利用できるメソッドです。**配列やリストはIEnumerable<T>と互換性のある型であるため、配列やリストに対してLINQの各メソッドが利用できます。**

* IEnumerable<T>は第14章で説明する「インターフェイス」と呼ばれるものです。

このIEnumerable<T>を**配列に変換するにはToArrayメソッド**を使います。**List<T>に変換するにはToListメソッド**を使います。

リスト12-31 ToArrayメソッドを使ったコード

```
var words = new List<string>
{
    "effect", "access", "condition", "sign", "profit", "line", "result"
};
var array = words.OrderBy(x => x)
                 .ToArray();  ◀ OrderByの結果をstring[]に変換する
Console.WriteLine(array[0]);
```

実行結果

```
access
```

リスト12-32 ToListメソッドを使ったコード

```
var nums = new int[] { 12, 56, 75, 8, 12, 95, 32, 85, 24, 49 };
var list = nums.Where(x => x <= 10)
               .ToList();  ◀ Whereの結果をList<int>に変換する
Console.WriteLine(list[0]);
```

実行結果

```
8
```

LINQはプログラミングの生産性を高めるうえで欠かせない機能です。LINQが提供する機能は幅が広く奥が深いものです。本書ではLINQの初歩的な利用法について説明しました。LINQを本格的に活用するには、まだ学ぶべきことがたくさんあります。LINQについてさらに詳しく知りたい方は、ぜひ、他の書籍等で学習することをおすすめします。

確認・応用問題

Q1 1. `List<T>`クラスに、複数の`DateTime`オブジェクトを格納するコードを書いてください。`DateTime`オブジェクトの日時は自由に決めてかまいません。

2. 上の **1** で作成したリストオブジェクトに格納されている`DateTime`オブジェクトの数を表示してください。

3. 上の **1** で作成したリストオブジェクトに格納されているすべての`DateTime`オブジェクトの内容を表示してください。このとき、以下のような書式としてください。

```
2019年12月09日 08:15
2020年08月04日 23:06
```

Q2 以下の、`books`コレクションに対して、**1**～**4**の問題を解いてください。`Book`クラスは、リスト12-8のものを使ってください。

```
var books = new List<Book>();
books.Add(new Book("人間失格", "太宰治", 212, 5));
books.Add(new Book("吾輩は猫である", "夏目漱石", 610, 4));
books.Add(new Book("女生徒", "太宰治", 279, 4));
books.Add(new Book("銀河鉄道の夜", "宮沢賢治", 357, 3));
books.Add(new Book("伊豆の踊子", "川端康成", 201, 3));
books.Add(new Book("こゝろ", "夏目漱石", 378, 5));
```

1. `Rating`が`4`以上の書籍だけを抜き出し、書籍名と著者名を表示してください。

2. `OrderBy`メソッドを使い著者順に並べ替えて、書籍名と著者名を並べ替えた順に表示してください。

3. ページ数が`300`ページ以上の書籍を取り出し、その書籍名を配列に格納してください。配列に格納後に、配列内のすべての書籍のタイトルとページ数を表示してください。

4. ページ数の多い順に並べ替え、一番ページ数の多い書籍名とそのページ数を表示してください。

第 13 章

継承

第7章から第11章までクラスについて学んできましたが、この章ではさらにクラスの高度な機能である**継承**について学習します。
継承は、オブジェクト指向プログラミングにおいて重要な概念のひとつです。継承を使うと既存のクラスを拡張し、新たなクラスを定義することが可能になります。
継承は、クラス間の関係が複雑になるため難しいと感じるかもしれません。しかし、図などを描きながらコードを追っていけば、必ず理解できます。ゆっくり、じっくりチャレンジしてみてください。

継承とは？

継承は、**オブジェクト指向プログラミングの重要な概念のひとつ**です。

継承とは、端的に言ってしまえば、**あるクラスの性質を受け継ぎ新しいクラスを作成すること**です。継承は**派生**とも呼ばれています。

継承を理解するためにコードを離れ、まず現実世界の例を示しましょう。

- 人間は哺乳類である
- 自動車は乗り物である
- 日本酒、ウイスキー、ワインは、アルコール飲料である

これらはすべて継承の例になっています。継承とは「受け継ぐ」ことですが、上の例では次のような関係が成り立っています。

- 人間は、哺乳類が持つ特徴を受け継いでいる
- 自動車は、乗り物の「人を乗せて移動する」という特徴を受け継いでいる
- 日本酒、ウイスキー、ワインは、アルコール飲料としての特徴を受け継いでいる

このような関係をプログラミングの世界に持ち込んだのが、オブジェクト指向プログラミングのクラスにおける継承です。継承を使えば、あるクラスの特徴を受け継いだ別のクラスを定義することが可能になります。

オブジェクト指向プログラミングでは、クラスAの特徴をクラスBが受け継ぐ場合、クラスA（上の例では、哺乳類、乗り物、アルコール飲料）を**基底クラス**（あるいは**スーパークラス**）、クラスB（上の例では、人間、自動車、ワインなど）を**派生クラス**（あるいは**サブクラス**）と呼んでいます。

基底とは「物事を生成する基礎（Base（ベース））となるもの」という意味ですから、基底クラスとは、継承の元となるクラスということです。

派生とは「あるものから別の新しいものが生まれること」という意味ですから、派生クラスとは、その元となるもの（つまり、基底クラス）から、新たに生じたクラスということになります。

プログラミングの世界では、**基底クラスと派生クラスの関係を図で示す**と図13-1のようになります。これを**クラス図**と言います。

図13-1
基底クラスと派生クラスの関係

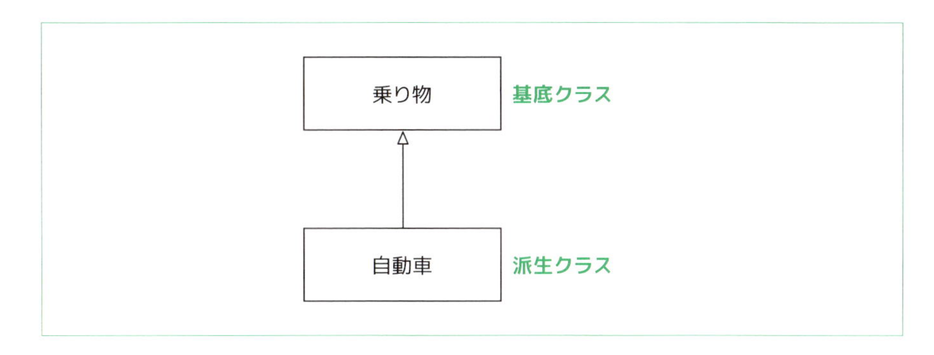

図13-1で、四角1つがクラスを表しています。三角の矢印の向きが反対のように感じるかもしれませんが、**矢印は派生クラスから基底クラスへ向かうように書く**決まりになっています。

オブジェクト指向の継承は、親が子を産むような関係ではありません。つまり、乗り物クラスが自動車クラスを生み出しているのではなく、**自動車クラスが乗り物クラスを元にして自らクラスを作り出す**という関係になります。つまり、**乗り物クラスは自動車クラスのことを知りませんが、自動車クラスは乗り物クラスを知っている**わけです。そう理解すれば、この矢印の向きも徐々に納得がいくようになると思います。少しずつ慣れていってください。

13

13-2 継承を利用しない場合

まずは、継承を利用しない場合のプログラミングについて考えてみましょう。

あるプログラムにおいて、従業員を表すクラスと、顧客を表すクラスを定義する必要が出てきたとします。たとえば、以下のような定義が考えられます。

リスト13-1 継承を利用しないでクラスを定義する

```
// 従業員クラス
class Employee
{
    public string FirstName { get; set; }
    public string LastName { get; set; }
    public string FullName
    {
        get { return LastName + FirstName; }
    }

    // 従業員番号
    public int Number { get; set; }
    // 入社年月日
    public DateTime HireDate { get; set; }
    // Emailアドレス
    public string Email { get; set; }
}

// 顧客クラス
class Customer
{
    public string FirstName { get; set; }
    public string LastName { get; set; }
    public string FullName
    {
        get { return LastName + FirstName; }
    }
    // 顧客ID
```

```
    public string Id { get; set; }
    // Emailアドレス
    public string Email { get; set; }
    // 顧客ランク 1～5  5が最上ランク
    public int Rank { get; set; }
    // クレジットカード番号
    public string CreditCardNumber { get; set; }
}
```

この2つのクラスを眺めてみると、とても似ていることに気が付きます。実際のプログラムでは、さらに多くの属性が必要になるでしょうから、2つのクラスの共通部分がもっと多くなる可能性があります。

同じようなコードを書くのはなんだか無駄のような気がしますね。それに、2つのクラスに共通の機能があった場合は、2つのクラスに同じコードを書く必要が出てきます。1カ所に書ければ重複がなくなります。

だからといって、この2つのクラスを1つにして以下のようにするのは賢いやり方ではありません。

```
// 従業員と顧客を表すクラス
class Person
{
    public string FirstName { get; set; }
    public string LastName { get; set; }
    public string FullName
    {
        get { return LastName + FirstName; }
    }
    // 従業員番号
    public int EmployeeNumber { get; set; }
    // 従業員の入社年月日
    public DateTime HireDate { get; set; }
    // 顧客ID
    public string CustomerId { get; set; }
    // Emailアドレス
    public string Email { get; set; }
    // 顧客ランク 1～5  5が最上ランク
    public int Rank { get; set; }
    // 顧客のクレジットカード番号
    public string CreditCardNumber { get; set; }
}
```

このようにすると、プログラムの見通しが悪くなりますし、このクラスにさまざまなメソッドが追加された場合、従業員特有の機能を修正したつもりが、顧客の機能に悪影響を与えてしまうということも起こりえます。このクラスを利用する側のコードも、従業員を操作しているのか、顧客を操作しているのか、見分けがつかなくなってしまいます*。

*このような共通化は**間違った共通化**です。単に似ているからといって1つのクラスにして共通化するという考えは良くありません。

More Information

逐語的文字列は途中で改行できる

p.264「9-5-1：テキストファイルを作成する」で紹介した逐語的文字列は、通常の文字列リテラルとは異なり、途中で改行することができます。その例を以下に示します。

```
var str = @"おはよう
こんにちは
こんばんは";
Console.WriteLine(str);
```

実行結果

```
おはよう
こんにちは
こんばんは
```

結果を見ておわかりのように、ソースコード上の改行が、そのまま文字列一部として保持されます。先頭に空白があれば、それも文字列の一部になります。

13-3 クラスを継承する

では、何か良い解決方法はないのでしょうか？ その解決方法が**継承**という機能です。

それでは、この継承の仕方について見ていきましょう。

13-3-1 継承してクラスを定義する

従業員クラス（Employeeクラス）と顧客クラス（Customerクラス）の定義をあらためて見てみると、やはりとても似ている部分があるのがわかります。

なぜ似ているのでしょうか？ それは、ともに「人」としての**共通の属性を持っている**からです。言い換えると、「13-1：継承とは？」のところで説明したような「従業員と顧客は人の**特徴を受け継いでいる**」という関係が成り立っているということです。つまり、**継承が使える**ということです。

継承は基底クラスが持つ特徴を派生クラスが受け継ぐということですから、「人」を表すクラスをPersonクラスとすれば、Personクラスを基底クラス、Employeeクラス（従業員クラス）とCustomerクラス（顧客クラス）は派生クラスと位置付けることができます。

Personクラスには、EmployeeクラスとCustomerクラスに共通している特徴である名前とメールアドレスを持たせれば良さそうです。Personクラスの属性として名前とメールアドレスがあることに、特におかしなところはありませんね。

では、基底クラスであるPersonクラスを定義してみましょう。

リスト13-2 基底クラスの定義

```
class Person
{
    public string FirstName { get; set; }
```

```
    public string LastName { get; set; }
    public string FullName
    {
        get { return LastName + FirstName; }
    }
    public string Email { get; set; }
}
```

このPersonクラスは、これまで見てきたクラスの定義方法と特に変わったところはありません。

このPersonクラスを利用して、EmployeeクラスとCustomerクラスを派生させてみましょう。継承を使えば、EmployeeクラスやCustomerクラスをゼロから作るのではなく、Personクラスの定義を利用することが可能になります。

まずは、Employeeクラスの定義です。

リスト13-3 派生クラスの定義(1)

```
// 従業員クラス
class Employee : Person    ◀Personクラスを継承してEmployeeクラスを定義
{
    // 従業員番号
    public int Number { get; set; }
    // 入社年月日
    public DateTime HireDate { get; set; }
}
```

継承をするには、クラス名の後にコロン(:)を付け、その後に基底クラス(継承元のクラス) * **の名前を指定します**。つまり、上のコードは、Personクラスを基底クラスとし、Employeeクラスを定義していることになります。

クラスを継承させるときの書式は以下のとおりです。

書式13-1 クラスの継承

```
class クラス名 : 基底クラス名    ◀継承元のクラス名
{
    クラスの本体
}
```

書式で示したように、**指定できる継承元のクラスは1つだけ**です*。

Personクラスを継承することで、EmployeeクラスはPersonクラスの性質を受け継ぎます。Personクラスに定義してあるプロパティ(FirstName、LastName、FullName、

* 本書では、継承元クラス、継承先クラスという用語も使っています。継承元クラスは基底クラス、継承先クラスは派生クラスのことです。文脈で適宜わかりやすいと思われるものを使っています。

* 他の言語では、継承元クラスを複数指定できるものもありますが、C#では、複数のクラスを継承元に指定することはできません。

Email）は、Employeeクラスには記述してありませんが、Employeeクラスに存在していることになります。つまり、Personクラスとの**違いだけを**Employeeクラスでは**定義している**わけですね。これを**差分プログラミング**と言います（⇒図13-2）。

図13-2
基底クラスと派生クラス（Employeeクラス）の差分

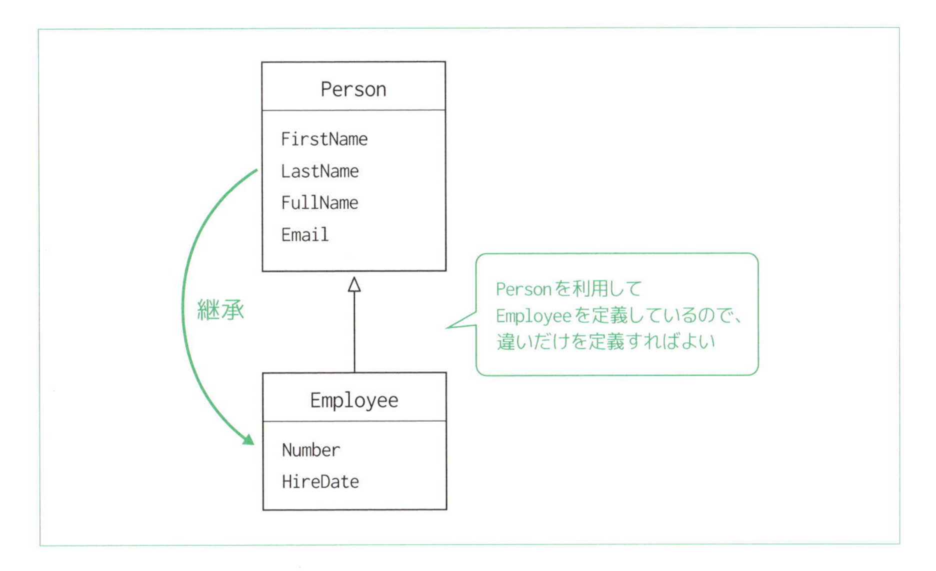

同様にして、Customerクラスも定義しましょう。継承元にPersonクラスを指定し、Customerクラス特有のId、Rank、CreditCardNumberのプロパティを定義すれば完成です。

リスト13-4
派生クラスの定義（2）

```
// 顧客クラス
class Customer : Person
{
    // 顧客ID
    public string Id { get; set; }
    // 顧客ランク 1～5  5が最上ランク
    public int Rank { get; set; }
    // クレジットカード番号
    public string CreditCardNumber { get; set; }
}
```

13-3-2 継承したクラスを利用する

では、これらのクラスを利用するにはどうすればいいでしょうか？
Personクラスを継承したEmployeeクラスを利用するコード例を示します。

リスト13-5 派生クラスを利用する

```
var employee = new Employee
{
    Number = 352,
    FirstName = "涼太",   ◀FirstNameとLastNameはPersonクラスで定義したプロパティ
    LastName = "田中",
    HireDate = new DateTime(2015, 10, 1)
};
Console.WriteLine("従業員番号{0}の{1}は、{2}年に入社しました。",
    employee.Number, employee.FullName, employee.HireDate.Year);
```

実行結果

```
従業員番号352の田中涼太は、2015年に入社しました。
```

基底クラスのPersonクラスで定義したプロパティ（FirstNameやFullNameなど）も、Employeeクラスで定義したプロパティとまったく同じように利用できている点に注目してください。

図13-3 階層的にクラスを継承する例

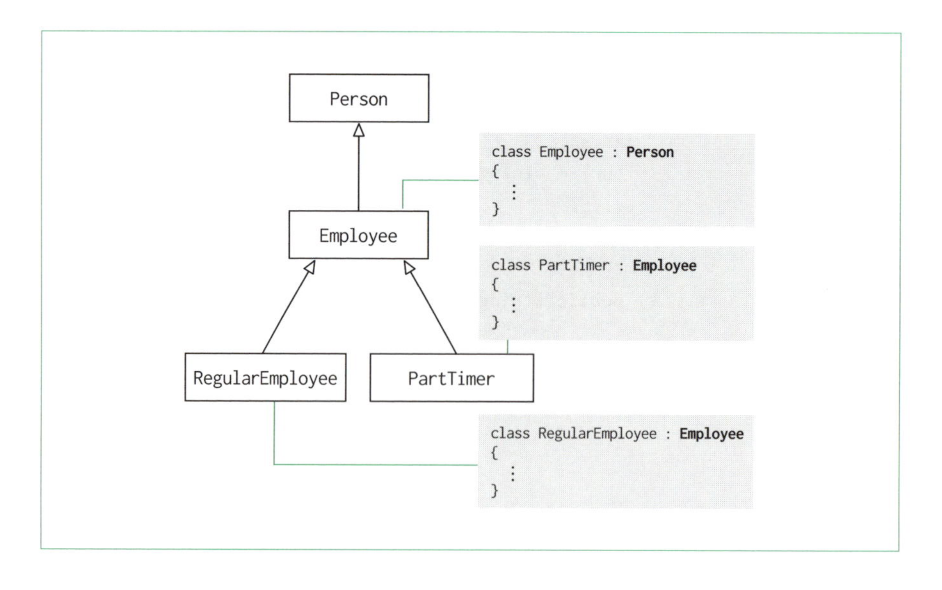

継承して定義したクラスを継承元クラスにして、新たなクラスを派生させることもできます。たとえば、前ページ図13-3のように、Employeeクラスを継承元クラスとして、そこから正社員クラス（図のRegularEmployeeクラス）やパートタイマークラス（図のPartTimerクラス）を派生させることも可能です。

13-3-3 継承におけるメソッド

ここまでの例はプロパティだけが定義されたクラスでしたが、**メソッドがある場合**はどうなるのでしょうか？

次のように、基底クラスのPersonクラスにPrintメソッドを定義したとしましょう。

リスト13-6 基底クラスにメソッドを定義する

```
class Person
{
    ⋮   リスト13-2のコード

    public void Print()
    {
        Console.WriteLine($"名前: {FullName} ({Email})");
    }
}
```

Printメソッドを呼び出すと、Personオブジェクトの内容がコマンドプロンプトの画面に表示されます。

リスト13-7 基底クラスに定義したメソッドを呼び出す

```
var person = new Person
{
    FirstName = "はるか",
    LastName = "佐々木",
    Email = "hsasaki@example.com"
};
person.Print();
```

実行結果

```
名前: 佐々木はるか (hsasaki@example.com)
```

これは、今まで学んできたメソッドの使い方ですから、特に問題はありませんね。

もちろん、このPrintメソッドはPersonクラスを継承したEmployeeクラスのオブジェクトでも利用することができます。

リスト13-8 基底クラスに定義したメソッドを派生クラスのオブジェクトから呼び出す

```
var employee = new Employee
{
    Number = 352,
    FirstName = "涼太",
    LastName = "田中",
    Email = "rtanaka@example.com",
    HireDate = new DateTime(2015, 10, 1)
};
employee.Print();  ← Personクラスで定義したメソッドを呼び出す
```

実行結果

```
名前: 田中涼太 (rtanaka@example.com)
```

EmployeeクラスのPrintメソッドは定義されていませんが、Printメソッドを呼び出すことが可能です。**基底クラスで定義したメソッドは、派生クラスでも定義してあることになる**からです。

これが継承の力です。この機能を使えば、共通の処理を1つにまとめてしまうことが可能になります。

13-3-4 メソッドのオーバーライド（上書き）

作成するアプリケーションによっては、**基底クラスに定義されたメソッドでは機能が不足し、そのままでは利用できない場合**も考えられます。たとえば、Employeeオブジェクトでは、Printメソッドの呼び出しで以下のように表示させたいとします。リスト13-6で定義したPrintメソッドとは違った形ですね。

```
352:田中涼太 (rtanaka@example.com) 2015年入社
```

このような場合に利用するのが、**virtualキーワード**と**overrideキーワード**です。基底クラスのメソッドでvirtualキーワードを使い、派生クラスのメソッドでoverrideキーワードを使います。次のコードを見てください。

リスト13-9 派生クラスでメソッドをオーバーライド（上書き）する

```
class Person  基底クラス
{
    ⋮
    public virtual void Print()  virtualキーワードを付けると派生クラスでオーバーライドできる
    {
        Console.WriteLine($"名前: {FullName} ({Email})");
    }
}

class Employee : Person  派生クラス
{
    ⋮
    public override void Print()  overrideキーワードでメソッドを上書き定義
    {
        Console.WriteLine($"{Number}:{FullName}
                                    ↳({Email}) {HireDate.Year}年入社");
    }
}
```

基底クラスでvirtualキーワードを使いメソッドを定義すると、そのメソッドを派生クラスで上書きすることが可能になります。このvirtualキーワードの付いたメソッドを**仮想メソッド**と言います。

上記のコードの場合、Personクラスの

```
public virtual void Print()
```

の部分がそれに当たります。

派生クラスでは、overrideキーワードを使いメソッドを上書き（再定義）します。これをメソッドの**オーバーライド**と言います。

上記のコードの場合、Employeeクラスの

```
public override void Print()
```

の部分が、オーバーライドしている個所です。overrideは「（決定などを）くつがえす、無効にする」といった意味です。訳語としては「上書き（する）」という言葉が当てられます。第10章で説明した**オーバーロード（多重定義）とは別のもの**ですので、**混同しないように注意**してください。

これで、PersonクラスのPrintメソッドを上書きし、Employeeクラスに新たなPrintメソッドを定義したことになります。

それでは、この2つのメソッドの呼び出し例を見てみましょう。

リスト13-10
オーバーライドしたメソッドを呼び出す

```
class Program
{
    static void Main()
    {
        var person = new Person
        {
            FirstName = "はるか",
            LastName = "佐々木",
            Email = "hsasaki@example.com"
        };
        person.Print();  ◀Personクラスのprintメソッドを呼び出す

        var employee = new Employee
        {
            Number = 352,
            FirstName = "涼太",
            LastName = "田中",
            Email = "rtanaka@example.com",
            HireDate = new DateTime(2015, 10, 1)
        };
        employee.Print();  ◀オーバーライドしたEmployeeクラスのPrintメソッドを呼び出す
    }
}
```

実行結果

```
名前: 佐々木はるか (hsasaki@example.com)
352:田中涼太 (rtanaka@example.com) 2015年入社
```

personオブジェクトでは、PersonクラスのPrintメソッドが、employeeオブジェクトではEmployeeクラスのPrintメソッドがそれぞれ呼び出されているのを確認できます。

13-4 継承とis a関係

継承はとても強力な機能ですが、**注意しなければならない点**があります。それは、**継承は、is a関係が成り立つときだけ使う**ということです。

is a関係とは、「○○は△△△の一種である」という関係です。

継承の説明で最初に挙げた3つの例（⇒p.356）も、以下のように言い換えることができます。

- 人間は哺乳類の一種である
- 自動車は、乗り物の一種である
- 日本酒、ウイスキー、ワインは、アルコール飲料の一種である（⇒図13-4）

図13-4
is a関係の例

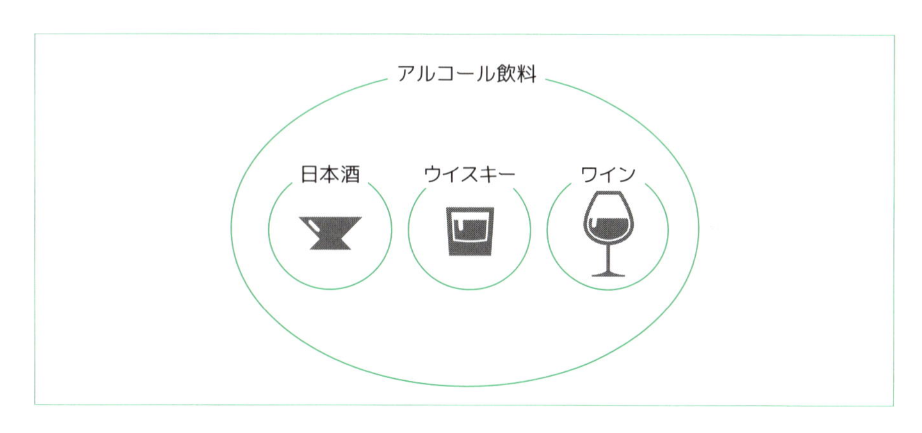

EmployeeとPersonにおいても、

従業員（Employee）は人（Person）の一種である

という関係が成り立っています。このようなときに継承を使います。

この「is a関係（～は～の一種である）」は、実生活でもいたるところにありますね。以下にいくつか例を挙げてみます。

- 三角形と四角形は図形の一種である
- 先生と学生は人の一種である
- 図書館において、書籍と雑誌は貸し出し物の一種である
- 売り上げや仕入れは取引の一種である

is a関係が成り立たないときは、継承を使ってはいけません。

たとえば、顧客（個人）クラスを定義するのに、たとえIdが顧客ID、HireDateが入会年月日に代用できるからといって、以下のように、Employeeクラスから Customerクラスを継承するのは誤った継承です（⇒図13-5）。

リスト13-11
誤った継承

```
✖class Customer : Employee    ◀ CustomerはEmployeeではないから、これは誤った継承
{
    // 顧客ランク 1～5  5が最上ランク
    public int Rank { get; set; }
    // クレジットカード番号
    public string CreditCardNumber { get; set; }
}
```

図13-5
誤った継承

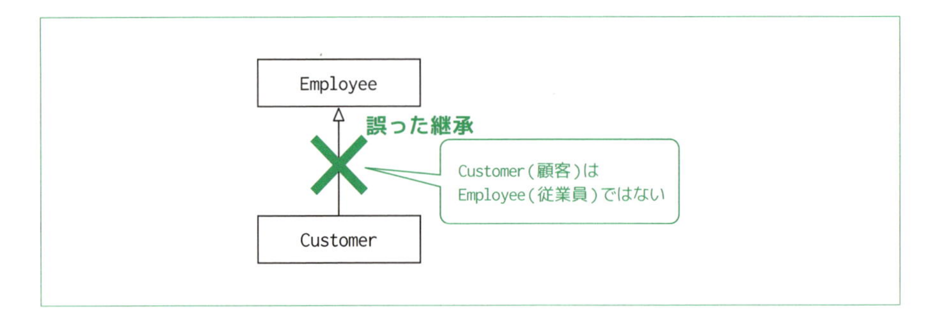

継承を使うのなら、この場合は、CustomerクラスはPersonクラスを継承させるのが正しいやり方です。

共通のプロパティがあるからといって共通部分を抜き出して基底クラスとして定義しよう、という考えは正しい継承ではありませんので注意してください。**is a関係が成り立っているときにだけ継承を使う**ようにしてください。

13-4-1 継承関係のある変数の代入

継承関係がある場合、派生クラスのオブジェクトを基底クラスの変数に代入することが可能です。

リスト13-12 派生クラスのオブジェクトを基底クラスの変数に代入する

```
Person person = new Employee   ← Employee型のオブジェクトをPerson型の変数に代入
{
    Number = 352,
    FirstName = "涼太",
    LastName = "田中",
    HireDate = new DateTime(2015, 10, 1)
};
```

上のコードでは、Employee型のオブジェクトを基底クラスのPerson型の変数に代入しています。これまで学んだ知識から考えると、new演算子で生成したオブジェクトの型と代入する変数の型は一致させないとコンパイルエラーになりそうですが、エラーとはなりません。

なぜなら、上記の「派生クラスのオブジェクトは、その基底クラスの変数に代入できる」というルールがあるからです。これは、継承の重要な特徴のひとつになっています。「従業員は人であるから人として扱える」と考えればよいでしょう。これは、現実の世界では当然ですよね。

派生クラスのEmployee型のオブジェクトを基底クラスのPerson型の変数に代入できるということは、以下のように、EmployeeオブジェクトをPerson型のリストに格納することも可能になるということです。

リスト13-13 派生クラスのオブジェクトを基底クラスのリストに代入する

```
var persons = new List<Person>();
persons.Add(new Employee { …… });
persons.Add(new Employee { …… });   ← Person型のリストにEmployeeオブジェクトを格納
persons.Add(new Employee { …… });
```

基底クラスの変数に、派生クラスのオブジェクトを格納することに何の意味があるのかは、「ポリモーフィズム」という考え方が関係してくるのですが、これについては第14章で扱います。

13-5 すべての型の頂点に立つ object型

継承について理解しておいてほしい点がもうひとつあります。それは、**すべてのクラスの基本となるクラスが存在する**ということです。.NETに用意されている**System.Objectクラス**(以降、**Objectクラス**)**がその基本となるクラス**です。どのようなクラスであっても、継承元となる基底クラスをたどっていくと、必ずObjectクラスに行き着きます。つまり、System.Objectクラスは、クラスの継承階層の頂点に位置するクラスということになります。

そのため、クラスを定義するときに基底クラスを指定しなかった場合は、その基底クラスはObjectクラスになります。つまり、**意識しなくても、基底クラスを指定しない普通のクラスは、自動的にObjectクラスの派生クラスになる**わけです。

```
class Person   ← 継承元が指定されていない場合は、継承元はObjectになる
{
    public string FirstName { get; set; }
    public string LastName { get; set; }
    public string FullName
    {
        get { return LastName + FirstName; }
    }
}
```

は、

```
class Person : Object   ← Objectクラスから継承
{
    ⋮
}
```

と同じことになります。

なお、C#では、この**Objectクラスを小文字で始まるobject型として扱うことが**

可能です。**object**は**C#のキーワード**です。System.Stringクラスをstring型として扱えるのと同じですね。

13-5-1 object型変数への代入

すべてのクラスの頂点がobjectであることはとても大きな意味を持っています。それは、**すべてのクラスはobjectの一種である**ということです。

つまり、

- **Person**クラスも**object**の一種である
- **Employee**クラスも**object**の一種である

というis a関係が成り立ちます。派生クラスのオブジェクトは基底クラスの変数に代入できるわけですから、

```
object o1 = new Person();    ◀ Personオブジェクトをobject型の変数に代入
object o2 = new Employee();  ◀ Employeeオブジェクトをobject型の変数に代入
```

という代入が可能になります。

また、**基本的な型であるint、double、decimal、string、boolなども、C#では objectの一種である**という位置付けになっています。そのため、以下のような代入も可能になっています。

```
object num1 = 10;
object num2 = 3.14;
object str = "継承関係";
```

実際の開発においては、このようなコードを書くことはありませんが、文法上このような代入が可能であるということは頭に入れておいてください。

13-5-2 object型を引数に受け取るメソッド

メソッドの引数には、以下のようにobject型を指定することも可能です。

リスト13-14 引数にobject型をとるメソッド

```
class Program
{
    static void Main()
    {
        var book = new Book();
        DoSomething(book);
    }

    public static void DoSomething(object obj)  ◀引数にobject型をとるメソッド
    {
        ⋮
    }
}

class Book
{
    ⋮
}
```

DoSomethingメソッドは、**引数の型をobject（System.Object）としているので、どんなオブジェクトも引数として受け取ることができるメソッドとなります。**上の例では、Book型のオブジェクトを引数に渡してDoSomethingメソッドを呼び出しています。

.NETには、object型を受け取るメソッドがいくつか定義されています。覚えておくと後々役に立つと思います。

13-5-3 object型に定義されているToStringメソッド

すべてのクラスはObjectクラスの派生クラスです。そのため、**すべてのクラスは、Objectクラスに定義してあるメソッドを継承していることになります。**

Objectクラスには、**引数のないToStringメソッドも定義されています。**このメソッドは、**オブジェクトの値を文字列に変換するメソッド**です。

以下はその一例です。

リスト13-15 ToStringメソッドの呼び出し例(1)

```
var index = 36;
var s1 = index.ToString();      int型のToStringメソッドを呼び出す
var height = 98.7M;
var s2 = height.ToString();     decimal型のToStringメソッドを呼び出す
var date = new DateTime(2020, 8, 24);
var s3 = date.ToString();       DateTime型のToStringメソッドを呼び出す
Console.WriteLine($"{s1} | {s2} | {s3}");
```

実行結果

```
36 | 98.7 | 2020/08/24 0:00:00
```

変数s1、s2、s3は、すべてstring型です。ToStringメソッドを呼び出すことで、オブジェクトの値が文字列に変換されます。これをConsole.WriteLineに渡しています。

では、第13-3節に出てきたEmployeeクラスではどうでしょうか？

リスト13-16 ToStringメソッドの呼び出し例(2)

```
var employee = new Employee()
{
    Number = 512,
    FirstName = "理沙",
    LastName = "石井",
    HireDate = new DateTime(2016, 4, 1)
};
var s = employee.ToString();    Employee型にはToStringメソッドは定義されていないが……
Console.WriteLine(s);
```

もし、Employeeクラスが名前空間Exampleに定義されていた場合は、以下のように表示されます。

実行結果

```
Example.Employee
```

実行結果のとおり、名前空間名（Example）付きのクラス名が表示されます。

EmployeeクラスにはToStringメソッドは定義されていません。その継承元であるPersonクラスにもToStringメソッドは定義されていません。そのため、Objectクラスに定義されたToStringメソッドが呼び出されています。しかし、ObjectクラスのToStringメソッドは、Employeeオブジェクトをどのように文字列化したら良いかわからないため、クラス名を表示するようになっているのです。これはデフォルトの動作です。

13-5-4 ToStringメソッドをオーバーライドする

＊Object.ToStringメソッドは仮想メソッド（virtualが付いたメソッド）（⇒p.367）として定義されています。

リスト13-16で示したToStringメソッド＊の動作は、変えることができます。それには、Employeeクラスで**ToStringメソッドをオーバーライド**（⇒p.367）し、Employeeオブジェクトの中身を表示する処理を書けばよいのです。

それでは、ToStringメソッドをオーバーライドしてみましょう。

リスト13-17 ToStringメソッドをオーバーライドする

```
// 従業員クラス
class Employee : Person
{
    // 従業員番号
    public int Number { get; set; }
    // 入社年月日
    public DateTime HireDate { get; set; }

    public override string ToString()  ← ToStringメソッドをオーバーライド
    {
        var s = $"{Number} {FullName} " +
                $"{HireDate.Year}年{HireDate.Month}月
                                         ↳{HireDate.Day}日入社";
        return s;
    }
}
```

このようにToStringメソッドをオーバーライドすることで、Employeeオブジェクトの内容を文字列化することができます。

リスト13-17のEmployeeクラスを利用し、先ほどと同じToStringメソッドを呼び出すコードを実行してみましょう。

リスト13-18 オーバーライドしたToStringメソッドを呼び出す（リスト13-16再掲）

```
var employee = new Employee()
{
    Number = 512,
    FirstName = "理沙",
```

```
    LastName = "石井",
    HireDate = new DateTime(2016, 4, 1)
};
var s = employee.ToString();  ◀オーバーライドしたToStringメソッドを呼び出す
Console.WriteLine(s);
```

実行結果

```
512 石井理沙 2016年4月1日入社
```

オーバーライドしたToStringメソッドが呼び出されていることが確認できました。

Q & A オブジェクト指向プログラミングでは必ず継承を使うのが良いの?

Q 継承がとても便利な機能であることは理解できましたが、オブジェクト指向プログラミングをするときは必ず継承を使うのが良いのでしょうか?

A **継承は重要な概念であり強力な機能ですが、それほど多用するものではありません。**かつては、継承を使うことがオブジェクト指向プログラミングであるという風潮がありましたが、現在では継承の多用は避けるようになってきています。継承は使い方を間違えるとプログラムが複雑になり、修正が難しくなってしまうことが経験からわかってきたからです。

is a関係を無視し、AクラスとBクラスは同じプロパティを持っているから(あるいは同じような処理があるから)共通化するために継承を使おうという発想はとても危険です。基底クラスの共通化部分を変更したら、思わぬところで悪影響が出てしまうかもしれません。**共通化のための継承は百害あって一利なし**ということを覚えておいてください。

初めのうちは、継承を使うのは.NET Frameworkなどのライブラリを使う際に継承しないと利用できない場合だけと思ってよいでしょう。そのいくつかを表13-1に示しました。

＊Windows FormsはWindows上で動作するデスクトップアプリを作成するためのフレームワークです。

＊UWPは、Windows 10で動作する新しい形式のデスクトップアプリを作成するためのフレームワークです。

＊ASP.NET MVCは、Webアプリを作成するためのフレームワークです。

表13-1 .NET Frameworkでの継承の例

テクノロジー	基底クラス	利用する場面
Windows Forms＊	Form	ウインドウを表す画面フォームクラスを定義する場合
UWP＊	Page	ウインドウを表すページクラスを定義する場合
ASP.NET MVC＊	Controller	コントローラークラスを定義する場合

13

確認・応用問題

Q1 **1.** リスト13-2で示した`Person`クラスに`Birthday`プロパティ（`DateTime`型）を追加してください。

2. `Person`クラスから派生した`Customer`クラスや`Employee`クラスでも、この`Birthday`プロパティが利用できることを確認してください。

Q2 **1.** p.337リスト12-8で示した`Book`クラスのインスタンスを生成し、`object`型の変数に代入できることを確認してください。そして、この変数を`Console.WriteLine`の引数に渡すと何が表示されるのか確認してください。なお、`Console`クラスには`object`型を引数に持つ`WriteLine`静的メソッドが定義されています。

2. 上の **1** の`Book`クラスに、オーバーライドした`ToString`メソッドを定義してください。どのような文字列を返すのかは自由に決めてください。そして、この`ToString`メソッドが定義された`Book`クラスのインスタンスを`Console.WriteLine`の引数に渡すと、結果がどう変わるか確認してください。

第14章

ポリモーフィズム

この章では、継承と密接に関係しているポリモーフィズムについて学びましょう。
日本語では多態性あるいは多相性と訳されますが、ポリモーフィズムとは、異なる型のオブジェクトを同じものだと見なす機能です。オブジェクト指向プログラミングにおいて最も重要な機能のひとつで、同じメソッド呼び出しで、オブジェクトの種類（型）に応じた動作をさせることができます。
ポリモーフィズムを上手に使うことで、コードの複雑さを軽減し、修正に強く、柔軟性のあるプログラムを作成することが可能になります。

14-1 ポリモーフィズムとは？

ポリモーフィズムとは、**異なる型のオブジェクトを同じものだと見なし、オブジェクトの型に応じて同じ名前で別々のメソッドを呼び出せるようにする機能**です。**この機能に、継承（またはインターフェイス）が密接にかかわっています。**

このポリモーフィズムの機能を使うと、**異なるクラスのオブジェクトを統一的に扱うことできます**。それにより、**コードの複雑さを軽減し、修正に強く、柔軟性のあるプログラムを作成することが可能**になります。

もう少し噛み砕いて説明するために、現実世界を例にとりましょう。

たとえば、扉/ドアには、開き戸、引き戸、観音開きの戸、車のスライドドアなどさまざまな種類のドアがあります。これらはすべて、動作は違っても「開ける」という動詞で、扉/ドアを開けることを表します。家に入るとき、あるいは車に乗るときに、家族の誰かに「ドアを開けて」と言えば、やってほしいことを伝えることができます。これは玄関のドアや車のドアを、「開けることができる物」として**同一視している**ことになります。

また、テレビやコンピューターなどの電気製品では、音量の［＋］ボタンを押せば、音量を上げることができます。これも、音量調節できるものとしてテレビやコンピューターを**同一視している**ことになります。

こういった例は限りなく挙げることができるはずです。私たちは、違うものに対して同じ動詞を使うことで、知らず知らずのうちに統一的に物を扱っています（⇒図14-1）。

プログラムの世界でもこういったことが可能です。それがポリモーフィズムです。ポリモーフィズムは、日本語では**多態性**/**多相性**と訳されます。ギリシア語で「多数の形態」とか「同名異型」とかいう意味があります。

このポリモーフィズムを使うと、「もし玄関のドアだったら」とか「もし車のドアだったら」といった**条件分岐**（if文やswitch文）**が不要になり、コードをすっきりさせることができます**。if文やswitch文がなくなれば、確かにプログラムのコードは複雑にならずに済みそうですね。

図14-1
同じ言葉で
同一視する

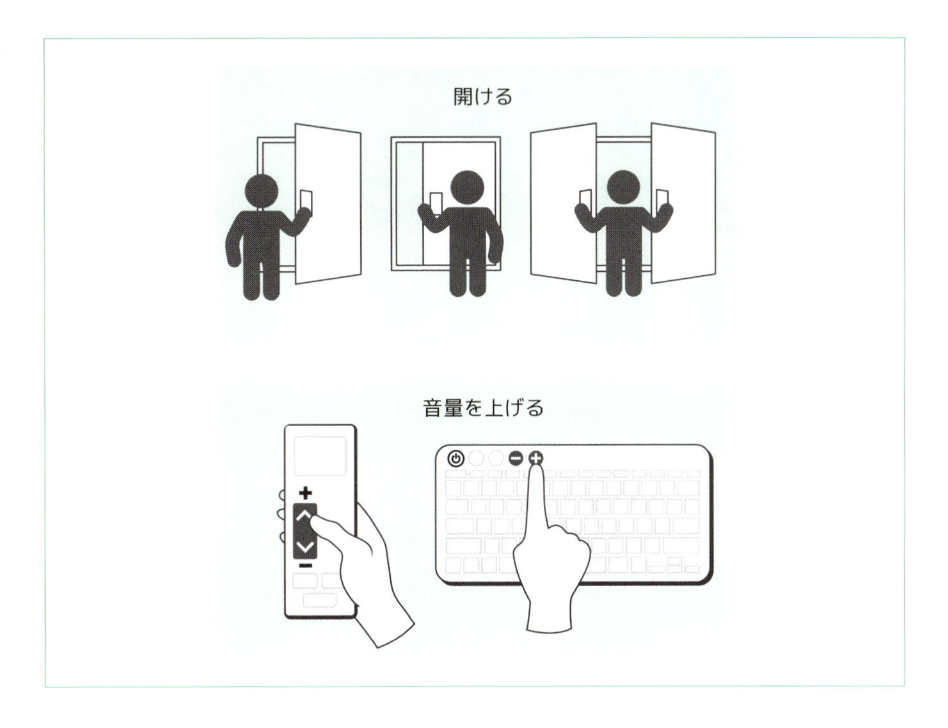

では、このif文やswitch文などの判断がいらなくなるというのが本当なのか、順を追って確かめていきましょう。

14-2 ポリモーフィズム以前

さて、あなたが、バーチャルペットを育成するアプリケーションを作成しているとしましょう。このアプリケーションでは、いくつかの性格を持ったペットを扱いたいとします。食いしん坊のペット、快活なペット、寝坊のペットなどがいるとします（⇒図14-2）。この性格は生まれたときに決まり、後からは変更できないこととします。

図14-2
3種類のペット

これらのペットは、食べたり、遊んだり、睡眠をとったりすることで、機嫌が良くなったり、悪くなったり、元気になったり、元気がなくなったりします。そして、そのペットの種類によって、何をすると機嫌が良くなるのか、何をすると元気になるのかが異なります。

これをプログラムでどのように書けば良いのでしょうか？

まずは、第10章で取り上げたVirtualPetクラスに、ペットの種類（＝性格）を示すTypeプロパティを追加してみましょう。生まれたときに性格が決まりますから、オブジェクトの初期化をするコンストラクター（⇒p.283）の引数で性格を渡してもらうこととします。

リスト14-1
1つのクラスですべてのペットを扱うVirtualPetクラス

```
class VirtualPet
{
    public string Name { get; private set; }
    // 機嫌を表す
    public int Mood { get; set; }
    // 元気度を表す
    public int Energy { get; set; }
    // ペットの性格 1:食いしん坊 2:快活 3:寝坊
    public int Type { get; set; }
    // コンストラクター
    public VirtualPet(string name, int type)
    {
        Name = name;
        Mood = 5;
        Energy = 100;
        Type = type;
    }
}
```

性格を表すTypeプロパティは、第11章で学んだ列挙型を使う場面ですが、最終的にはこのTypeプロパティは不要になってしまうので、int型で代用します。

このVirtualPetクラスに、Eat（食べる）、Play（遊ぶ）、Sleep（寝る）という3つのメソッドを追加します。

リスト14-2
メソッドの中で処理が分岐するクラス

```
class VirtualPet
{
    ⋮

    public void Eat()
    {
        switch (Type)
        {
            case 1:
                // 食いしん坊
                Mood += 4;
                break;
            case 2:
                // 快活
                break;
            case 3:
                // 寝坊
                Mood -= 1;
                break;
```

```
        }
        Energy += 5;
    }

    public void Play()
    {
        switch (Type)
        {
            case 1:
                // 食いしん坊
                Mood -= 1;
                break;
            case 2:
                // 快活
                Mood += 5;
                break;
            case 3:
                // 寝坊
                Mood -= 1;
                break;
        }
        Energy -= 10;
    }

    public void Sleep()
    {
        switch (Type)
        {
            case 1:
                // 食いしん坊
                Mood -= 1;
                break;
            case 2:
                // 快活
                Mood -= 2;
                break;
            case 3:
                // 寝坊
                Mood += 3;
                break;
        }
        Energy += 2;
    }
}
```

それぞれの3つのメソッドでは、Moodの値とEnergyの値を変化させています。Moodは、switch文を使いType（性格）ごとに変化する量を変えています。一方、Energyは、Type（性格）の値によらず、それぞれのメソッドで一定の変化をするようにしています。

それでは、このクラスを利用する側のコード例も見てみましょう。

リスト14-3 VirtualPetクラスを利用する

```
var pet = new VirtualPet("ライアン", 3);   ← 引数の3は寝坊を表す数字
pet.Play();
pet.Eat();
pet.Sleep();
Console.WriteLine($"{pet.Name} 機嫌:{pet.Mood} エネルギー:{pet.Energy}");
```

実行結果

```
ライアン 機嫌:6 エネルギー:97
```

この例では、コンストラクターの第2引数に3を与えて、寝坊のペットを生成しました。食いしん坊、快活なペットもコンストラクターの第2引数を変えるだけで同様に生成して利用することができます。

14-2-1 ポリモーフィズムを利用しない場合の問題点

ここでは話を単純化するために、MoodとEnergyの変化のルールはとてもシンプルにしていますが、実際に開発されるアプリケーションであれば、もっと複雑なルールになるでしょう。そうすると、EatメソッドやPlayメソッド内のswitch文もさらに複雑になると思われます。

たとえばこの例では、Eatメソッドでは何を食べるかという指定をしませんでしたが、性格ごとに食べ物の好き嫌いという要素を加味したい場合もあるでしょう。また、実際のアプリケーションでは、性格も3種類ではなく、もっとバリエーションを増やしたいでしょう。Energyの変化のルールを性格ごとに細かく指定したい場合もあるでしょう。そうなると、switch文の場合分けも増え、メソッドの中はさらに複雑になるはずです。

これは困った事態です。コード量が増え複雑化すると、後から、ある性格のペットのMoodとEnergyの増減のバランスを微調整しようとしても、現状がどうなっているのかをコードから読み取るのも大変ですし、変更するのにも手間がかかりま

す。新たな性格のペットを追加する場合も、あちこちのメソッドを修正しなくてはなりませんから、漏れが出てきてしまうかもしれません。

もしそのようにして複雑化したコードで、食いしん坊なペットと快活なペットは似た部分があるから、コードの一部をいっしょにしてしまおうと考えてコードを共通化してしまうと、さらに問題は複雑化します。途中で、快活なペットの動作を少し変更したいと思っても、食いしん坊のコードもそこに含まれているため、簡単に修正できません。修正したけど食いしん坊の動作も変わっちゃったなんてことも起こってしまいそうです。

14-3 継承によるポリモーフィズムを導入する

こういった問題に対応するにはどうすれば良いのでしょうか？ そのひとつの答えが**継承によるポリモーフィズム**です。ポリモーフィズムを使えば、if文やswitch文をなくすことができますので、よりすっきりとしたコードになりますし、ペットの性格ごとの各プロパティの変化も把握しやすくなります。

具体的に、継承によるポリモーフィズムをどう実現するか、順を追って見ていきましょう。

14-3-1 STEP 1：継承元のクラスを定義する

まずは、初心に立ち返って、オブジェクト指向のクラスとオブジェクトの関係を思い出してみましょう。

第7章では、**クラスは具体的な「物」ではなく、設計図のようなものであり、概念を表現している**ということを説明しました（⇒p.191、p.199～200）。

このVirtualPetクラスも、確かに具体的なものではなく、そこから、食いしん坊のペット、快活なペット、寝坊のペットが作成されます。しかし、これまで出てきたBookクラスやEmployeeクラスとは、少し事情が異なっています。

BookクラスやEmployeeクラスから生成されるオブジェクトは、それぞれ別のオブジェクトではあっても、その動作には違いはありませんでした。一方、**VirtualPetでは、それぞれの性格によって動作の違うペットが作成される**わけです。ここがこれまでのクラスと違うところです。現実世界にたとえてみれば、1つの設計書から複数の製品を作成しているのです。極端な例を挙げれば1つの設計書からPepperとaiboを製造しているようなものです。これって少し変ですよね。

なぜ変なのか？ それは、1つのVirtualPetクラスの中に、すべての性格のペットを押し込めてしまっているからです。

14

ですから、これを**性格ごとに分解してそれぞれの設計書（クラス）からペット（インスタンス）を作る**ことにしましょう。

では、どのように分解するのが良いのでしょうか？ 単純にそれぞれのクラスを定義することもできないわけではありませんが、食いしん坊のペット、快活なペット、寝坊のペットは、次のような関係が成り立っています。

- 食いしん坊のペットは`VirtualPet`の一種である
- 快活なペットは`VirtualPet`の一種である
- 寝坊のペットは`VirtualPet`の一種である

「13-4：継承とis a関係」で出てきたis a関係です。

つまり、**継承を用い、`VirtualPet`クラスから食いしん坊ペットクラス、快活なペットクラス、寝坊のペットクラスを派生させればよい**のです。

ここでは、それぞれのペットクラスに以下のような名前を付けることにします（⇒図14-3）。

- 食いしん坊ペットクラス：`FoodiePet`クラス
- 快活なペットクラス：`CheerfulPet`クラス
- 寝坊のペットクラス：`SleepyPet`クラス

図14-3 VirtualPetを継承元のクラスとして3つのクラスを定義する

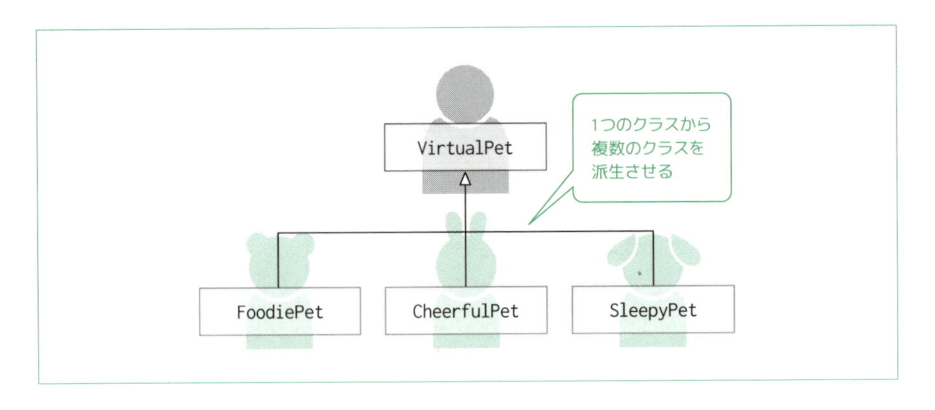

それでは、基底クラスとなる`VirtualPet`クラスを定義し直しましょう。

まず、コンストラクターではペットの名前を引数として受け取り、`Name`プロパティに設定するようにします。`Mood`プロパティと`Energy`プロパティは決まった値で初期化します。

次に、`Eat`メソッド、`Play`メソッド、`Sleep`メソッドです。これらは、性格によって動作が異なります。しかし、`VirtualPet`クラスでは、どのように中身を書いたら良いかわかりません。そのため、`virtual`キーワード（⇒p.366）を付け、上書きを可能にした空のメソッドとします。そして、各メソッドの中身は、VirtualPetから派生させたクラスでオーバーライド（⇒p.367）し、オーバーライドしたメソッドで、Moodプロパティと Energyプロパティを変化させることにします。

書き換えたVirtualPetクラスの定義を以下に示します。

リスト14-4 ポリモーフィズムを利用するための基底クラス（VirtualPetクラス）

```
class VirtualPet
{
    public string Name { get; private set; }
    public int Mood { get; set; }
    public int Energy { get; set; }
    // コンストラクター
    public VirtualPet(string name)
    {
        Name = name;
        Mood = 5;
        Energy = 100;
    }

    public virtual void Eat()  ◀ virtualキーワードを使っている
    {  ◀ 中身が空っぽのメソッドを定義
    }

    public virtual void Play()
    {
    }

    public virtual void Sleep()
    {
    }
}
```

食いしん坊や快活、寝坊などの性格ごとにクラスを定義することにしたので、ペットの性格を示すTypeプロパティは不要になりました。そのためTypeプロパティは定義していません。

14-3-2 STEP 2：派生クラスを定義する

それでは、このVirtualPetクラスから派生させる3つのクラスのうち、最初に食いしん坊ペットクラス（FoodiePet）を定義してみましょう。

派生させたクラスでは、3つのメソッドをoverrideキーワードでオーバーライドします。

リスト14-5 ポリモーフィズムを利用するための派生クラス（FoodiePetクラス）

```
class FoodiePet : VirtualPet    ◀VirtualPetクラスを継承
{
    public override void Eat()    ◀overrideを使って上書き定義
    {
        Mood += 3;
        Energy += 5;
        Console.WriteLine("FoodiePet.Eatメソッドが実行されました");
    }

    public override void Play()    ◀overrideを使って上書き定義
    {
        Mood -= 1;
        Energy -= 10;
        Console.WriteLine("FoodiePet.Playメソッドが実行されました");
    }

    public override void Sleep()    ◀overrideを使って上書き定義
    {
        Mood -= 1;
        Energy += 2;
        Console.WriteLine("FoodiePet.Sleepメソッドが実行されました");
    }
}
```

メソッドの中が随分とスッキリしました。食いしん坊ペットではMoodやEnergyがどう変化するのかがとても理解しやすくなっています。

なお、どのメソッドが呼び出されたのかが把握しやすいように、呼ばれたメソッド名を型名とともにコマンドプロンプトの画面に出力するようにしています。これはあくまでも、どのようなことが行われたかわかるようにするためです。

派生クラスでのコンストラクター

しかし、これだけだとまだコンパイルすることができません。

基底クラスで引数付きのコンストラクターを定義した場合は、派生クラスでもコンストラクターを定義する必要があるからです。

具体的に言えば、リスト14-4で示したVirtualPet基底クラスはpublic

VirtualPet(string name)……と、引数付きのコンストラクターを定義してあるので、リスト14-5のVirtualPetの派生クラスでもコンストラクターを定義しなければならないということです。

そのため、FoodiePetクラスであればコンストラクターを以下のように定義します。

リスト14-6
派生クラスのコンストラクターの定義（FoodiePetクラス）

```
class FoodiePet : VirtualPet
{
    public FoodiePet(string name) : base(name)
    {
    }

     ⋮
}
```

baseキーワードで、継承元のコンストラクターを呼び出す

リスト14-6では、**baseキーワード**を使っています。**このbaseキーワードを使うと、基底クラスのコンストラクターを呼び出すことができます**。base(name)と書くことで、FoodiePetクラスのコンストラクターに渡ってきたname引数を、VirtualPetクラス（基底クラス）のコンストラクターに渡しています。

呼び出される順番は、まず、base(name)の記述により、VirtualPetのコンストラクターが呼び出され、その後に、コンストラクターの{}ブロックの中が実行されます。VirtualPetのコンストラクターの呼び出しにより、Name、Mood、Energyに初期値が設定されます。FoodiePetクラスのコンストラクターの{}ブロックの中は、何も行うことがないので空になっています。

なお、baseキーワードによる基底クラスのコンストラクター呼び出しは、リスト14-6のとおり、コンストラクターの名前、引数に続けて「: base(*引数*)」と、コンストラクターの{}ブロックの外側に書きます。

同様に、快活なペットクラス（CheerfulPet）、寝坊ペットクラス（SleepyPet）をVirtualPetクラスから派生させます。

これらのクラスでも、コンストラクターにはbaseキーワードを使い、継承元クラスのコンストラクターを呼び出すようにします。

3つのクラスは以下のようになります。

リスト14-7
派生クラスの定義（FoodiePet/CheerfulPet/SleepyPetの各クラス）

```
class FoodiePet : VirtualPet
{
    public FoodiePet(string name) : base(name)
```

```
    {
    }

    public override void Eat()  ◀overrideを使って上書き定義
    {
        Mood += 3;
        Energy += 5;
        Console.WriteLine("FoodiePet.Eatメソッドが実行されました");
    }

    public override void Play()  ◀overrideを使って上書き定義
    {
        Mood -= 1;
        Energy -= 10;
        Console.WriteLine("FoodiePet.Playメソッドが実行されました");
    }

    public override void Sleep()  ◀overrideを使って上書き定義
    {
        Mood -= 1;
        Energy += 2;
        Console.WriteLine("FoodiePet.Sleepメソッドが実行されました");
    }
}

class CheerfulPet : VirtualPet
{
    public CheerfulPet(string name) : base(name)
    {
    }

    public override void Eat()
    {
        Mood += 0;  ◀値は変化しない
        Energy += 5;
        Console.WriteLine("CheerfulPet.Eatメソッドが実行されました");
    }

    public override void Play()
    {
        Mood += 3;
        Energy -= 10;
        Console.WriteLine("CheerfulPet.Playメソッドが実行されました");
    }
```

```
    public override void Sleep()
    {
        Mood -= 1;
        Energy += 2;
        Console.WriteLine("CheerfulPet.Sleepメソッドが実行されました");
    }
}

class SleepyPet : VirtualPet
{
    public SleepyPet(string name) : base(name)
    {
    }

    public override void Eat()
    {
        Mood -= 1;
        Energy += 5;
        Console.WriteLine("SleepyPet.Eatメソッドが実行されました");
    }

    public override void Play()
    {
        Mood -= 1;
        Energy -= 10;
        Console.WriteLine("SleepyPet.Playメソッドが実行されました");
    }

    public override void Sleep()
    {
        Mood += 2;
        Energy += 2;
        Console.WriteLine("SleepyPet.Sleepメソッドが実行されました");
    }
}
```

これで、基底クラスであるVirtualPetクラスと、派生クラスのFoodiePetクラス、CheerfulPetクラス、SleepyPetクラスを定義できました。

このように別のクラスにしておけば、Energy値の増減をペットの性格ごとに変えるのも簡単ですね。

14-3-3 STEP 3：派生クラスを利用する

それでは、派生させたクラスを使ってみましょう。

リスト14-8 派生クラスを利用する

```
var pet1 = new FoodiePet("エイミー");
pet1.Play();
pet1.Eat();
pet1.Sleep();
Console.WriteLine($"{pet1.Name} 機嫌:{pet1.Mood}
    ↳エネルギー:{pet1.Energy}");

var pet2 = new CheerfulPet("クー");
pet2.Play();
pet2.Eat();
pet2.Sleep();
Console.WriteLine($"{pet2.Name} 機嫌:{pet2.Mood}
    ↳エネルギー:{pet2.Energy}");

var pet3 = new SleepyPet("ライアン");
pet3.Play();
pet3.Eat();
pet3.Sleep();
Console.WriteLine($"{pet3.Name} 機嫌:{pet3.Mood}
    ↳エネルギー:{pet3.Energy}");
```

実行結果

```
FoodiePet.Playメソッドが実行されました
FoodiePet.Eatメソッドが実行されました
FoodiePet.Sleepメソッドが実行されました
エイミー 機嫌:6 エネルギー:97
CheerfulPet.Playメソッドが実行されました
CheerfulPet.Eatメソッドが実行されました
CheerfulPet.Sleepメソッドが実行されました
クー 機嫌:7 エネルギー:97
SleepyPet.Playメソッドが実行されました
SleepyPet.Eatメソッドが実行されました
SleepyPet.Sleepメソッドが実行されました
ライアン 機嫌:5 エネルギー:97
```

以上のように、SleepyPet、FoodiePetそれぞれの、Play、Eat、Sleepメソッド

が呼ばれていることがわかります。

3種類のペットの動作が確認できました。これでポリモーフィズムを利用する準備が整ったことになります。

ここを出発点として、今度はポリモーフィズムを考えていきましょう。

14-3-4 STEP 4：複数のクラスを同一視する

さて、あなたは、これら3種類のバーチャルペットを飼っているとします。そして、これらのペットに対して、一度に食べ物を与えたいとします。

FoodiePet、CheerfulPet、SleepyPetクラスは、VirtualPetの派生クラスですから、以下のように基底クラスの変数にも代入ができることを思い出してください（⇒p.371）。

リスト14-9 派生クラスのインスタンスを生成し、基底クラスの変数に代入する

```
VirtualPet pet1 = new FoodiePet("エイミー");
VirtualPet pet2 = new CheerfulPet("クー");
VirtualPet pet3 = new SleepyPet("ライアン");
```

派生クラスのオブジェクトを基底クラスの変数に代入

そうすると、当然ですが、以下のように、VirtualPet型のそれぞれのオブジェクトのEatメソッドを呼び出すことができます。

リスト14-10 派生オブジェクトのメソッドを呼び出す

```
pet1.Eat();
pet2.Eat();
pet3.Eat();
```

実行結果

```
FoodiePet.Eatメソッドが実行されました
CheerfulPet.Eatメソッドが実行されました
SleepyPet.Eatメソッドが実行されました
```

結果を見て何か気付きませんか？　pet1、pet2、pet3はVirtualPet型の変数です。ということは、**VirtualPetクラスのEatメソッドが呼ばれるように思います。しかし、そうではなく、変数に格納されている実際の型のEatメソッドが呼び出されています。**FoodiePetオブジェクトの場合、FoodiePetクラスのEatメソッドが呼ばれていますし、CheerfulPetオブジェクトの場合、CheerfulPetクラスのEatメ

ソッドが呼ばれています。

ここが重要なところです。FoodiePetオブジェクトやCheerfulPetオブジェクトを**VirtualPet型として同一視して、Eatメソッドを呼び出すことができる**のです。

この章の冒頭で「**ポリモーフィズムとは、異なる型のオブジェクトを同じものだと見なし、同じ名前で別々のメソッドを呼び出せるようにする機能**」と説明しましたが、**まさにそれが起こっている**のです。

これがポリモーフィズムです。

図14-4 これがポリモーフィズム

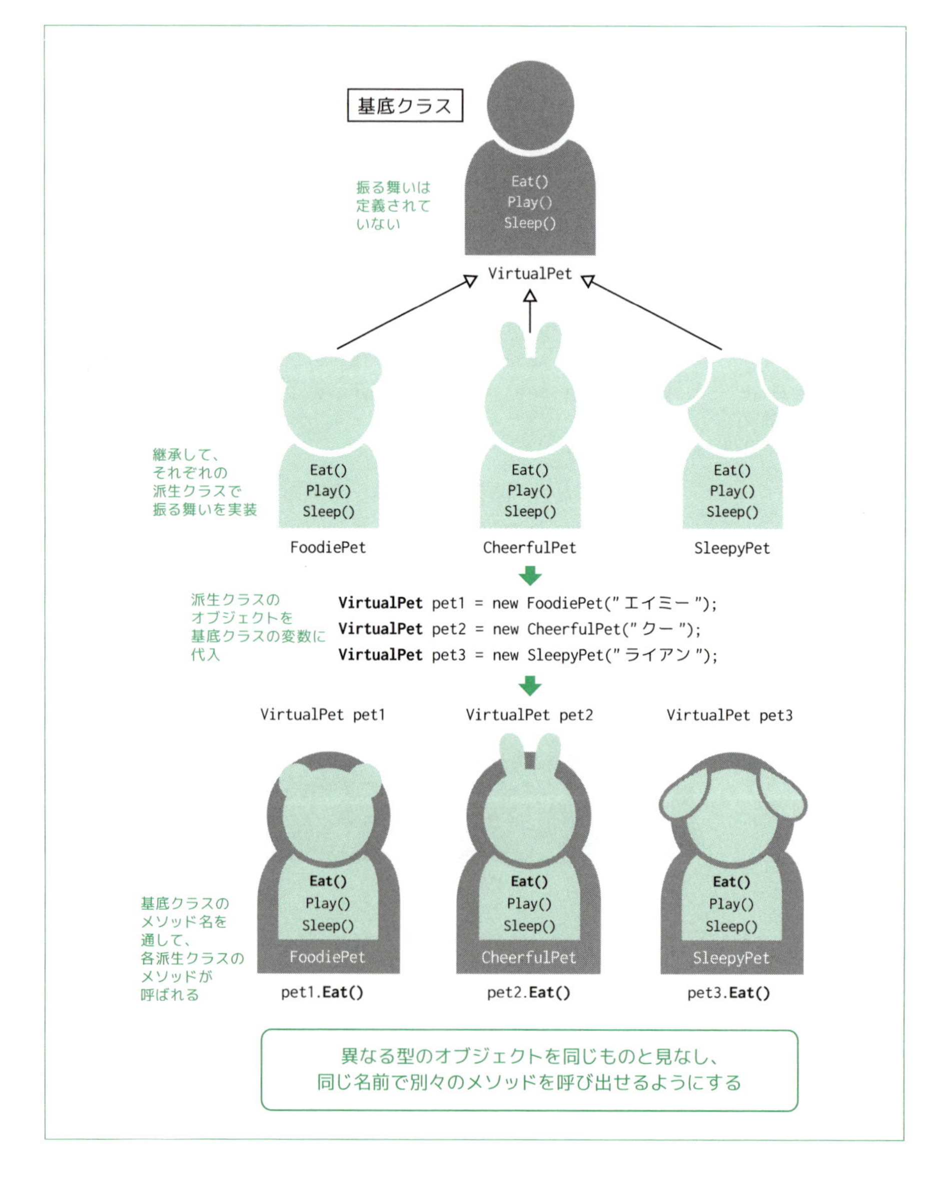

言い方を換えると、**同じVirtualPetという型に対し、実際のオブジェクトの型ごとに異なる動作をさせている**ことになります。つまり、**同じ名前で別々のメソッドを呼び出すことが実現できている**のです（⇒前ページ図14-4）。

14-3-5　STEP 5：ポリモーフィズムを利用する

なぜ、このポリモーフィズムがそれほど重要な機能なのでしょうか？

ポリモーフィズムがとても有効な例として、リスト、つまりList<T>クラス（⇒p.332）のインスタンスに格納されたペットオブジェクトに対し、いっぺんに同じ処理させることを考えてみましょう。

ここでは、3種類のペットを1匹ずつ飼っているとしましょう。FoodiePet、CheerfulPet、SleepyPetそれぞれのオブジェクトはVirtualPet型の変数に代入できるわけですから、以下のようにVirtualPet型のリストに格納することもできますね？（⇒p.334）

リスト14-11　ポリモーフィズムを利用する（1）

```
VirtualPet pet1 = new FoodiePet("エイミー");
VirtualPet pet2 = new CheerfulPet("クー");
VirtualPet pet3 = new SleepyPet("ライアン");
var pets = new List<VirtualPet>();
pets.Add(pet1);
pets.Add(pet2);
pets.Add(pet3);
```

3つのオブジェクトをVirtualPet型のリストに格納

この3匹のペットすべてに餌を与えた後に遊ばせたいとします。ポリモーフィズムが使えますから、以下のような簡単なコードで済ますことができます。

リスト14-12　ポリモーフィズムを利用する（2）

```
foreach (var pet in pets)
{
    pet.Eat();
    pet.Play();
    Console.WriteLine($"{pet.Name} 機嫌:{pet.Mood}
                                        ↳エネルギー:{pet.Energy}");
}
```

petsはList<VirtualPet>型なのでVirtualPet型の変数。foreachについてはp.334参照

実行結果

```
FoodiePet.Eatメソッドが実行されました
FoodiePet.Playメソッドが実行されました
エイミー 機嫌:7 エネルギー:95
CheerfulPet.Eatメソッドが実行されました
CheerfulPet.Playメソッドが実行されました
クー 機嫌:8 エネルギー:95
SleepyPet.Eatメソッドが実行されました
SleepyPet.Playメソッドが実行されました
ライアン 機嫌:3 エネルギー:95
```

結果を見ていただければおわかりのように、それぞれの型に応じたメソッドが呼び出されています。

14-3-6 継承を利用しないで複数のクラスを同一視できるか？

もしかしたら、あまりにも当たり前すぎて、何がうれしいのかよくわからない人もいるかもしれません。

そのために、もしリスト14-11、リスト14-12と同様のことをVirtualPetという基底クラスを定義しないでやるとしたらどうなるか、考えてみましょう。

以下に、VirtualPetから継承しないで定義したFoodiePetクラスを示します。

リスト14-13 継承を使わないFoodiePetクラス

```
class FoodiePet
{
    public string Name { get; private set; }
    public int Mood { get; set; }
    public int Energy { get; set; }

    public FoodiePet(string name)
    {
        Name = name;
        Mood = 5;
        Energy = 100;
    }

    public void Eat()
    {
        Mood += 3;
        Energy += 5;
```

継承を使わないので、Name、Mood、Energyも定義

```
        Console.WriteLine("FoodiePet.Eatメソッドが実行されました");
    }

    public void Play()
    {
        Mood -= 1;
        Energy -= 10;
        Console.WriteLine("FoodiePet.Playメソッドが実行されました");
    }

    public void Sleep()
    {
        Mood -= 1;
        Energy += 2;
        Console.WriteLine("FoodiePet.Sleepメソッドが実行されました");
    }
}
```

Eat、Play、Sleepメソッドにはoverrideキーワードは付加されていないことに注意してください。overrideキーワードは、継承元クラスの同名メソッドを上書きするためのものでしたね（⇒p.367）。このFoodiePetクラスは、VirtualPetクラスを継承しないので、overrideキーワードは使いません。

CheerfulPetクラスやSleepyPetクラスも同様に、VirtualPetから継承しないで定義したとします。

3匹のペットを飼育しているわけですから、先ほどと同じようにリストに格納することにしましょう。

しかし、継承元クラスであるVirtualPetは定義されていません。そのため、以下のように書くことができません。

```
✖ var pets = new List<VirtualPet>();
```

そのため、3匹のペットをリストで管理するには、最上位の型、つまりは共通の型であるobject型（⇒p.373）のリストで管理するしかありません。

```
✖ var pets = new List<object>();
object pet1 = new FoodiePet("エイミー");
object pet2 = new CheerfulPet("クー");
object pet3 = new SleepyPet("ライアン");
pets.Add(pet1);
```

```
pets.Add(pet2);
pets.Add(pet3);
```

なんとかリストには格納できましたので、3匹のペットに対して、Eatメソッド とPlayメソッドを呼び出してみましょう。

```
✖ foreach (var pet in pets)   ← petsはList<object>型なので、petはobject型の変数
{
    pet.Eat();   ← object型にはEatメソッドは定義されていないのでエラー
    pet.Play();   ← object型にはPlayメソッドは定義されていないのでエラー
}
```

しかし、残念ながらこのコードはコンパイルできません。なぜなら、pet変数は object型で、object型にはEatメソッドやPlayメソッドが定義されていないからです。

つまり、配列やリストに格納しても、それをうまく使う方法がないのです。無理やりやろうとすると以下のようなコードになります。

リスト14-14 継承を使わないFoodiePetクラス等を利用する

```
✖ foreach (var pet in pets)
{
    if (pet is FoodiePet)   ← is演算子を使うことでオブジェクトの型を調べることができる
    {
        var fp = pet as FoodiePet;   ← as演算子を使うことで指定した型として扱えるようになる
        fp.Eat();
        fp.Play();
    }
    else if (pet is CheerfulPet)
    {
        var cp = pet as CheerfulPet;
        cp.Eat();
        cp.Play();
    }
    else if (pet is SleepyPet)
    {
        var sp = pet as SleepyPet;
        sp.Eat();
        sp.Play();
    }
}
```

上のコードのように**object型の変数の中に格納されているオブジェクトの型を調べて、その型ごとに処理を分岐させなくてはなりません**。

ここで出てきた**isキーワード**は、**変数に格納されているオブジェクトの実際の型を調べる**キーワードです。**asキーワード**は、**変数の型を別の型に変換する演算子**で、たとえば、以下のコードでは、object型のpet変数をFoodiePet型のfp変数に代入しています。

```
var fp = pet as FoodiePet;
```

リスト14-14を実行した結果は以下のとおりです。

実行結果

```
FoodiePet.Eatメソッドが実行されました
FoodiePet.Playメソッドが実行されました
CheerfulPet.Eatメソッドが実行されました
CheerfulPet.Playメソッドが実行されました
SleepyPet.Eatメソッドが実行されました
SleepyPet.Playメソッドが実行されました
```

一応、やりたいことは実現できました。しかし、この例では3種類のペットしか扱っていません。もっと多くの性格のペットを扱う必要があったら、このコードはさらに煩雑になります。なおかつ、実際の大きなプログラムではこのような処理が1カ所とは限りませんから、いろんな場所で処理の分岐が必要になってきます。新しい性格のペットを増やそうとすると、さまざまなところのif文やswitch文を見直さなくてはならなくなります。

このように、**ポリモーフィズムが使えないと、プログラムコードが複雑化すると同時に、機能追加や修正にも多くの労力が必要になり良いことがありません**。

つまり、継承を使わずに複数のクラスに分けた場合（リスト14-13、リスト14-14）も、最初に示したVirtualPetクラスの中ですべての種類のペットを扱おうとしたとき（リスト14-1、リスト14-2）と似たような問題が発生してしまうのです。

ポリモーフィズムは、種類の異なるクラスを同一視することで、クラスの種類による分岐をなくしてくれるのです。確かに、ポリモーフィズムを使えば、条件分岐（if文やswitch文）が不要になり、コードがすっきりするということが確認できました。

ポリモーフィズムはとても素晴らしい機能です。プログラミングを学び始めた方が使用する場面は少ないかもしれませんが、**異なるクラスを同一視することで、統一したやり方でオブジェクトを操作できる**ということはぜひ覚えておいてください。

14-4 継承するための抽象クラスと抽象メソッド

14-4-1 抽象クラス

さて、ここで継承元クラスであるVirtualPetクラスについて再度考えてみましょう。VirtualPetクラスの定義は以下のようでした。

リスト14-15 VirtualPetクラス（リスト14-4再掲）

```
class VirtualPet
{
    public string Name { get; private set; }
    public int Mood { get; set; }
    public int Energy { get; set; }

    public VirtualPet(string name)
    {
        Name = name;
        Mood = 5;
        Energy = 100;
    }

    public virtual void Eat()
    {
    }

    public virtual void Play()
    {
    }

    public virtual void Sleep()
    {
    }
```

```
}
```

このVirtualPetクラスは、**継承されることを目的とした抽象的なクラス、いわば概念を表しているクラス**ですので、new演算子でこのクラスのインスタンスを生成することはありません。

プログラムで実際にインスタンスを生成するのは、FoodiePetクラス、CheerfulPetクラス、SleepyPetクラスといったVirtualPetクラスから派生したクラスだけです。

つまり、以下のようなコードは本来はありえないということです。

```
✖ var pet = new VirtualPet("レックス");
```

間違って上記のようなコードを書いてしまっても、コンパイルエラーとはなりません。また**実行の際もエラーにはなりません**。しかし、明らかにプログラマーがやりたい動作にはならないはずです。これはあまり好ましい状況ではありません。

VirtualPetクラスのインスタンスを生成しないように注意すれば良いと思うかもしれませんが、途中で開発チームに入ってきたメンバーが、よく理解しないままVirtualPetクラスのインスタンスを生成するコードを書いてしまうこともありえます。

このようになることを防ぐ方法が、C#には用意されています。

abstractキーワードをクラス宣言のclassの前に付けるだけで、それが実現できます。

リスト14-16 abstractキーワードを付けたVirtualPetクラス

```
abstract class VirtualPet   ← abstractキーワードでインスタンス生成をできなくする
{
    ⋮
}
```

これで、**VirtualPetクラスのインスタンスを生成することができなくなります**(コンパイルエラーになります)。**クラスにabstractキーワードを付けることで、具体的なオブジェクトを生成しない抽象的なクラスであると示している**のです。

このようにabstractキーワードの付いたクラスを**抽象クラス**と呼んでいます。そして**必ず抽象クラスを継承してインスタンスを生成できるクラス*を定義する**ことになります。

*インスタンスを生成できるクラスを**具象クラス**と言います。

14-4-2 抽象メソッド

もうひとつ、VirtualPetクラスには気になる点があります。それは、Eatメソッド、Playメソッド、Sleepメソッドの中身が何もないという点です。このメソッドは実際に呼び出されることは想定していません。**呼び出されることのないメソッドなので、中身を空にしています。このようなメソッドは、抽象メソッドとして定義するのがより良い方法**です。

抽象メソッドにするには、抽象クラスと同様に**abstractキーワード**を使います。そして**抽象メソッドは、必ず継承先で実装する必要があります。**

VirtualPetクラスの3つのメソッドを抽象メソッドにした例を以下に示します。もちろん、メソッドの本体は、継承先（各ペットのクラス）で定義するので記述しません。

リスト14-17 抽象メソッドを導入したVirtualPetクラス

```
abstract class VirtualPet
{
    public string Name { get; private set; }
    public int Mood { get; set; }
    public int Energy { get; set; }

    public VirtualPet(string name)
    {
        Name = name;
        Mood = 5;
        Energy = 100;
    }

    public abstract void Eat();
    public abstract void Play();
    public abstract void Sleep();
}
```

abstractキーワードで抽象メソッドにする。メソッドの本体は書かない

メソッドを抽象メソッドとした場合は、派生クラスでは必ず、overrideキーワードでメソッドを上書き定義する必要があります。

virtualの付いた仮想メソッドはオーバーライドが必須ではないので、派生クラスでオーバーライドし忘れても気が付かないことがあります。

一方、abstractキーワードで抽象メソッドとした場合は、派生クラスでは必ず、

overrideキーワードでメソッドを上書き定義する必要があります。そのため、次のようにSleepメソッドをオーバーライドし忘れた場合、エラーとなりコンパイルができません。つまり、プログラマーがうっかりメソッドを定義し忘れることを防いでくれるのです。

```
class SleepyPet : VirtualPet
{
    public SleepyPet(string name) : base(name)
    {
    }

    public override void Eat()
    {
        Mood -= 1;
        Energy += 5;
        Console.WriteLine("SleepyPet.Eatメソッドが実行されました");
    }

    public override void Play()
    {
        Mood -= 1;
        Energy -= 10;
        Console.WriteLine("SleepyPet.Playメソッドが実行されました");
    }
        Sleepメソッドをoverrideし忘れているのでコンパイルエラーになる
}
```

14-5 インターフェイスによるポリモーフィズム

実は、もうひとつ、ポリモーフィズムを実現する方法があります。「インターフェイス」というものを利用するのです。

以降で、その方法について説明しましょう。

14-5-1 インターフェイスとは？

インターフェイスとは、端的にいうと、クラスのメソッドやプロパティの**シグネチャー**を抜き出したものです。**シグネチャーとは、メソッド（プロパティ）の名前、型、引数などの情報のことで、処理内容は含まれません。**

C#のインターフェイスは、**プログラミングの世界に工業製品の規格という概念を持ち込んだもの**と考えると、理解しやすいかもしれません。工業製品にはさまざまな規格が存在します。その規格に合った製品を作ることで、製品同士をつなげたり、ある場所に正しく設置できたりします。インターフェイスはそれをプログラミングの世界でも実現しようというものです。**インターフェイスは規格の定義なので、インターフェイスそのものには処理の中身は実装しません。実装するのは、その規格を採用したクラス側**になります*。

＊C# 8.0では、インターフェイスの機能が拡張され、メソッドの実装（デフォルト実装）を含めることができるようになっています。

インターフェイスを定義するには、**interfaceキーワード**を使います。インターフェイスとはどんなものか、言葉で説明するより、コードを見た方が早いでしょう。

インターフェイスの定義は以下のようになります。

リスト14-18 インターフェイスの定義

```
interface IVirtualPet   ◀interfaceキーワードでインターフェイスを定義
{
    string Name { get; }   ◀getだけを定義
```

```
    int Mood { get; set; }
    int Energy { get; set; }
    void Eat();
    void Play();
    void Sleep();
}
```

これが、IVirtualPetインターフェイスの定義です。書かれているのは、本当にクラスの構成要素の名前、型、引数などの情報だけですね。

定義はクラスに似ていますが、classキーワードの代わりにinterfaceキーワードを使っています。インターフェイスの名前はクラスの名前と同様にプログラマーが自由に決めることができます。ただし、それが**インターフェイスであることがわかるように、名前を大文字のIで始めるのが一般的**です。

この定義からわかることは、IVirtualPetインターフェイスは、

- **Name**という読み込みができるプロパティがある
- **Mood**、**Energy**という読み書きができるプロパティがある
- **Eat**、**Play**、**Sleep**という、引数と戻り値のないメソッドがある*

*引数や戻り値のあるメソッドの場合は、通常のメソッドと同様、「*戻り値の型 メソッド名(引数リスト)*」といった書式になります。

ということです。

クラスと大きく違うところは、publicやprivateというキーワードを使わない点と、メソッドの中身（{}ブロック）は記述しないという点です。なお、**フィールド**（⇒p.292）**は実装の一部ですからインターフェイスでは定義することはできません。**

14

14-5-2 インターフェイスから具体的なクラスを実装する

インターフェイスを定義したら、次に行うことは、この**IVirtualPetインターフェイスから具体的なクラスを定義すること**です。これを**インターフェイスを実装する**と言います。便宜的に「インターフェイスを継承する」と言うこともあります。

IVirtualPetインターフェイスから、具体的なクラスであるSleepyPetクラスを定義してみましょう。

リスト14-19 インターフェイスからクラスを実装する(1)

```
class SleepyPet : IVirtualPet    ◀IVirtualPetインターフェイスを実装したクラスを定義
{
    public string Name { get; private set; }    ◀setはprivateに
```

```
    public int Mood { get; set; }
    public int Energy { get; set; }

    public SleepyPet(string name)
    {
        Name = name;
        Mood = 5;
        Energy = 100;
    }

    public void Eat()  ←インターフェイスを実装する場合は、overrideキーワードは不要
    {
        Mood -= 1;
        Energy += 5;
        Console.WriteLine("SleepyPet.Eatメソッドが実行されました");
    }

    public void Play()
    {
        Mood -= 1;
        Energy -= 10;
        Console.WriteLine("SleepyPet.Playメソッドが実行されました");
    }

    public void Sleep()
    {
        Mood += 2;
        Energy += 2;
        Console.WriteLine("SleepyPet.Sleepメソッドが実行されました");
    }
}
```

書き方は継承とほとんど同じです。**クラス名の後ろにコロン(:)を書き、それに続けてインターフェイスの名前を書きます**。

これにより、SleepyPetクラスは、**IVirtualPetインターフェイスに定義してあるプロパティとメソッドを必ず実装しなくてはならなくなります**。ですから、Sleepメソッドだけ定義しないといったことはできませんし、Eatメソッドに勝手に引数を持たせるといったこともできなくなります。

また、**インターフェイスで定義したプロパティとメソッドは必ずpublicにする必要があります**。EatメソッドやMoodプロパティをprivateにすることはできません。

IVirtualPetインターフェイスでは、Nameプロパティは、getだけを定義してい

ます (⇒p.296)。

```
string Name { get; }
```

これは、実装するクラスでは、getは必ず公開する必要があることを示しています。言い換えると、外部に公開するインターフェイスとしては、setはなくてもかまわないということです。

SleepyPetクラスでは、

```
public string Name { get; private set; }
```

として、getはインターフェイスの要求どおりに公開しています。Nameへの値の設定は、コンストラクターの中で初期値を設定するときだけですから、setはprivateを指定して非公開にしています。

もし、インターフェイスで、

```
string Name { get; set; }
```

と定義した場合は、読み取り、書き込みともに公開する必要がでてきますから、継承したクラスでは、次のような定義ができなくなります。

```
public string Name { get; private set; }
```


FoodiePetクラスとCheerfulPetクラスも、同様にIVirtualPetインターフェイスを使って定義します。

リスト14-20
インターフェイスからクラスを実装する(2)

```
class FoodiePet : IVirtualPet
{
    public string Name { get; private set; }
    public int Mood { get; set; }
    public int Energy { get; set; }

    public FoodiePet(string name)
    {
        Name = name;
        Mood = 5;
        Energy = 100;
```

```
    }

    public void Eat()
    {
        Mood += 3;
        Energy += 5;
        Console.WriteLine("FoodiePet.Eatメソッドが実行されました");
    }

    public void Play()
    {
        Mood -= 1;
        Energy -= 10;
        Console.WriteLine("FoodiePet.Playメソッドが実行されました");
    }

    public void Sleep()
    {
        Mood -= 1;
        Energy += 2;
        Console.WriteLine("FoodiePet.Sleepメソッドが実行されました");
    }
}

class CheerfulPet : IVirtualPet
{
    public string Name { get; private set; }
    public int Mood { get; set; }
    public int Energy { get; set; }

    public CheerfulPet(string name)
    {
        Name = name;
        Mood = 5;
        Energy = 100;
    }

    public  void Eat()
    {
        Mood += 0;
        Energy += 5;
        Console.WriteLine("CheerfulPet.Eatメソッドが実行されました");
    }
```

```
    public  void Play()
    {
        Mood += 3;
        Energy -= 10;
        Console.WriteLine("CheerfulPet.Playメソッドが実行されました");
    }

    public  void Sleep()
    {
        Mood -= 1;
        Energy += 2;
        Console.WriteLine("CheerfulPet.Sleepメソッドが実行されました");
    }
}
```

14-5-3 インターフェイスを使ったポリモーフィズム

ここまで来れば、インターフェイスを使ったポリモーフィズムを使う準備が整ったことになります。これで**すべての種類のペットをIVirtualPetと見なして処理ができます**。

やり方は、継承を使ったポリモーフィズムと同じです。

リスト14-21 インターフェイスを使ったポリモーフィズム

```
var pets = new List<IVirtualPet>();   ← petsは、IVirtualPet型のリスト
var pet1 = new FoodiePet("エイミー");
var pet2 = new CheerfulPet("クー");
var pet3 = new SleepyPet("ライアン");
pets.Add(pet1);
pets.Add(pet2);
pets.Add(pet3);

foreach (var pet in pets)   ← petsはList<IVirtualPet>型なので、petはIVirtualPet型の変数
{
    pet.Eat();
    pet.Play();
    Console.WriteLine($"{pet.Name} 機嫌:{pet.Mood}
                                        ↳エネルギー:{pet.Energy}");
}
```

＊インターフェイスも「型」と言います。

pets変数は、IVirtualPet型＊を保持できるListクラスです。このListクラスに3匹のペットのインスタンスを追加し、foreach文を使ってEatメソッドとPlayメソッドを呼び出しています。

foreach内のpet変数は、IVirtualPet型ですので、すべてのペットをIVirtualPet型と同一視することで、コードを統一しているのです。もし、新たな種類のペットが増えたとしても、foreachの中を変更する必要はありません。

結果は以下のとおりです。

実行結果

```
FoodiePet.Eatメソッドが実行されました
FoodiePet.Playメソッドが実行されました
エイミー 機嫌:7 エネルギー:95
CheerfulPet.Eatメソッドが実行されました
CheerfulPet.Playメソッドが実行されました
クー 機嫌:8 エネルギー:95
SleepyPet.Eatメソッドが実行されました
SleepyPet.Playメソッドが実行されました
ライアン 機嫌:3 エネルギー:95
```

確かに、継承のときと同様に、実際のオブジェクトの型に定義されているメソッドが呼び出されているのが確認できます。また、プロパティについても、実際のオブジェクトの型のプロパティの値が取得できています。

Q & A 継承とインターフェイスを使う方法は、どこに違いがある？

Q クラスを継承する方法とインターフェイスを使う方法は似ているようですが、どこに違いがありますか？

A インターフェイスを使ったクラスの実装は継承ととても似ていますが、違いがあります。

継承では基底クラスは1つしか指定することができませんが、インターフェイスを継承する場合は、複数のインターフェイスを指定することができます。

たとえば、List<T>クラスも、実はIList、ICollectionなどの複数のインターフェイスを実装しています。

また、継承とインターフェイスを以下のように組み合わせることも可能です。

```
class SampleClass : BaseClass, ICommand, IWritable
{
    ⋮
}
```

上のようなクラスがあった場合は、SampleClassのインスタンスは、BaseClass型と見なすこともできますし、ICommand型と見なすこともできます。また、IWritable型と見なすこともできます。**時と場合によって色々な顔を持つクラス**と言えます。

もちろん、SampleClassでは、ICommandとIWritableで定義してあるプロパティとメソッドをすべて実装する必要があります。もし、BaseClassに、abstractメソッド（抽象メソッド）があれば、そのメソッドも実装しなければならないことになります。

確認・応用問題

Q1 **1.** 継承版のFoodiePetクラス、CheerfulPetクラス、SleepyPetクラスのEnergyプロパティは、どの種類のクラスでも同じように変化しますが、この変化をそれぞれの種類ごとに異なるようにしてください。どのように変化するかは自由に決めてかまいません。

2. 上の**1**の変更後、リスト14-11、リスト14-12のコードを実行し、Energyプロパティの値がどう変化するかを確認してください。

Q2 **1.** インターフェイス版のFoodiePetクラス、CheerfulPetクラス、SleepyPetクラスにRest（休憩する）というメソッドを追加してください。それぞれのクラスで、MoodとEnergyの値をどう変化させるかは各自考えてください。

2. リスト14-21で、Restメソッドも呼び出すようにして、結果がどうなるか確認してください。

Q3 p.376のリスト13-17で示したEmployeeクラスでは、ToStringメソッドをoverrideしていました。つまり、このToStringメソッドもポリモーフィズムが利用できるということです。

1. Personクラスと、Employeeクラスのオブジェクトをobject型の変数に格納し、ToStringメソッドを呼ぶとどうなるかを確かめてください。

2. PersonクラスとEmployeeクラスのオブジェクトをそのままConsole.WriteLineの引数に渡した場合、どのような結果になるか確認してください。

第15章

エラーへの対応

プログラムを実行していると、予期しない事態に遭って処理を続けられない状況に陥ることがあります。
たとえば、ユーザー入力などで想定していない値を受け取ってしまった場合や、存在しないファイルを読み込もうとした場合などです。このような状況に対応しないとプログラムは異常終了してしまいます。
最後に、こうした場合の対応に必要なC#の基本的な文法について学びましょう。

15-1 例外とは？

例外とは、**プログラムの実行中に発生する、処理を継続することができないエラーのこと**です。例外には以下のようなものがあります。

- ユーザー入力などで想定していない値を受け取ってしまった
- 0で割り算をした
- 存在しないファイルを読み込もうとした
- ハードウェアやネットワークの障害が発生した

p.95の「3-5-2：文字列を数値型に変換する」の最後で取り上げたエラーは、上記の1番目の例外に該当します。

このような例外に適切に対応するコードを書いていないと、プログラムは実行を中断し異常終了してしまいます。これを**回避するには、例外が発生した場合の対応方法をあらかじめコードとして記述する必要があります**。この対応を**例外処理**と言います。**例外処理を書くことで、適切なメッセージを表示したり、再度実行して処理を回復させることが可能になります**。

実行中に発生する例外とはどういうものかを実感してもらうために、まずは例外が発生するプログラムを書いてみましょう。

リスト15-1 例外が発生するプログラム

```
class Program
{
    static void Main()
    {
        var total = 1000;
        var line = Console.ReadLine();
        var count = int.Parse(line);   // 数値文字列ではないと例外が発生。int.Parseについてはp.96参照
        var ans = total / count;   // countが0だと例外が発生
        Console.WriteLine(ans);
        Console.WriteLine("正常終了");
    }
```

```
}
```

このプログラムを実行し、0を入力すると、total / countの計算時に例外が発生し、以下のようなメッセージが画面に表示されます。例外が発生した時点でプログラムが途中で終了してしまいますので、"正常終了"の文字は表示されません。

実行結果
例外時のメッセージ(1)

```
ハンドルされていない例外: System.DivideByZeroException: 0 で除算しようとしました。
```

また、数字ではなくアルファベットや記号を入力した場合は、int.Parse(line)の処理で例外が発生し、以下のようなメッセージが画面に表示されます。

実行結果
例外時のメッセージ(2)

```
ハンドルされていない例外: System.FormatException: 入力文字列の形式が正しくありません。
```

本書では扱いませんが、ファイルを読み込んでいる最中に例外が発生したり、ネットワークにアクセスしている際に例外が発生したりする場合もあります。

しかし、上記のような例外のメッセージはわかりにくく、プログラムの内部を知らない一般のユーザーは理解できません。そのような**ユーザーには理解できないメッセージが表示され、プログラムが途中で終了してしまうようでは、品質の良いプログラムとは言えません**。そのため、このような例外にうまく対応することが必要になってきます。

15-2 例外をキャッチする

C#では、**tryキーワード**と**catchキーワード**を使い、**例外処理を記述します**。これを**try-catch構文**と言います。最も基本的な例外処理のコードの書き方を以下に示します。

書式 15-1
try-catch構文

```
try        ◀tryブロックの中が、例外発生の監視対象となる        tryブロック
{
    ⋮ ◀ここで何らかの処理をする
}
catch      ◀例外をキャッチする                                catchブロック
{
    ⋮ ◀例外をキャッチしたときの処理を書く
}
```

例外が発生したかどうかを監視したい場合は、監視対象にするコードをtryブロック内に記述します。

このtryブロック内で何らかの例外が発生すると、その時点で処理はcatchブロックに移動し、catchブッロクに書かれたコードを実行します。例外が発生しなかった場合は、catchブロックは実行されません。

catchブロックで発生した例外を捕まえることを「例外をキャッチする」あるいは「例外を捕捉する」と言います。本書では「キャッチ」を用いています。**例外がキャッチされると例外は処理済みとなり、前述のような例外メッセージが表示されなくなります**。

それでは、try-catch構文を使ってリスト15-1のコードに例外処理を組み込んでみましょう。

リスト 15-2
例外をキャッチする

```
class Program
{
```

```
    static void Main()
    {
        try
        {
            var total = 1000;
            var line = Console.ReadLine();
            var count = int.Parse(line);
            var ans = total / count;
            Console.WriteLine(ans);
            Console.WriteLine("正常終了");
        }
        catch
        {
            Console.WriteLine("入力した値が正しくありません");
        }
    }
}
```

例外が発生した場合は、それ以降の処理はキャンセルされますので、ans変数の値や"正常終了"という文字列が出力されることはありません。たとえば、ユーザーが"$100"などと入力した場合は、int.Parseメソッドを呼び出したところで例外が発生します。例外が発生すると、処理はcatchブロックに移り、以下のメッセージを表示し、プログラムは終了します。

実行結果 **例外の代わりのメッセージ例**

```
入力した値が正しくありません
```


また、0やアルファベットを入力しても、例外メッセージは表示されずに、上のメッセージが表示されるようになります。

ただ、実際のプログラムでは、正しい値が入力されるまで繰り返すなどする必要があります*。本来ならば、int.Parseメソッドを呼び出す代わりに、int.TryParseメソッドを利用し、例外を発生させなくする方が良い(⇒p.428)のですが、ここでは例外処理のわかりやすい例として取り上げています。

*本章の最後の「確認・応用問題」で扱っていますので、ぜひチャレンジしてみてください。

それでは、**tryブロックの中で自分で定義したメソッドを呼び出した場合**はどうなるでしょうか?

たとえば、以下のように、DoSomethingメソッドを呼び出したとします。DoSomethingメソッドの中で**try-catch構文による例外処理を行っていない場合**、このDoSomethingメソッドの中で例外が発生すると、**呼び出し元のcatchブロックに処理が移ります**。

リスト15-3 上位の呼び出し元でtry-catch構文を使う

```
try
{
    DoSomething();   // DoSomethingメソッド内で例外が発生するとcatchブロックが実行される
}
catch
{
    Console.WriteLine("エラーが発生しました");
}
```

実際のプログラムでは、メソッドから別のメソッドを呼び出し、その中でまた別のメソッドを呼び出すということもあります。上記のように上位の個所でtry-catch構文を用いることで、そのように深い階層で発生した例外もキャッチすることができます。

もちろん、以下のようにDoSomethingメソッドの中で例外を処理した場合には、呼び出し元でtry-catch構文を用いても例外をキャッチすることはできません。

```
void DoSomething()
{
    try
    {
        何らかの処理
    }
    catch
    {
        例外発生時の処理   // 例外の対応は済んでいるので呼び出し元では例外はキャッチできない
    }
}
```

15-2-1 例外には種類がある

C#では、**例外はクラスとして表されます**。.NETには、例外が発生する原因によっていくつもの例外クラスが定義されています。これらの例外は、すべてSystem.Exceptionクラスから派生しています。以下の表15-1に、.NETに定義済みの例外を5つほど示します。

表15-1
.NETに定義されている例外の一部

例外クラス	例外の意味
System.DivideByZeroException	0で除算した
System.FormatException	引数で渡した文字列の形式がメソッドの要求する形式どおりではない
System.IndexOutOfRangeException	配列のインデックスが有効範囲外である
System.IO.FileNotFoundException	指定したファイルが存在しない
System.IO.DirectoryNotFoundException	指定したディレクトリが存在しない

表15-1を見てわかるように、例外クラスの名前はすべてExceptionで終わっています。これにより、それが例外クラスであることがわかるようになっています。

例外が発生すると、その種類に応じたクラスのオブジェクトが生成されます。これを**例外オブジェクト**と言います。

15-2-2 例外の種類を指定して例外をキャッチする

発生した例外の種類によって処理を分けたい場合もあります。リスト15-2で示したコードでは、例外をキャッチすることはできましたが、どのような例外が発生したのかわかりません。例外をキャッチするときに例外クラスを指定することで、例外の種類ごとに処理を分けることが可能になります。

リスト15-4
例外の種類を指定して例外をキャッチする（1）

```
try
{
    var total = 1000;
    var line = Console.ReadLine();
    var count = int.Parse(line);
    var ans = total / count;
    Console.WriteLine(ans);
    Console.WriteLine("正常終了");
}
catch (System.DivideByZeroException)   ◀ DivideByZeroException例外をキャッチする
{
    Console.WriteLine("ゼロは入力できません");
}
catch (System.FormatException)   ◀ FormatException例外をキャッチする
{
    Console.WriteLine("数値を入力してください");
}
```

15

例外クラスを指定した上のコードでは、キャッチするのは指定した2種類の例外だけです。そのため、DivideByZeroExceptionやFormatException以外の例外が発生した場合には、例外をキャッチすることはできません。

指定した例外以外もキャッチしたい場合には、最後にcatch (System.Exception) {……}のブロックを書きます。こうすれば、DivideByZeroExceptionとFormatException以外の例外もすべてキャッチすることができます。

リスト15-5 例外の種類を指定して例外をキャッチする(2)

```
try
{
    var total = 1000;
    var line = Console.ReadLine();
    var count = int.Parse(line);
    var ans = total / count;
    Console.WriteLine(ans);
    Console.WriteLine("正常終了");
}
catch (System.DivideByZeroException)
{
    Console.WriteLine("ゼロは入力できません");
}
catch (System.FormatException)
{
    Console.WriteLine("数値を入力してください");
}
catch (System.Exception)
{
    Console.WriteLine("予期しないエラーが発生しました");
}
```

上記のコードのように、複数の例外を指定してキャッチする場合は、その順番が重要になる場合があります。たとえば、以下のリスト15-6のように書くと、正しくDivideByZeroExceptionやFormatExceptionをキャッチすることができないため、コンパイルエラーになります。

リスト15-6 コンパイルエラーになる例外処理

✖
```
try
{
    ⋮
}
catch (System.Exception)
{
```

```
    Console.WriteLine("予期しないエラーが発生しました");
}
catch (System.DivideByZeroException)
{
    Console.WriteLine("ゼロは入力できません");
}
catch (System.FormatException)
{
    Console.WriteLine("数値を入力してください");
}
```

リスト15-6がコンパイルエラーになるのは、次の理由からです。

- **System.Exception例外はすべての例外の継承元クラスである**
- **try-catch構文では、コードに書かれた順番に例外の種類をチェックしていく**

すべての例外はSystem.Exceptionクラスの派生クラスなので、System.Exceptionクラスとは必ずis a関係（⇒p.369）になります。そのため、catch (System.Exception)のブロックが先頭にあると、すべての例外がここでキャッチされてしまうのです。

つまり、

```
Console.WriteLine("ゼロは入力できません");
```

```
Console.WriteLine("数値を入力してください");
```

は、絶対に実行されることはありません。そのため、このようなコードはコンパイルエラーとなるのです。

15-2-3 例外オブジェクトにアクセスする

プログラムをデバッグしているときは、例外が発生した際に、**例外のさらに詳しい情報を取得したい場合**があります。そのような場合は、**例外オブジェクトにアクセスすることで、詳細なエラー情報を取得できます。**

次に示すコードは、無理やり例外を発生させ、キャッチしたその例外の情報をコマンドプロンプトの画面に出力しています。Bookクラスは、リスト12-8（⇒p.337）

のものを利用しています。

なお、p.420で述べたように例外もクラスの一種ですから、usingディレクティブで名前空間を指定している場合には、その名前空間を省略できます。以下のコードは、System名前空間を指定していることを前提にしています。

リスト15-7
例外オブジェクトを参照する

```
try
{
    Book book = null;  ◀nullについてはp.324を参照
    var title = book.Title;  ◀bookはnullなので、Titleを参照できず例外が発生
    Console.WriteLine(title);
}
catch (Exception ex)
{
    Console.WriteLine($"Type: {ex.GetType().Name}");
    Console.WriteLine($"Message: {ex.Message}");
    Console.WriteLine($"TargetSite: {ex.TargetSite}");
    Console.WriteLine($"StackTrace: {ex.StackTrace}");
}
```

実行結果

```
Type: NullReferenceException
Message: オブジェクト参照がオブジェクト インスタンスに設定されていません。
TargetSite: Void Main(System.String[])
StackTrace:    場所 CsBook.Program.Main(String[] args) 場所 C:¥Users¥
gihyo¥source¥repos¥CsBook¥Chap15¥Program.cs:行 16
```

上記コードのcatch (Exception ex)の**exは、catchブロックで利用できる変数で、Exception例外オブジェクトを表しています**。このex変数（名前はプログラマーが自由に決めることができます）を通じて、例外オブジェクトが持っている情報にアクセスできます。

ex.GetType().Nameは、例外の名前を取得しているコードです。**GetTypeメソッドは型情報を取得するメソッドです。その型情報のNameプロパティを参照することで、例外の型の名前を知ることができます。**

ex.Messageは、例外の内容を示すメッセージです。ex.TargetSiteは、例外が発生したメソッド名です。

ex.StackTraceは、例外が発生したメソッドの呼び出し階層と、例外が発生した行番号を示しています。結果からは、Program.csの16行目で例外が発生したことがわかります。

このような情報は、ソースコードのどの場所でどのような例外が発生したのか、

なぜ例外が発生したのかを調べるのに役立ちます。

NullReferenceException例外に要注意！

リスト15-7のコードを実行すると、NullReferenceException例外が発生します。例外が発生する個所のコードを再度載せましょう。

```
Book book = null;
var title = book.Title;
```

このコードの2行目で例外が発生します。Book型の変数bookには参照先のないことを表すnullが代入されていますので、指し示すオブジェクトが存在しない状態です。この状態でBookクラスのプロパティを参照したり、メソッドを呼び出したりするとこの例外が発生します。「指し示しているオブジェクトがないのだから、Titleプロパティを参照することができない」ということです。

この**NullReferenceExceptionは、これからプログラミングを続けていくと必ず遭遇する例外**です。インスタンスを生成するのを忘れていたり、メソッドからの戻り値がnullである可能性があるのに、それを考慮していなかったりすると、この例外が発生しますので、ぜひ覚えておいてください。

15-3 例外を発生させる

プログラミングをしていると、**例外を自分で発生させたくなる場合**もあります。たとえば、メソッドに渡された引数に誤りがあり、そのまま処理を続けることができない場合に、例外を発生させるということがよく行われます。

ここでは、p.211リスト7-12のBmiCalculatorクラスのGetBmiメソッドを例にとり、説明しましょう。説明の都合上、引数の型をdoubleに変更しています。

```
class BmiCalculator
{
    // 身長はcm単位で、体重はkg単位で渡してもらう
    public double GetBmi(double height, double weight)
    {
        var metersTall = height / 100.0;
        var bmi = weight / (metersTall * metersTall);
        return bmi;
    }
}
```

このGetBmiメソッドを呼び出すには身長と体重を引数に渡しますが、ありえない身長や体重を渡してもBMI値を計算し、その値を返します。

そうなると、このクラスを呼び出して利用する側のプログラムにミスが潜んでいても、なかなかその間違いに気が付かない場合もあります。このようなときに、GetBmiメソッドの中で引数の値をチェックし、ありえない値が渡ってきたら例外を発生させるようにすると、プログラムの間違いにすぐに気が付くことができます。

引数に問題がある場合に例外を発生させるように変更したGetBmiメソッドを以下に示します。

リスト15-8 例外をスローする

```
// 身長はcmで、体重はkgで指定する
public double GetBmi(double height, double weight)
{
```

```
        if (height < 60.0 || 250.0 < height)
        {
            throw new ArgumentException("heightの指定に誤りがあります");
        }
        if (weight < 10.0 || 200.0 < weight)
        {
            throw new ArgumentException("weightの指定に誤りがあります");

        }
        var metersTall = height / 100.0;
        var bmi = weight / (metersTall * metersTall);
        return bmi;
    }
```

例外をスローする

例外をスローする

throwキーワードの行が例外を意図的に発生させている部分です。**throwキーワードに続けて例外オブジェクトを指定**します。**通常のクラスと同様、new演算子を使い例外オブジェクトを生成させます**。

この例外を発生させることを「例外を投げる」、「例外をスローする」と言います。言葉のとおり、例外を投げて、例外をキャッチするわけです。

例外をスローすると、その時点でそのメソッドの処理は中断されます。呼び出し元でtry-catchで例外処理を書いていれば、例外がキャッチされます。

この例では、System名前空間に定義されているArgumentException例外オブジェクトを生成しています。この例外は、メソッドに渡された引数が無効な場合にスローされる例外です。ArgumentExceptionクラスのコンストラクターの引数として与えられた文字列は、例外オブジェクトのMessageプロパティに設定されます。

Messageプロパティは、Exceptionクラス（すべての例外クラスの基底クラス）に定義されたプロパティです。そのため、派生クラスである他の例外クラスにも、すべてMessageプロパティが存在します。

このような引数をチェックするコードを書いておけば、呼び出し側のコードの間違いで想定外の引数を渡されてもすぐに気が付くことができます。

それでは、GetBmiメソッドを呼び出し、例外を発生させてみましょう。本来ならばセンチメートル単位で身長を指定しないといけないところを、引数heightにメートル単位の値を指定してGetBmiを呼び出している例です。

リスト15-9
スローした例外をキャッチする

```
try
{
    var bc = new BmiCalculator();
    var bmi = bc.GetBmi(1.57, 49.5);
```

```
    Console.WriteLine(bmi);
}
catch (ArgumentException ex)  ArgumentExceptionだけをキャッチする
{
    Console.WriteLine(ex.Message);
}
```

実行結果

```
heightの指定に誤りがあります
```

More Information

文字列を数値に変換する際に例外を出さないもうひとつの方法

int.Parseメソッド（⇒p.96）を使い文字列をint型に変換する場合、以下のように文字列に数字以外の文字が入っていると、例外が発生してしまいます（⇒p.97、p.419）。

```
var num = int.Parse("12p");  lineが数値文字列以外なら例外発生
```

実際のプログラムではどんな文字列が入力されるかわかりませんから、これでは使い物になりません。これを回避するには本章で説明した例外をキャッチする方法のほかに、もうひとつ別の方法があります。

それは、int.Parseメソッドではなく、**int.TryParseメソッドを使う**というやり方です。両者とも文字列をint型に変換する機能を持っていますが、**文字列を数値に変換できない場合、int.Parseメソッドは例外を発生させるのに対して、int.TryParseメソッドはbool型のfalseを返すという違い**があります。int.TryParseを使えば、**例外という大ごとにならずに、文字列を数値に変換できたかどうかを確認することができます。**

int.TryParseを使ったコード例を以下に示します。

リスト15-10 int.TryParseで文字列をintに変換する

```
var line = Console.ReadLine();
if (int.TryParse(line, out var num))
{
    ⋮  numには、変換された整数が入っている。numを使った処理をここに書く
}
```

int.TryParseでは、第1引数に渡した引数（文字列）をint型に変換し、変換が成功したかどうか

が結果(bool型)として返ってきます。変換に成功した場合は、2番目の引数numに変換した結果が入ります。2番目の引数にはoutキーワードを指定する必要があります。outキーワードはメソッドの戻り値としてではなく、引数で値を返してもらうという指定です。varは変数宣言のvarです。

TryParseメソッドは、int型だけではなくdouble型、decimal型などでも利用できます。文字列をdouble型に変換したい場合にはdouble.TryParseを、decimalに変換したい場合には、decimal.TryParseを使います。

このTryParseメソッドとwhile文を使えば、以下のように正しい数値が入力されるまで、入力を繰り返すことができます。

リスト15-11 TryParseメソッドによる文字列から数値への変換

```
static void Main()
{
    var price = GetPrice();
    var discount = (int)(price * 0.01);
    Console.WriteLine($"割引額{discount}円");
}

private static int GetPrice()
{
    while (true)  ◀returnで脱出するまで繰り返す
    {
        Console.WriteLine("金額を入力してください。");
        var line = Console.ReadLine();
        if (int.TryParse(line, out var num))  ◀TryParseを使うと例外が発生しない
        {
            // 変換に成功。変換した値は変数numに格納される
            return num;  ◀メソッドから脱出
        }
        // 変換に失敗。再度繰り返す
        Console.WriteLine("入力に誤りがあります。");
    }
}
```

実行例

```
金額を入力してください。
128-⏎
入力に誤りがあります。
金額を入力してください。
1280⏎
割引額12円
```

上のコードは、正しい数値が入力されるまで入力を繰り返すという煩わしいコードを、GetPrice

メソッドの中に閉じ込めています。こうすることで、Mainメソッドでは、「金額を入力し、割引額を計算し、その結果を表示する」という基本的な処理だけを書けばよいことになります。これはメソッドを定義する大きな利点のひとつですね。

なお、本書はC#の文法と書き方の基本を説明する本です。そのため、このコラム以外のコードでは、TryParseではなく、コードが単純になるParseを使っています。実際のプログラムでは、以下のような指針で使い分けてください。

[ParseとTryParseの使い分け]

- **数値文字列が入っていることが確実な場合は、Parseメソッドを使う**
- **数値以外の文字列が入っている可能性がある場合は、TryParseメソッドを使う**

15-4 後始末が必要な場合の「後処理」

プログラムでは、**ある処理をしたら必ずその後始末（後処理）をしなければならない場合**があります。

たとえば、ファイルに保存されているデータを読むには、以下のような手順でデータを取得するのが一般的です。

1. ファイルを開く
2. ファイルからデータを取得する
3. ファイルを閉じる

あなたがExcelやWordでファイルを開いていたら最後は必ず閉じるように、「3.ファイルを閉じる」の処理は必ず行わなくてはなりません。

ここでは、.NETが提供するSystem.IO.StreamReaderというクラスを例に、具体的にどのようなコードになるか見てみましょう。次に示すのは、テキストファイルを開き、その内容を1行ずつ読んでは表示していくプログラムです*。

*「9-5：Fileクラスを使ってみる」で示したFileクラスを利用したファイルの読み書きでは、ファイルを開く、ファイルを閉じるという処理は、WriteAllLines、ReadAllLinesメソッド内で行われています。

リスト15-12 後処理が万全ではないコード

```
using System;
using System.IO;

namespace Example
{
    class Program
    {
        static void Main(string[] args)
        {
            try
            {
                ReadSample();
            }
            catch
            {
```

```
                Console.WriteLine("ReadSampleでエラーが発生");
            }
        }

        private static void ReadSample()
        {
            var file = new StreamReader("C:¥temp¥test.txt");
            while (file.EndOfStream == false)
            {
                var line = file.ReadLine();
                Console.WriteLine(line);
            }
            file.Dispose();
        }
    }
}
```

ファイルを読み込む準備

StreamReaderの後処理。この後処理は実行されない可能性がある

このプログラムのReadSampleメソッドの中を順番に見ていきましょう。まず

```
var file = new StreamReader("test.txt");
```

で、StreamReaderクラスのインスタンスを生成しています。StreamReaderは、.NETに用意されているファイルを読むための専用のクラスです。インスタンスを生成すると同時に、引数で与えたtest.txtというファイルを開いています。

次のwhile文で、ファイルを最後まで読み込むまで処理を繰り返しています。ファイルの最後まで読み込むと、EndOfStreamプロパティがtrueになり、whileブロックの繰り返しが終了します。

```
while (file.EndOfStream == false)
{
    ⋮
}
```

whileブロックの中では、ファイルを1行ずつ読み込んで、入力した内容をコマンドプロンプトの画面に出力しています。

```
var line = file.ReadLine();
Console.WriteLine(line);
```

ReadLineメソッドが、ファイルから1行読み込むメソッドです。読み込んだ1行が返ってきますので、それをline変数に格納しています。このlineをConsole.WriteLineでコマンドプロンプトの画面に出力しています。

while文から抜けると(つまり、ファイルを最後まで読み終わったら)、Disposeメソッドでファイルを閉じます。これが後処理です。

```
file.Dispose();
```

常に処理が正常に終了すればこれで問題はないのですが、このwhile文の中で例外が発生した場合は、例外が発生した時点で処理が中断してしまいます(上位のメソッドでその例外をキャッチしていれば、そのcatchブロックに処理が移動します)。つまり、ファイルを閉じずにこのメソッドから抜けてしまう状態になるということです。

15-4-1 try-finallyによる後処理

例外が発生した場合であっても後処理を確実に行う方法があります。それが**try-finally構文**です。

try-finally構文の書式は以下のとおりです。

書式15-2
try-finally構文

```
try                                  tryブロック
{
    ⋮  ここで何らかの処理をする
}
finally                              finallyブロック
{
    ⋮  最後に実行するコード
}
```


リスト15-12のような場合、この構文を使うと確実にファイルを閉じることができます。リスト15-12をtry-finally構文を使って書き直したのが、次のコードになります。

リスト15-13
try-finallyによる後処理

```
static void Main(string[] args)
{
    try
    {
        ReadSample();
    }
    catch
    {
        Console.WriteLine("ReadSampleでエラーが発生");
    }
}

private static void ReadSample()
{
    var file = new StreamReader("C:¥temp¥test.txt");
    try
    {
        while (file.EndOfStream == false)
        {
            var line = file.ReadLine();
            Console.WriteLine(line);
        }
    }
    finally
    {
        file.Dispose();  ◀必ずDisposeメソッドが最後に呼ばれる
    }
}
```

try-finally構文を使うと、tryブロックがどのように終了したかにかかわらず(正常に終了した場合も例外が発生した場合も)、finallyブロックに書かれた処理は最後に必ず実行されます。

ReadSampleメソッドのtryブロック内で例外が発生した場合は、finallyブロックが実行されたあとに、Mainメソッドのcatchブロックに処理が移ります。

finallyブロックは必ず実行されるわけですから、次のように途中でreturn文が実行されメソッドから抜けるときも、file.Disposeメソッドが呼び出されることになります。

リスト15-14
try-finallyによる後処理(return文あり)

```
private static void ReadSample()
{
    var file = new StreamReader("C:¥temp¥test.txt");
```

```
        try
        {
            while (file.EndOfStream == false)
            {
                var line = file.ReadLine();
                if (line == "")
                {
                    return;  ◀途中でメソッドから抜け出す
                }
                Console.WriteLine(line);
            }
        }
        finally  ◀tryブロック内でreturn文が実行されても、このブロックは実行される
        {
            file.Dispose();
        }
    }
```

以下のようにtry-finally構文を使わず途中でreturn文を書いてしまうと、例外が発生しなくてもファイルが閉じられない可能性があります。

リスト15-15 後処理が正しく行われないコード

```
✕ private static void ReadSample()
{
    var file = new StreamReader("C:¥temp¥test.txt");
    while (file.EndOfStream == false)
    {
        var line = file.ReadLine();
        if (line == "")
        {
            return;  ◀return文が実行されると途中でメソッドから抜け出す
        }
        Console.WriteLine(line);
    }
    file.Dispose();  ◀Disposeメソッドが呼ばれない場合がある
}
```

上のコードでは、途中でreturn文が実行されると、その場で処理がメソッドの呼び出し元に戻ってしまいます。最後の行でDisposeメソッドを呼び出しているから大丈夫と安心していると、思わぬ問題が起こる危険があるのです。

Q & A Fileクラスと StreamReaderクラスの使い分けはどうすれば良い?

Q **File**クラスの**ReadAllLines**メソッド(⇒第9章)と**StreamReader**クラスのどちらを使ってもテキストファイルを読み込めるようですが、どちらを利用すれば良いのですか?

A try-finally文による後処理を説明するためにStreamReaderクラスを題材にしましたが、**通常は、FileクラスのReadAllLinesメソッドを利用すれば良い**でしょう。コードも簡潔に書くことができます。
ただし、ReadAllLinesメソッドは、すべての行を配列に読み込んでからでないと、次の処理をすることができません。巨大なファイルを1行ずつ読み込みながら処理をしたい場合や、ファイルの先頭数行だけを読み込みたいといった場合には、ReadAllLinesメソッドの利用は適切とは言えません。StreamReaderを使えば、このような問題に対応することが可能です。用途によって使い分けが必要になります。
なお、Fileクラスは入力をファイルに限定していますが、StreamReaderクラスは、ネットワークやメモリからデータを読み取る際にも利用することができます。このことを知っていると、後々役に立つ場面があるかもしれません。

15-4-2 IDisposableインターフェイスとDisposeメソッド

.NETには、以下のようなIDisposableというインターフェイスが定義されています。

```
public interface IDisposable
{
    Dispose();
}
```

IDisposableインターフェイスは後処理が必要なことを示すインターフェイスで、Disposeという、オブジェクトの後処理をするためのメソッドが定義されています。後処理が必要な.NETのクラスは、必ずIDisposableインターフェイスを実装しています。つまり、IDisposableインターフェイスを実装しているクラスは、Disposeメソッドで後処理を行うことが求められています。これにより、後処理の方法が統一されています（⇒p.439）。

逆に言えば、Disposeメソッド呼び出しによる後処理が必要かどうかは、そのクラスがIDisposableインターフェイスを実装しているかどうかで判断することができるということになります。

先ほどのStreamReaderクラスもIDisposableインターフェイスを実装しています。そのため、Disposeメソッドで、後処理（ファイルを閉じる）を行うようになっています（⇒リスト15-14）。

More Information

IDisposableインターフェイスを実装しているか確認する

StreamReaderクラスを例にとり、Visual Studioを使い、IDisposableインターフェイスを実装しているかどうかを調べる方法を以下に示します。

1. StreamReaderのインスタンスを生成している行のクラス名のところにカーソルを移動します（⇒図15-1）。

図15-1 StreamReaderクラスの名前にカーソルを移動

```
private static void ReadSample()
{
    using (var file = new StreamReader(@"test.txt"))
    {
        while (file.EndOfStream == false)
        {
            var line = file.ReadLine();
```

2. F12キーを押すと、StreamReaderクラスの定義に移動します（⇒図15-2）。

図15-2 StreamReaderクラスの定義に移動

```
Program.cs                                        StreamReader [メタデータから]
mscorlib        System.IO.StreamReader        Null
1   アセンブリ mscorlib, Version=4.0.0.0, Culture=neutral, PublicKeyToken=b77a5c561934e089
4
5   using ...
9
10  namespace System.IO
11  {
12      ...public class StreamReader : TextReader
18      {
19          ...public static readonly StreamReader Null;
23
24          ...public StreamReader(Stream stream);
39          ...public StreamReader(string path);
63          ...public StreamReader(Stream stream, bool detectEncodingFromByteOrderMarks);
81          ...public StreamReader(Stream stream, Encoding encoding);
99          ...public StreamReader(string path, bool detectEncodingFromByteOrderMarks);
126         ...public StreamReader(string path, Encoding encoding);
```

15

3. StreamReaderクラスは、TextReaderクラスを継承していることがわかります。

4. TextReaderにカーソルを移動し、F12キーを押します。

5. TextReaderクラスの定義が表示されるので、IDisposableを実装していることがわかります（⇒図15-3）。

図15-3 IDisposableの実装を確認

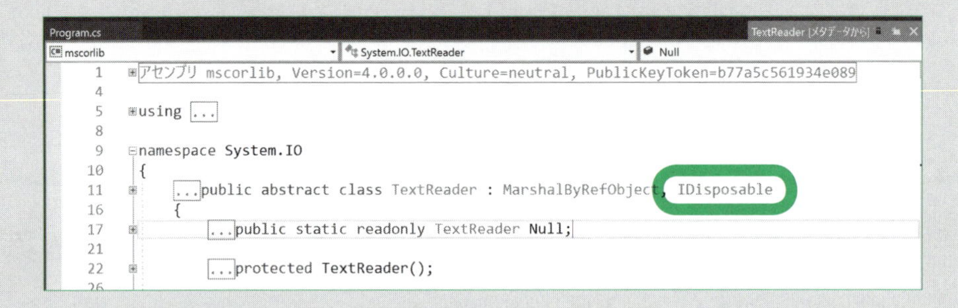

あるいは、Visual Studioで以下の操作をしても確認することができます。

1. 該当するクラスのインスタンスを保持している変数名に続けてドット（.）をタイプします。

2. メソッド、プロパティの一覧が表示されるので、その中にDisposeメソッドがあるかどうかを確認します（⇒図15-4）。

図15-4 メソッド、プロパティの一覧からDisposeメソッドを確認

```
private static void ReadSample()
{
    using (var file = new StreamReader(@"test.txt"))
    {
        while (file.EndOfStream == false)
        {
            var line = file.
```

BaseStream
Close
CreateObjRef
CurrentEncoding
DiscardBufferedData
Dispose
EndOfStream
Equals
GetHashCode

void TextReader.Dispose()
この TextReader オブジェクトによって使用されているすべてのリソースを解放します。

15-4-3 usingによる後処理

先ほどはtry-finally構文を紹介しましたが、**IDisposableインターフェイスを実装しているクラスを利用する場合は**、実はこの**try-finally構文よりも簡単な構文が用意されています**。それが**using文**です（「1-4：usingディレクティブを使って簡略化」で紹介した**usingディレクティブとは違うものです**）。

以下が、using文を使ったコードの基本形です。

リスト15-16
using文

```
using (var obj = new SampleClass())
{
    ⋮   objを利用するコード
}
```

usingに続く()の中でインスタンスの生成をします。ここで生成したインスタンスが後処理の対象になります。どこにもDisposeメソッドの呼び出しが記述されていませんが、usingの{}ブロックから抜けるときに、**自動的にDisposeメソッドが呼ばれ、オブジェクトの後処理が行われます**。

C#のコンパイラーは、using文に出会うとtry-finally構文を使った以下のコードを自動的に生成します。finallyブロックには、Disposeメソッドを呼び出すコードが生成されます。

```
var obj = new SampleClass();
try
{
    ⋮   objを利用するコード
}
finally
{
   obj.Dispose();
}
```

つまり、**using文を使ったコードとtry-finally構文を使ったコードは実質的に同じコード**ということになります。

リスト15-13のReadSampleメソッドを、using文を使って書き換えたコードを以下に示します。

リスト15-17 using文による後処理

```
private static void ReadSample()
{
    using (var file = new StreamReader("C:¥temp¥test.txt"))
    {
        while (file.EndOfStream == false)
        {
            var line = file.ReadLine();
            Console.WriteLine(line);
        }
    } ◀ Disposeメソッドが書かれていないが、最後にfile.Disposeが呼ばれる
}
```

なお、using文を使えるのは、上でも触れたように、IDisposableインターフェイスを実装しているクラスのインスタンスを生成するときだけです。IDisposableインターフェイスを実装していないクラスではusing文を使うことはできません。

.NETには、IDisposableインターフェイスを実装したクラスが多数あります。これらのクラスを使うときには、using文を使い、確実に後処理するようにしてください。

確認・応用問題

Q1 **1.** 5個の要素を持った配列を用意し、その配列の範囲外を参照すると例外が発生することを確認してください。

2. その例外メッセージから発生した例外のクラス名を調べてください。

3. 上記の例外をキャッチし、例外オブジェクトの`Message`プロパティの内容を表示するコードを書いてください。

Q2 **1.** リスト15-2で示したコードでは、例外が発生するとメッセージを出力し、そのまま処理を終えていました。これを変更し、正しい値が入力されるまで繰り返すようにしてください。

2. 上の**1**で作成したコードを、今度はp.428のコラム「文字列を数値に変換する際に例外を出さないもうひとつの方法」で説明した`int.TryParse`を使ったやり方に変更してください。なお、割り算を実行する前に`count`の値を判断し、`0`の場合は割り算を行わないようにしてください。これにより、`try/catch`キーワードを取り去ってください。

Q3 .NETには、`System.IO`名前空間に`StreamWriter`というクラスが用意されています。このクラスはファイルにテキストを書き出すためのクラスです。簡単な使用例を以下に示します。

```
var sw = new StreamWriter("sample.txt");
sw.WriteLine("吾輩は猫である。");
sw.WriteLine("名前はまだ無い。");
sw.WriteLine("どこで生れたかとんと見当がつかぬ。");
sw.Dispose();
```

1. このコードを、`try-finally`構文を使って確実にファイルを閉じるようにしてください。

2. 上記コードを、`using`文を使って書き直してください。

索引 Index

記号

A

B

C

D

E

F

G

I

■著者紹介

出井 秀行（いでい・ひでゆき）

栃木県出身、東京理科大学理工学部情報科学科卒業。
2004年からgushwellというハンドル名でオンライン活動を開始。メールマガジンやブログなどでC#の技術情報発信に努める。2005年から14年連続でMicrosoft MVPアワードを受賞。
著書『実戦で役立つ C#プログラミングのイディオム/定石&パターン』（技術評論社）、『C#プログラミング入門』（工学社）

●装丁　石間 淳
●カバーイラスト　花山由理
●本文デザイン　BUCH+
●編集　高橋 陽

新・標準プログラマーズライブラリ
なるほどなっとく C# 入門

2019年 3月30日 初版 第1刷発行
2023年 6月 3日 初版 第6刷発行

著　者　出井 秀行
発行者　片岡 巌
発行所　株式会社技術評論社
東京都新宿区市谷左内町 21-13
電話 03-3513-6150 販売促進部
03-3513-6166 書籍編集部

印刷／製本　昭和情報プロセス株式会社

定価はカバーに表示してあります。

ISBN978-4-297-10458-0 C3055
Printed in Japan

本書の運用は、ご自身の判断でなさるようお願いいたします。本書の情報に基づいて被ったいかなる損害についても、筆者および技術評論社は一切の責任を負いません。
本書の内容に関するご質問は封書もしくはFAXでお願いいたします。弊社のウェブサイト上にも質問用のフォームを用意しております。
ご質問は本書の内容に関するものに限らせていただきます。本書の内容を超えるご質問やプログラムの作成方法についてはお答えすることができません。あらかじめご了承ください。

〒162-0846
東京都新宿区市谷左内町21-13
（株）技術評論社　書籍編集部
『新・標準プログラマーズライブラリ
なるほどなっとくC#入門』質問係
FAX　03-3513-6183
Web　https://gihyo.jp/book/2019/978-4-297-10458-0